Huttary
**Haushaltselektrik und Elektronik
erfolgreich selbst reparieren**

Rudolf Huttary

Haushaltselektrik und Elektronik
erfolgreich selbst reparieren

Fehler schnell erkennen, fachmännisch
beheben und dabei Geld sparen

Mit 98 Abbildungen

Die Deutsche Bibliothek – CIP-Einheitsaufnahme

Huttary, Rudolf:
Haushaltselektrik und- elektronik erfolgreich selbst reparieren :
Fehler schnell erkennen, fachmännisch beheben und dabei
Geld sparen / Rudolf Huttary. - München : Franzis, 1993
  ISBN 3-7723-4801-7

© 1993 Franzis-Verlag GmbH, München

Satz: Franzis-Verlag (Autor)
Druck: Offsetdruck Heinzelmann, München
Printed in Germany - Imprimé en Allemagne.

ISBN 3-7723-4801-7

Vorwort

Liebe Leserin, lieber Leser,

Hand aufs Herz, gehören Sie auch zu den Leuten, die sich als Opfer einer Gesellschaft betrachten, die zum Wegwerfen verdammt ist, weil selbst einfachste Reparaturen unbezahlbar sind? Rechnungen wie: Anfahrt 85 DM, 1 AE 35 DM, ... , 15% Märchensteuer lassen uns erschaudern in stiller Hilflosigkeit, zumal, wenn das Expertenauge nichts weiter als ein Höschen entdeckte, das sich außerhalb der Waschtrommel verirrt hatte und der ansonsten so treuen Minna dieses entsetzliche Quietschen abverlangte. Der Höschengriff des Experten dauerte kaum so lange wie das Ausstellen der gesalzenen Rechnung. Und dabei können Sie noch von Glück reden, daß er nicht das Todesurteil über ihr Gerät gefällt hat, ... das ja ohnehin schon so alt sei, dessen Reparatur sich aus diesem und jenem Grunde nicht mehr lohne, das man am besten gleich gegen einen geringen Preisnachlaß auf das neue Gerät dem Fachmann zur schnellen „Entsorgung" mitgebe. Beruhigt darüber, daß das neue Gerät jetzt den Zusatz „Bio" oder „energiesparend" trägt, kauft der Kunde noch am Tatort das vermeindlich verbilligte Novum und ärgert sich bald darüber, wenn er seine bewährte Minna ein paar Tage später im Schaufenster des Händlers als günstiges Gebrauchtangebot für mehrere hundert Mark wiedererkennen muß. Dadurch skeptisch geworden, ergibt ein Preisvergleich des Kunden, daß die Konkurrenz das erworbene Neugerät bei vollem Preis immer noch günstiger anbietet.

Ich könnte Ihnen noch viele andere Szenarien aufbauen, die ihren gemeinsamen Nenner darin haben, daß sie die Unbedarftheit, Hilflosigkeit und Angst des Kunden in Sachen „Elektro" schamlos bestrafen. Das würde jedoch weder Ihnen noch mir weiterhelfen und sicherlich auch ein ungerechtes Bild des gesamten Berufsstandes zeichnen, dem ich mich als Laienexperte zurechnen möchte. Lassen Sie mich lieber in einigen Worten das Ziel formulieren, das ich mit diesem Band verfolge, und Sie, den Leser, die Leserin charakterisieren.

Nicht nur der „moderne Haushalt" sondern so gut wie jeder Haushalt ist heutzutage mit einem umfangreichen Maschinenpark ausgestattet, der uns das Leben so leicht und angenehm wie nur möglich machen soll. Wir stimmen die Beleuchtung unserer 4 Wände – seien sie nun die eigenen oder nicht – auf Stil unserer Einrichtung, Funktionalität und Situation ab. Unsere beiden Fernseher (oder haben Sie nur einen?) projizieren die Welt ins Wohnzimmer, Videorecorder zeichnen notfalls auf, wenn man mal keine Zeit hat, und Musikkonserven stimulieren uns in Orchesterqualität, wenn die eintönige und aggressive Werbung unseres Radios unerträglich wird. Wir schneiden, rühren und kochen elektrisch, während die Wäsche sich von selbst wäscht oder das Geschirr mal eben schnell auf Hochglanz gespült wird.

Kurz gesagt, wir sind Besitzer und Nutznießer eines Heers elektrischer Helferleins und gleichzeitig Sklaven ihres Funktionierens. Denn wehe, wenn's kracht und funkt. Dann machen sie uns das Leben schwer, liefern uns an selbsternannte oder fremdernannte Experten und deren Urteil aus und zehren an unseren Finanzen. Oft sind es nur Handgriffe, ein bißchen „scharf nachgedacht", ein bißchen „gewußt wo", „gewußt wie", was jene uns voraus haben, und natürlich der Mut, dem stummen Feind aus der Steckdose die Stirn zu bieten.

Damit wären wir genau beim Thema. Ich lade Sie ein auf einen Rundgang durch die Innereien ihres elektrischen und elektronischen Haushalts, spreche Ihnen Mut zu, selbst Hand anzulegen, wenn's klemmt, versorge Sie mit bewährten Tips und Ratschlägen für die Installation, Reparatur und Diagnose und biete Ihnen Hilfe zur Selbsthilfe. In 3 Etagen durchqueren wir die wichtigsten Stationen – vom Einfachen zum Komplizierten, von der Steckdose über die Haushaltsmaschine zur Radio- und Fernsehelektronik. Sie werden dabei an den jeweiligen Stellen ohne theoretischen Ballast direkt mit typischen Problemen konfrontiert und angeleitet, Fehler zu analysieren und zu beheben.

Teil 1 beschäftigt sich mit den Eigenheiten der 220 Volt-Elektrik. Sie erhalten darin konstruktive Anleitung und Hinweise, durch die Sie fachgerecht Veränderungen und Reparaturen am Licht- und Steckdosennetz durchführen können. Neben einem Überblick über die Bauteile und deren Leistungsmerkmale finden Sie Tips für die Planung und Montage von gängigen Beleuchtungs- und Versorgungseinrichtungen, aber auch die notwendigen Sicherheitshinweise, die besonders von „blutigen Neulingen" auf dem Gebiet der Netzstrom-Elektrik unbedingt zu beachten sind. Die Darstellung des Stoffes erfordert keine Vorkenntnisse auf dem Gebiet der Elektrik, ist aber aufgrund der Problemorientierung sowohl für „Neueinsteiger" als auch für bereits „Abgehärtete" ausgelegt.

Teil 2 behandelt die gängigsten Haushaltsgeräte unter dem Gesichtspunkt von Ausfallerscheinungen und Reparaturmöglichkeiten. Sie finden darin einen Überblick über die wichtigsten Funktionsprinzipien verschiedener Maschinengattungen (Küchenmaschinen, Staubsauger, Waschmaschinen, Spülmaschinen etc.), deren Kenntnis aufschlußreich und für eine Fehlerdiagnose unerläßlich ist, sowie konkrete Hinweise auf häufige Fehlerursachen und deren Behebung. In vielen Fällen spielen mechanische Verschleißerscheinungen und Defekte eine größere Rolle als elektrische Ausfälle, und es wird möglich sein, auch von mir nicht angesprochene Geräte nach Lektüre dieses Teils methodisch analog zu behandeln. Wie im ersten Teil erlaubt die problemorientierte Darstellung ein gezieltes Nachschlagen im

„Katastrophenfall" und setzt außer dem Willen zur Selbsthilfe und etwas handwerklichem Geschick wenig voraus.

Teil 3 beschäftigt sich mit elektronischen Geräten, einer naturgemäß etwas komplexeren und ausuferndern Materie, die sicher nicht im Rahmen eines solchen Ratgebers umfassend abzudecken ist. Sie erstreckt sich in meiner Darstellung von einfachen Musikgeräten bis hin in die Fernsehtechnik – mein eigentliches Spezialgebiet. Dennoch habe ich mich bemüht, weiterhin den Blickwinkel des Einsteigers beizubehalten, ohne zu sehr auf die zunftüblichen Methoden der Messung und Analyse zurückzugreifen. Der Laie, die Laiin wird in vielen Fällen dennoch in die Lage versetzt, durch Beobachtung und gezielte Fehlersuche entlang formaler Richtlinien, häufige Defekte schnell zu beheben, ohne die Funktionsweise der jeweiligen Stufe im einzelnen verstehen zu müssen. Gleichzeitig muß er/sie aber auch die eigenen Grenzen erkennen und oft dem besser ausgerüsteten Fachmann das Feld räumen. Es versteht sich von selbst, daß dieses Kapitel weder eine geschlossene Einführung für „Unbeleckte" noch eine systematische Aufarbeitung für „Beleckte" enthalten kann. Es schlängelt sich vielmehr wie ein Ariadnefaden durch den Dschungel des erfolgsorientierten Machbaren. Ich stelle mir vor, daß diese stark an der Arbeitsweise von Experten angelehnte Vorgehensweise (Ausnutzung von statistischem Wissen) sowohl Neulinge für ein tiefergehendes Studium der Elektronikwelt anregen als auch sattelfestere Elektronikfreaks mit handfesten Tips für die Trickkiste versorgen kann.

Während Sie bei der 220-Volt-Elektrik (Teil 1) so gut wie alles ohne fremde Hilfe und mit üblichem Werkzeugkasten durchführen können, werden Ihre Bemühungen für die Reparatur von Haushaltsmaschinen (Teil 2) und elektronischen Geräten (Teil 3) zunächst auf eine Kosten-Nutzen-Analyse hinauslaufen, die einerseits beinhaltet, wieviel Geduld Sie für ein Gerät aufbringen wollen, und andererseits natürlich, ob ein Defekt überhaupt selbst reparierbar ist. Dazu gehört eine Portion gesunder Selbsteinschätzung, denn nicht selten – und das ist mir selbst schon passiert – führt eine Reparatur zu weiteren Defekten, die wiederum weitere Defekte ... Der offensichtliche Weg, den ein Gerät für die Demontage anbietet, ist nicht immer so leicht zurückzuverfolgen, wenn man inmitten der Einzelteile sitzt. Übrig gebliebene Schrauben und Federn sind dabei noch die harmlosesten Effekte. Ein weiteres Problem stellt die Besorgung eventueller Ersatzteile dar, für deren Beschaffung einiges an Zeit und Telefonaten einzukalkulieren ist. Neben unverschämten Preisen für harmlose Kleinteile erwartet Sie hier auch der offensichtliche Unwille des Fachbetriebs, dem Normalmenschen diese Teile zu verkaufen. Was den dritten Teil des Buches betrifft, werden Sie an geeigneter Stelle einige Literaturhinweise für Bücher finden, die den Stoff spezifischer aufbereiten bzw. weiter vertiefen, ohne jedoch den gesamten von mir fixierten Problembereich abzudecken.

Bevor ich Sie nun in die eher kalte Materie des Technischen entlasse, möchte ich Sie daran erinnern, daß ich Ihnen noch eine Charakterisierung Ihrer selbst schuldig bin. Zunächst stelle ich Sie mir sowohl als Frau als auch als Mann vor, festentschlossen, die Zügel selbst in die Hand zu nehmen. Sie haben ein wenig Zeit, Lust und Geduld, sich mit dem „Unheimlichen" zu beschäftigen, dem man sonst so machtlos gegenübersteht. Neben ein wenig Geschick für Handwerkliches besitzen Sie die Fähigkeit des Beobachtens und Sich-Hineindenkens in Zusammenhänge. Zu guter Letzt erhalten Sie noch das Attribut der Vernunft. Denn Sie wissen, daß das, was Sie fabrizieren, auch für andere – Unbedarfte – ungefährlich sein muß, wie für Sie selbst. Seien Sie daher sorgfältig in Ihrer Arbeit, denken Sie für andere mit und schätzen Sie Ihre eigene Kompetenz richtig ein.

Obwohl ich meine Tips besten Wissens und Gewissens für Sie zusammengestellt habe, kann ich verständlicherweise keine Verantwortung und Haftung für das übernehmen, was Sie daraus machen. Bei auftauchenden Zweifeln sollten Sie daher in jedem Falle den Segen eines Fachkundigen einholen.

Jetzt bleibt mir nur noch, Ihnen viel Spaß und Erfolg bei der Arbeit zu wünschen sowie der Hinweis, daß die „Angst der anderen" wohl auch ihre Gründe haben kann, wenn man so manche „self made"-Produkte genauer betrachtet.

Den liebenswerten Geistern, die mir bei der Korrektur des Manuskriptes behilflich waren, sei auf das Herzlichste gedankt.

Berlin den 30. März 1993

Rudolf Huttary

Inhalt

Wichtiger Hinweis

Die in diesem Buch abgedruckten Sicherheitshinweise, Anleitungen und Grafiken wurden im Rahmen der bestehenden Möglichkeiten sorgfältig ausgewählt, ausgearbeitet und kontrolliert. Dennoch sind Irrtümer und Fehler nicht auszuschließen. Der Inhalt ist als Hilfe zur Selbsthilfe gedacht und nimmt dabei insbesondere keine Rücksicht auf die bestehende Rechtslage, was Eingriffe in netzstrombetriebene Anlagen und Geräte betrifft. Der Verlag sieht sich daher gezwungen, darauf hinzuweisen, daß er weder eine Garantie noch die juristische Verantwortung oder irgendeine Haftung für Folgen, die auf fehlerhafte Angaben zurückgehen, übernehmen kann.

1 220-Volt-Elektrik

Der erste Teil dieses Buches stellt sich Problemen, die im engeren und weiteren Sinne mit dem Strom in und aus der Wand zu tun haben. Als Wohnungs- oder Hausbesitzer wird man beinahe turnusmäßig mit kleineren und größeren elektrischen Ausfällen belästigt oder steht des öfteren vor der Aufgabe – etwa im Rahmen von Renovierung oder innenarchitektonischen Umgestaltungen – Veränderungen an der elektrischen Anlage vornehmen zu müssen. Der Bereich ist vielfältig: Auswechseln von Steckern, Steckdosen, Lichtschaltern, Lampen, Sicherungen ... Beseitigung von Kurzschlüssen, Kabelbränden, Wackelkontakten, bis hin zur Neuinstallation von Stromkreisen und netzbetriebenen Verbrauchern mit Festanschluß.

Oft ist dann guter Rat teuer, im wahrsten Sinne des Wortes, und man versucht es irgendwie selbst, was im schlimmsten Fall dann noch teurer wird. Der Umgang mit Netzstrom ist gefährlich, daran gibt es nichts zu rütteln, doch meines Erachtens sind gerade Unterlassungen (lose Anschlüsse, abgescheuerte Isolierungen, Wackelkontakte etc.) und dahingepfuschte Laienarbeit die Hauptgefahrenquellen, da sie einen selbst – oder schlimmer Fremde – unvorbereitet treffen können. Daher habe ich es mir in den folgenden Seiten zur Aufgabe gemacht, eine übersichtliche und leichtverständliche Anleitung für den korrekten und ungefährlichen Umgang mit Netzstrom zu geben, die Sie mit fachlichem Rat auf allen Stationen der „Kunst" begleiten soll. Hier gleich der erste Rat:

Achtung
Lesen und beachten Sie in Ihrem eigenen Interesse unbedingt alle Sicherheits- und Schutzhinweise.

Der Anfang dieses Kapitels stellt in leicht verständlicher und eher theoretischer Form die grundlegenden Konzepte vor, die dem „Strom aus der Wand" zugrunde liegen. Daneben enthält er an passender Stelle so manchen wichtigen Praxistip, so daß Ihnen eine Lektüre nicht nur einen gewissen Überblick über das Wesen des Haushaltsstroms vermittelt sondern Sie auch mit wichtigen Erfahrungen im Umgang damit vertraut macht. Dem Teil *Wissen warum* folgt dann der Teil *Wissen wie*, in dem eher praktisch orientierte Handlungsanweisungen für die sorgfältige Planung und Durchführung von Reparatur- sowie Installationsarbeiten im Vordergrund stehen.

1.1 Werkzeuge

Ihr Werkzeugkasten sollte für Arbeiten an der Hauselektrik folgende Werkzeuge enthalten:

1.1.1 Unbedingt ...

▪ Schraubenzieher in mehreren Größen, die eine intakte Schutzisolation aufweisen, möglichst mit völliger Isolation bis zur Klinge

▪ Schutzisolierte **Flachzange** oder **Kombizange** mit Kneifvorrichtung (Preis: 10 bis 30 DM)

▪ Schutzisolierte **Storchschnabelzange** oder **Telefonzange** (Preis: 10 bis 30 DM)

▪ Schutzisolierter **Seitenschneider** (Preis: 10 bis 30 DM). Verwenden Sie keine Kneif- oder Beißzangen im Zusammenhang mit Stromkabeln.

▪ Ein nicht zu scharfes **Allzweckmesser** möglichst mit Plastikgriff (Küchenmesser). Verwenden Sie keine Teppichmesser o.ä. im Zusammenhang mit Stromkabeln.

▪ Ein funktionierender **Phasenprüfer** (Preis: unter 5 DM) – das ist ein Schraubenzieher mit Glimmlampe zum Testen von spannungsführenden Leitungen.

▪ **Isolierband** oder **Textilband** (Preis: unter 5 DM). Verwenden Sie nicht Tesafilm, Kreppband, Paketband o.ä. zur Isolation von stromführenden Teilen.

▪ Mehrere **Lüsterklemmen** (Preis: unter 5 DM)

▪ Ein kleines **Schraubensortiment**

▪ **Meterstab** oder **Maßband** (Preis: unter 5 DM)

▪ **Stift** und **Papier**

1.1.2 Je nach Bedarf ...

▪ Isolierte **Abisolierzange** (Preis: 10 bis 30 DM)

▪ **Lötkolben** 60 bis 100 Watt (Preis: ca. 10 bis 50 DM) und **Elektroniklot** (Preis: ca. 5 DM)

- Bohrmaschine und verschiedene Größen an Steinbohrern (Preis: je nach Ausführung ab 80 DM aufwärts)

- Sicherheitsspannungsprüfer für die zweipolige Messung von Stromkreisen (Preis: ca. 30 DM)

- Rundkabelentmantler oder Kabelmesser für die schnelle Mantelabisolierung bei der Verlegung von mehradrigen Rundkabeln (Preis: 15 bis 25 DM)

- Vielfachmeßgerät mit Analoganzeige (Preis: ab 30 DM aufwärts)

- Gipsschale (Preis: 1 bis 2 DM) und Gips (Preis: ca. 5 bis 10 DM für 5 kg), am besten schnellabbindenden Modellgips. „Moltofill" oder Fugenzemente binden normalerweise zu langsam ab.

- Hammer und Meißel für Unterputzmontage

- Elektronischer Leitungssucher für das Aufspüren von Unterputzleitungen (Preis: 30 bis 80 DM). Die meisten Geräte funktionieren aber nicht zuverlässig.

- Verlängerungskabel und Mehrfachstecker – Mehrfachstecker der in Abbildung 1.2 gezeigten Bauart sind nicht mehr erlaubt!)

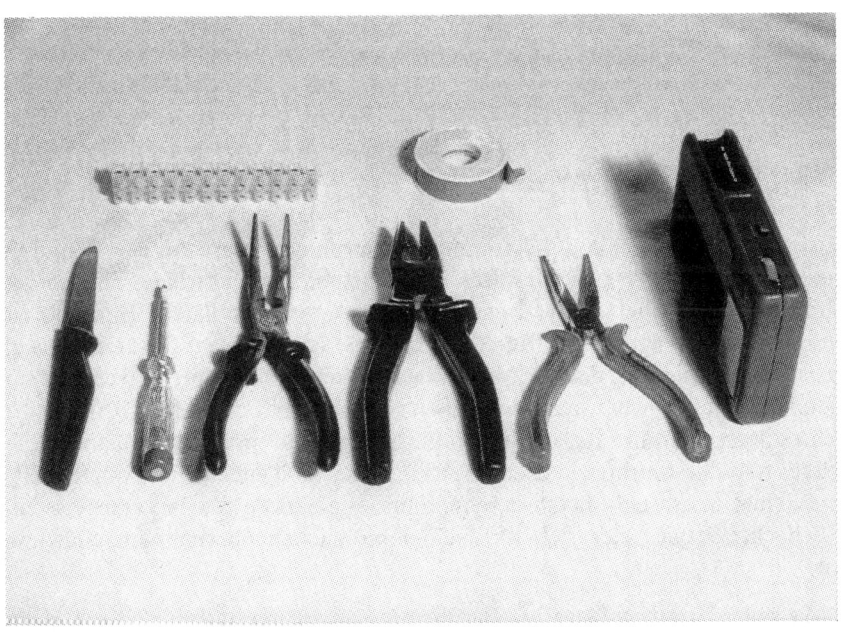

Abb. 1.1   Einige Werkzeuge für die 220 V-Elektrik, *ganz rechts* Leitungssucher

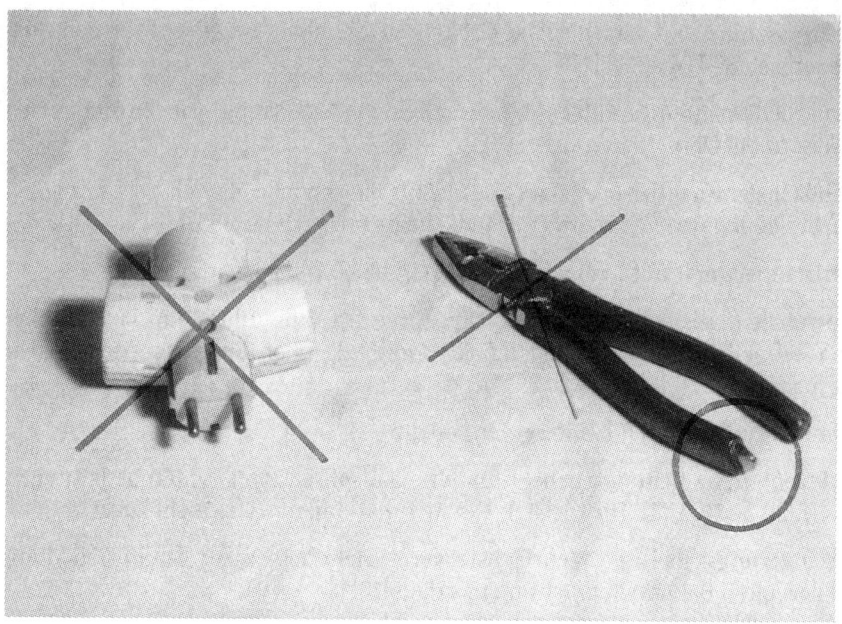

Abb. 1.2   Zange mit Isolationsschaden und verbotener Mehrfachstecker

1.2   Sicherheitshinweise

Strom ist tückisch – man sieht, hört und riecht ihn nicht, spürt ihn aber – und in manchen Situationen sogar recht kräftig. Zwar hört man immer wieder Schauergeschichten über die tödlichen Gefahren, die in der Steckdose lauern (und das ist auch gut so, denn eine mittelkräftige Portion Angst ist in diesem Zusammenhang eher gesundheitsfördernd), doch ich kann Sie beruhigen, der sofortige Tod tritt im allgemeinen nicht ein, wenn man sich einen elektrischen Schlag holt. Oft ist nur ein leichtes unangenehmes Kitzeln in den Fingern zu spüren, manchmal aber auch ein heftiges fremdbestimmtes Zucken im Arm mit nachfolgendem Herzklopfen, Zittern und Schweißausbruch. Letztere Symptome sind eher Anzeichen eines psychischen Schockzustandes, der sich nach einer plötzlichen Adrenalinausschüttung einstellt.

Die Stärke eines Stromschlages bei Berührung von spannungsführenden Leitern hängt von mehreren Faktoren ab. Wir müssen zwischen geerdeten und nicht geerdeten Stromkreisen unterscheiden. Nicht geerdete Stromkreise trifft man in der Praxis eher selten an (etwa das Telefonnetz, das eine Klingelspannung bis zu 150 Volt erreicht, oder Stromkreise, die nur durch Transformatoren vom Netz getrennt sind). Allgegenwärtig sind dagegen geerdete oder „auf Masse gelegte" Stromkreise, bei denen ein Anschluß direkt mit der Erde oder dem Gehäuse verbunden ist. Unser Hausstromnetz ist ein Beispiel für einen geerdeten Stromkreis und die Berührung von *Nulleiter* und *Schutzleiter* ist damit gefahrlos. Die Autoelektrik ist ein gutes Beispiel für auf Masse gelegte Stromkreise (der Minuspol der Batterie ist mit dem Rahmen verbunden). Beim Hausstromnetz weist der andere Anschluß – im Fachjargon als *Phase* bezeichnet – dagegen ein Potential von 220 Volt gegen Erde auf. Da Sie also über Fuß-, Hand- oder Sitzkontakt grundsätzlich mit einem Ende des Netzes in Verbindung stehen, genügt bereits das Berühren eines Anschlusses, um heftige Zuckungen auszulösen. Entscheidend ist dabei die Leitfähigkeit, die Sie aufweisen, wenn Sie den Stromkreis über Ihren Körper schließen. Hohe Luftfeuchtigkeit, Schwitzen und guter Bodenkontakt sind Garant für einen „saftigen Schlag". Ein Kontakt mit der Phase im 4. Stock eines trockenen Hauses wird dagegen kaum zu spüren sein, wenn Sie Sportschuhe tragen. Verhängnisvoll sind aber Stromunfälle in feuchten Kellern, Badezimmern oder bei gleichzeitigem Kontakt mit Wasserleitungen, Heizungen oder direkt mit dem Nulleiter. Die VDE-Vorschriften verlangen es, daß alle Geräte mit metallischem Gehäuse direkt über den sogenannten *Schutzleiter* zusätzlich mit der Erde verbunden sind (ich komme später darauf zurück), so daß jedes eingesteckte Elektrogerät mit Metallgehäuse den Nulleiter verkörpert – seien Sie sich dessen gewahr. Aus diesen Überlegungen heraus lassen sich wirksame Maßnahmen zur Vorbeugung von Stromunfällen treffen, die ich in mehreren Punkten zusammenfassen möchte:

1.2.1 Vorsichtsmaßnahmen

1. Arbeiten Sie außer bei Messungen und Tests *grundsätzlich stromlos*. Schrauben Sie, wenn möglich, die entsprechenden Sicherungen heraus und stecken Sie sie in Ihre Tasche, um sich vor einem Wiedereinschrauben durch andere Personen zu schützen – dies gilt vor allem in großen Haushalten und Betrieben. Ist ein Herausschrauben etwa bei modernen Sicherungsautomaten nicht möglich, informieren Sie alle Personen von Ihren Arbeiten und bringen Sie eine Notiz im Sicherungskasten an. Ein unerwartetes Zurückkehren der Netzspannung kann für Sie verheerende Folgen haben. (In der Tat ist im schlimmsten Fall ein „Klebenbleiben" am Kontakt durch Verkrampfung der Hände möglich.)

2. Testen Sie alle Leitungen, bevor Sie sie mit der Hand berühren mit einem Phasenprüfer. (Testen Sie auch den Phasenprüfer vor Beginn der Arbeit, er müßte bei Kontakt mit der Phase und Ihrer Hand – am Griffende – ein deutlich sichtbares Leuchten von sich geben.) Achten Sie darauf, daß oft mehrere Stromkreise in einem Raum oder einer Verteilerdose existieren.

3. Bei allen Arbeiten sollten Sie gutes Schuhwerk mit Gummi- oder Plastiksohle tragen. Besondere Vorsicht ist bei nassen Füßen – auch bei Schweißfüßen – geboten. In feuchten Räumen und Kellern empfiehlt sich das Unterlegen einer Gummimatte (notfalls dickere Plastikfolie).

4. Verwenden Sie nur Werkzeug, das eine intakte und ausreichende Isolierung aufweist. *Keine Schraubenzieher mit Holzgriff!*

5. Arbeiten Sie in kritischen Momenten möglichst nur mit einer Hand (am besten mit der rechten, da Ihr Herz auf der linken Seite liegt), und vermeiden Sie die gleichzeitige Berührung von Metallen mit Erdverbindung, Wänden und anderen Personen. Haushaltsgummihandschuhe bieten keinen ausreichenden Isolationsschutz, sie sind schnell beschädigt und machen Ihre Hände ungeschickt.

6. Sichern Sie Ihre Arbeitsstelle vor Dritten (Kindern, Tieren), und hinterlassen Sie keine Fallen: blanke Adern, unisolierte Stellen und unvollständige Arbeiten.

7. Arbeiten Sie verantwortungsbewußt, überlegt, ruhig und nicht unter Zeitdruck. Erlegen Sie sich ein absolutes Alkoholverbot auf!

1.2.2 Wenn's doch passiert ist ...

Unterbrechen Sie sofort Ihre Arbeit für mehrere Stunden, nachdem Sie die Arbeitsstelle ausreichend gesichert haben, denn ein baldiger zweiter Stromschlag kann in der Tat ihr bereits einmal außer Tritt geratenens Herz schwer mitnehmen.

1.3   Grundbegriffe der Elektrik

Bevor Sie richtig loslegen, sollten Sie sich vergewissern, daß Sie mit den unentbehrlichen Grundbegriffen der Elektrizität vertraut sind: *Strom, Spannung, Widerstand, Leistung.*

1.3.1 Volt, Ampere, Watt – was sagen Geräteaufschriften?

Die meisten elektrischen Verbraucher sind mit einem kleinen Schild oder einer Aufschrift versehen, die Aufschluß über die elektrischen Spezifikationen (Anschlußwerte etc.) des Gerätes geben – vorausgesetzt, man kann sie richtig interpretieren.

Am einfachsten lassen sich die Größen am Beispiel eines geschlossenen Wasserkreislaufs verstehen.

▨ Fließende Wassermoleküle entsprechen dann fließenden Elektronen bzw. einem *Strom*. Der elektrische Strom wird durch die Einheit *Ampere* (mit der Abkürzung A) angegeben.

▨ Der Wasserdruck, den etwa eine Kreispumpe erzeugt, steht in Analogie zur elektrischen *Spannung* – je größer der Druck in einem Kreislauf, desto schneller fließen die Wassermoleküle bzw. Elektronen. Die elektrische Spannung wird durch die Einheit *Volt* (mit der Abkürzung V) angegeben.

▨ Der Querschnitt einer Wasserleitung regelt bei gegebenem Druck die Durchflußmenge und steht im Analogie zum elektrischen *Widerstand*. Der elektrische Widerstand hat die Einheit *Ohm* (mit der Abkürzung Ω). Je höher der Widerstand bei gegebener Spannung desto weniger Elektronen können passieren – desto weniger Strom kann fließen – und umgekehrt.

Der Zusammenhang zwischen der Spannung U, dem Strom I und dem Widerstand R wird durch das Ohmsche Gesetz hergestellt:

$$U = I \cdot R \quad \text{bzw.} \quad I = U/R \quad \text{bzw.} \quad R = U/I$$

▨ Die Wasserdurchflußmenge kann als Äquivalent der elektrischen *Leistung* gesehen werden – ihre Angabe erfolgt in *Watt* (mit der Abkürzung W oder VA).

Die Leistung P berechnet sich als Produkt der anliegenden Spannung und des fließenden Stroms. Für die Berechnung stehen die folgenden wichtigen Formeln zur Verfügung:

$$P = U \cdot I \quad \text{bzw.} \quad U = P/I \quad \text{bzw.} \quad I = P/U$$

In Verbindung mit dem Ohmschen Gesetz erhalten Sie weiterhin die Zusammenhänge

$$P = I^2 \cdot R \quad \text{bzw.} \quad P = U^2/R \quad \text{usw.}$$

welche für Sie in der Praxis eine nicht so große Rolle spielen werden. Genug der Formeln, ein paar Beispiele werden Ihnen zeigen, wie einfach der Zusammenhang in Wahrheit ist.

Beispiel 1

Ein Stromkreis ist mit 16 A abgesichert. Er kann daher maximal mit 220 · 16 W = 3520 W bzw. 3520 VA belastet werden. In der Praxis sollte die maximale Dauerleistung mindestens 10% weniger, also höchstens 3200 W, betragen, damit ein sicherer Dauerbetrieb gewährleistet bleibt.

Beispiel 2

Sie wollen 6 Halogenlampen à 12 V und 20 W über einen Netztransformator betreiben. Der 12 V-Transformator sollte dann eine Dauerleistung von mindestens 120 Watt besitzen, was bei 12 Volt einem Strom von 10 Ampere gleichkommt. Die Sicherung sollte im Niedervoltkreis mit 12 A (träge) bemessen werden (der Transformator verträgt kurze Überlastungen, bis die Sicherung im Falle eines Kurzschlusses anspricht). Da ein Transformator Strom und Spannung im umgekehrten Verhältnis bei gleichbleibender Leistung übersetzt, kann der 220 V-seitige Strom entsprechend berechnet werden. Er beträgt 120/220 A = 0,55 A (abgesehen von geringen Verlusten) und erfordert eine primärseitige Absicherung von 0,6 Ampere.

Beispiel 3

Ein Boiler soll an das 220 V-Netz angeschlossen werden. Er hat eine Leistung von 4000 W (oder 4 KW). Der Anschluß erfordert einen Stromkreis, der der Dauerbelastung von 4000/220 A = 18,2 A standhält. Er sollte in der Praxis mit 20 A abgesichert sein und eine eigene Zuleitung mit einem Aderquerschnitt von 2,5 mm² (mehr dazu in Abschnitt 1.4.1) erhalten.[1]

Ein 80-Liter-Boiler im 4 KW-Betrieb benötigt zum Aufheizen des Wassers auf 50 Grad nicht ganz 1 Stunde. Die verbrauchte Energie beträgt dann 4 KWh (Kilowattstunden), was bei den momentanen Strom- und Wasserpreisen einem Betrag von 1 DM pro Badewanne gleichkommt.

Sie sehen, die nötigen Berechnungen gestalten sich recht harmlos, gehören aber auch für Hobbyelektriker und, Verzeihung, -elektrikerinnen zum täglichen Brot.

Hinweis

Für die Einheiten Ampere, Volt, Watt und Ohm existieren wie für die Einheit Meter die Vorsilben milli *und* kilo *mit der entsprechenden Bedeutung. Die gängigen Abkürzungen lauten dann* mA, mV, mW, KV, KW, KΩ.

1.3.2 Was ist Wechselstrom?

Wir müssen zwischen Gleich- und Wechselstrom unterscheiden. Gleichstrom finden Sie vor allem im Niedervoltbereich (Autoelektrik, Telefon, elektronische Geräte etc.), Wechselstrom dagegen im Hoch- und Niedervoltbereich in der Hauselektrik.

Bei Gleichstrom ist die Flußrichtung des Stroms eindeutig, und Gleichstromquellen wie Batterien haben einen deutlich gekennzeichneten Plus- und Minuspol.

---

[1]   Obwohl, wie Sie Tabelle 1.5 entnehmen, bei 18 Ampere gerade noch ein Adernquerschnitt von 1,5 mm² zulässig wäre, ist wegen des Dauerbetriebs der Querschnitt 2,5 mm² die bessere Lösung. Er hält nämlich die nicht zu verachtende Verlustleistung durch Kabelerwärmung gering.

Häufig ist der Minuspol mit der sog. *Masse* verbunden, d.h. er steht in leitender Verbindung mit dem metallischen Gehäuse des Verbrauchers (vgl. Auto).

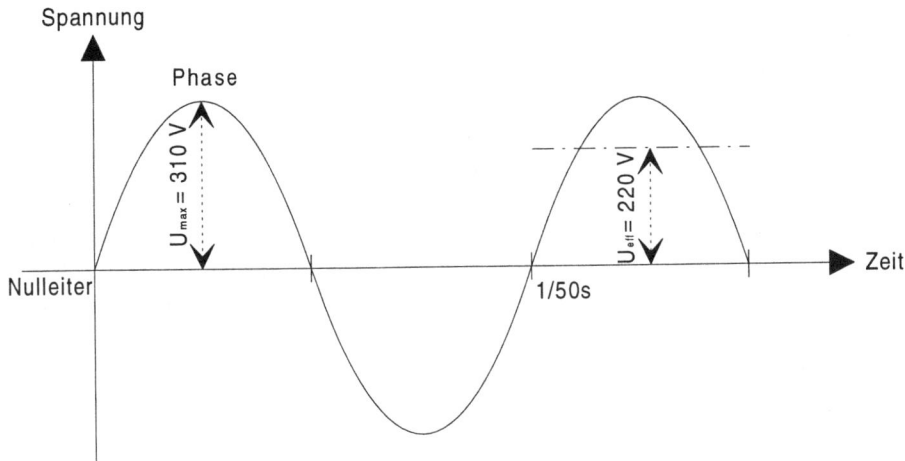

Abb. 1.3   Spannungsdiagramm der Netzwechselspannung

Wechselstrom ist gegeben, wenn sich die Richtung des Elektronenflusses periodisch ändert – was bildlich gesprochen einer ständigen Vertauschung des Plus- und Minuspols gleichkommt. Die Häufigkeit des Hin- und Herwechselns pro Sekunde wird als *Frequenz* bezeichnet und in *Herz* (Abkürzungen Hz, kHz, MHz) gemessen. Da der Wechsel im allgemeinen kontinuierlich vor sich geht, ergibt sich als Spannungsdiagramm das typische Bild einer Sinusschwingung. Abbildung 1.3 zeigt das Spannungs/Zeitdiagramm des 220 V-Netzes.[2]

Ein Pol der Wechselspannungsquelle (Steckdose) ist als Bezugspunkt ausgezeichnet und entspricht der horizontalen Achse des Diagramms. Da im 220 V-Netz Ihres Haushalts ein Pol – er wird als *Nulleiter* oder *Neutralleiter* bezeichnet – grundsätzlich Erdpotential aufweist (d.h. er ist mit der allumgebenden Materie verbunden) macht es Sinn, diesen damit zu identifizieren – obwohl eine entgegengesetzte Festlegung ein bis auf die Polarität identisches Diagramm erzeugt.

Der zweite Pol, der im 220 V-Netz üblicherweise als *Phase* bezeichnet wird, weist gegenüber dem Nulleiter ein sich im Verlauf der Zeit ständig änderndes Spannungspotential auf, das den Wert der Kurve in jedem Zeitpunkt definiert. Wie man sieht, schwankt die Spannung zwischen ±310 Volt, was bei einer Sinusschwingung

---

2   Um Verwirrung zu vermeiden, spreche ich grundsätzlich vom altbekannten 220 Volt-Netz, auch wenn vielerorts die E-Werke inzwischen auf 240 Volt EG-Norm umstellen. Wenn Ihr Anschluß bereits umgestellt ist – das merken Sie z.B. daran daß ständig ältere Glühlampen ihren Geist aufgeben – müssen Sie die von mir genannten Spannungsangaben prozentual höher ansetzen.

einer mittleren Spannung, genannt *Effektivspannung*, von 220 Volt entspricht. Daraus erklärt sich auch die Tatsache daß nur ein Anschluß – nämlich die *Phase* – „heiß" ist.

Die Frequenz definiert sich durch die Anzahl der vollen Schwingungen pro Sekunde und beträgt für das 220 V-Netz sehr genau 50 Herz. Die Elektrizitätswerke garantieren sogar die exakte Einhaltung dieser Frequenz, da viele Elektrogeräte in ihrem Funktionieren davon abhängen. Dazu gehören bestimmte Uhren, die die Netzfrequenz zählen, und Synchronmotoren, deren Umdrehungszahl von der Netzfrequenz abhängt. Über mechanische Teile, die mit 50 Hz schwingen (Transformatoren, blockierende Motoren), aber auch über Lautsprecher an nicht abgeschirmten oder defekten Verstärkern, ist das typische Netzbrummen wahrzunehmen. Je höher die Frequenz, desto höher auch der eventuell wahrzunehmende Begleitton. So ist die Zeilenfrequenz eines Fernsehgerätes im Bereich von 16 kHz oft als unangenehmes Pfeifgeräusch im oberen Hörbereich wahrzunehmen.

Wechselspannung hat gegenüber Gleichsspannung den Vorteil, daß sie über Transformatoren nahezu beliebig transformiert werden kann. Dabei entspricht die Spannungsumsetzung eines Transformators dem Verhältnis der Windungen auf der Primär- und der Sekundärseite. Leistung (annähernd) und Frequenz bleiben jedoch konstant. Was dies für den Strom bedeutet, entnehmen Sie Beispiel 2 im vorherigen Abschnitt.

Über die Leistung erhalten wir einen Zusammenhang zwischen Strom und Spannung. Normalerweise gilt: Wo keine Spannung ist, kann auch kein Strom fließen – im Falle des Wechselstroms bedeutet das, daß auch der Strom periodisch seine Richtung und Größe ändert und im Prinzip dasselbe Diagramm (vgl. Abbildung 1.3) wie die Spannung aufweist. Da der Strom aber bei gegebener Spannung vom Widerstand des Verbrauchers abhängt (vgl. Ohmsches Gesetz, Seite 19), schwankt der Strom zwischen einem positiven und negativen Maximalwert, der sich aus diesem Zusammenhang ergibt. Technisch gesehen erzeugen manche Verbraucher (etwa Vorschaltgeräte in Leuchtstofflampen) eine sogenannte *Phasenverschiebung* zwischen Strom und Spannung.[3] Dies ist aber ein Phänomen, um das wir uns guten Gewissens nicht zu kümmern brauchen. Interessanter für unsere Zwecke ist aber, daß wir auch beim Strom von einem *Effektivstrom* sprechen können, nämlich dem mittleren Strom, der sich unter Vernachlässigung der Fließrichtung und der zeitlichen Änderung ergibt.

Effektivspannung und Effektivstrom sind das, was im täglichen Leben unter Strom und Spannung im Haushaltsnetz verstanden wird. Vermittels dieser Abstraktionen

---

[3] Manche Bauteile wie Spulen oder Kondensatoren bewirken im Stromkreis eine zeitliche Verschiebung (Phasenverschiebung) zwischen Strom und Spannung. In diesem Fall sind die Diagramme auf der Zeitachse in der einen oder anderen Richtung gegeneinander verschoben, so daß insbesondere die Nulldurchgänge nicht zum gleichen Zeitpunkt stattfinden (vgl. Abb. 1.3). Das Resultat: Zu bestimmten Zeitpunkten fließt „Strom ohne Spannung" bzw. herrscht „Spannung ohne Stromfluß". Der Elektriker spricht in diesem Zusammenhang von „Blindstrom".

ist es – für die meisten Verbraucher – möglich, die auf Seite 19 genannten Berechnungsformeln gleichermaßen für Gleich- und Wechselstrom zu benutzen.

Hinweis
Geräteaufschriften auf Haushaltgeräten beziehen sich im allgemeinen auf Effektivwerte (Durchschnittswerte).

Allerdings muß prinzipiell zwischen Wechsel- und Gleichstromverbrauchern unterschieden werden, auch wenn es einige „gutartige" Verbraucher gibt (Glühlampen, Heizgeräte, Bügeleisen, Lötkolben), die sowohl als auch betreibbar sind, so lange nur die Spannung stimmt.

1.3.3 Stromkreise und Sicherungen

Stromkreise müssen „sicher" sein. Zur Vermeidung von Katastrophen (Bränden) enthalten sie daher Sollbruchstellen in Form von Sicherungen. Sicherungen sollten grundsätzlich das „schwächste" Element eines Stromkreises sein. Was aber ist ein Stromkreis? Uns interessieren im allgemeinen nur Teile des „gesamten" Stromnetzes (sei es *ab Zähler, ab Sicherung* oder *ab Steckdose*). Wir wollen jeden dieser Teile nur dann als Stromkreis betrachten, wenn er eine Sicherung enthält. Abbildung 1.4 zeigt das prinzipielle Schaltbild eines Stromkreises.

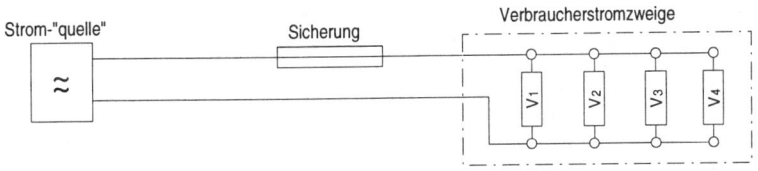

Abb. 1.4   Schaltbild eines Stromkreises mit Sicherung

Der mit der Sicherung in Reihe geschaltete *Verbraucher* kann selbst aus vielen *Stromzweigen* bestehen, was einer Parallelschaltung mehrerer tatsächlicher oder potentieller Verbraucher gleichkommt.

Stromkreise müssen immer so ausgelegt sein, daß bei einem eventuellen Kurzschluß oder einer Überlastung als erstes die Sicherung auslöst und damit den Stromkreis unterbricht. Theoretisch ist das natürlich klar, aber in der Praxis sieht es oft anders aus – Sie wissen das. Das liegt vor allem daran, daß die Wenigsten eine Vorstellung davon haben, wann ein Stromkreis überlastet ist.

Ein Stromkreis ist dann überlastet, wenn bereits *ein* stromführender Teil (Kabel, Verbindung, Kontaktstelle) überlastet ist und mehr als die erlaubte Wärme erzeugt. Die Wärmeerzeugung rührt daher, daß jeder Leiter einen Widerstand aufweist und als eine Art „Verbraucher" zu zählen ist. Zu hohe Wärmeerzeugung führt zu Oxidation, eine Art von Rosten des Leiters oder der Kontaktstelle, welche wiederum den Widerstand und damit die Wärmebildung erhöht. Was erlaubt ist, dafür gibt es VDE-Richtlinien, die es unbedingt einzuhalten gilt (vgl. Abschnitt 1.4.1, „Welches Kabel ist das richtige?"). Diese Richtlinien beziehen sich auf bestimmte gängige Stromstärken, und das im Handel angebotene Elektrozubehör ist im allgemeinen genau für diese Stromstärken erhältlich.

Achtung

Ein für eine bestimmte Stromstärke ausgelegter Stromkreis darf nur aus Teilen bestehen, die diese Stromstärke mindestens vertragen, und er muß eine Sicherung enthalten, deren Wert maximal dieser Stromstärke entspricht.

Enthält ein Stromkreis mehrere (parallel geschaltete) Stromzweige, so addieren sich die Stromstärken der einzelnen Zweige. Trotzdem muß jeder Zweig für die maximale Stromstärke des gesamten Stromkreises ausgelegt sein.

1.3.3.1 Arten von Sicherungen

Man unterscheidet im wesentlichen 2 Arten von Sicherungen. Sicherungen zum Absichern von Geräten (Gerätesicherungen) und Sicherungen zum Absichern von wand- bzw. festinstallierten Stromkreisen. Gerätesicherungen liegen meist als Schmelzsicherungen in Form sogenannter Glassicherungen (Feinsicherungen) vor (vgl. Abbildung 1.5). Hin und wieder findet man aber auch kleine Sicherungsautomaten in Geräten, die meist durch einen roten Knopf ins Auge fallen (oder auch nicht, in diesem Fall heißt es: Suchen). Sicherungen für wandinstallierte Stromkreise befinden sich in Sicherungskästen – meist direkt in der Nähe des Stromzählers. Auch sie können als Schmelzsicherung oder als Automat (Leitungs-Schutzschalter = LS-Schalter) ausgeführt sein.

Je nach Verwendungszweck (Art der am Stromkreis angeschlossenen Verbraucher) kommen *flinke, mittelträge* oder *träge* Sicherungen zum Einsatz. Je träger eine Sicherung, desto länger benötigt sie, bis sie bei einer Überlastung des Stromkreises auslöst. Manche Verbraucher, wie Fernseher, Motoren aber auch Glühlampen haben die Eigenschaft, daß sie im Moment des Einschaltvorgangs Stromspitzen hervorrufen, die oft weit über der Nennbelastbarkeit (durchschnittliche Belastbarkeit) eines Stromkreises liegen. Stromkreise vertragen aber eine solche (sehr) kurzzeitige Überlastung ohne weiteres. Die perfekte Sicherung würde dagegen sofort auslösen. Daher werden sinnvollerweise Sicherungen verwendet, die eine gewisse Trägheit besitzen. Umgekehrt sind gerade elektronische Geräte (wie z.B. Dimmer oder Verstärker) sehr empfindlich für Stromspitzen, wie sie z.B. durch Kurzschlüsse auftreten. Für solche Geräte kommen dann flinke und extra flinke Sicherungen zum Einsatz – was oft nicht viel daran ändert, daß einige elektronische Schaltelemente dennoch bei satten Kurzschlüssen ihren Geist aufgeben (mehr dazu in Kapitel 3). Der Trägheitsgrad einer Sicherung ist durch eine Aufschrift auf dem Sicherungskörper (*F* oder *f* für *flink*, *M* oder *m* für *mittelträge* und *T* oder *t* für *träge*) angegeben. Fehlt eine solche Angabe, empfiehlt es sich, davon auszugehen, daß die Sicherung mittelträge ist.

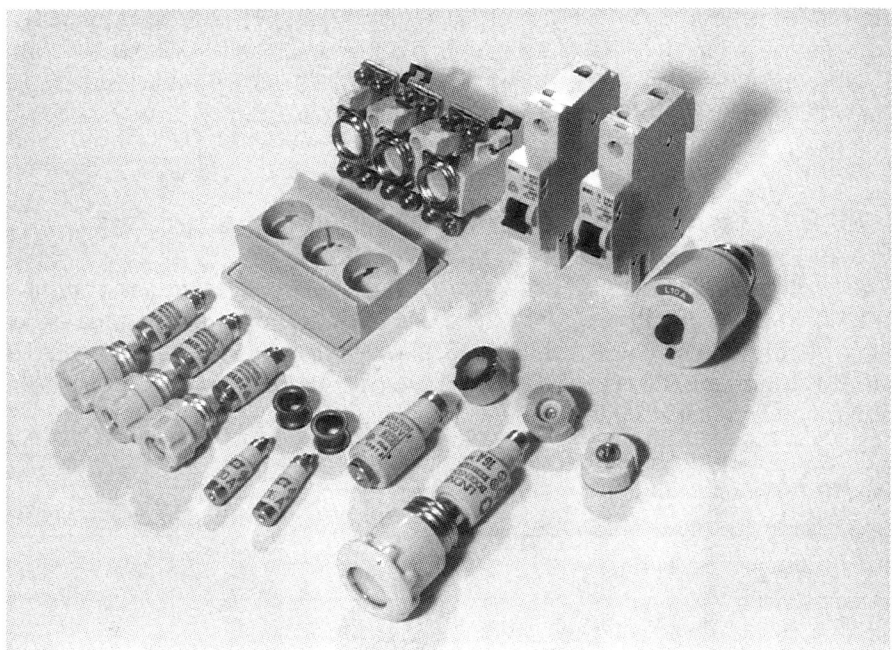

Abb. 1.5 Sicherungen in diversen Ausführungen – *links* Neozed-Schmelzeinsätze mit Sicherungshalter, Schraubkappen und Paßringen *oben mitte* moderne LS-Schalter *oben rechts* Sicherungsautomat (alte Ausführung) *unten* Schmelzeinsätze mit Schraubkappe und verschiedenen Paßschrauben (alte Ausführung)

Tip
Wenn es um die Auswahl einer Sicherung geht, sollten Sie in der Regel auf die mittelträge Ausführung zurückgreifen, es sei denn, Sie finden eine (glaubhafte) anderslautende Aufschrift auf dem Gerät oder der alten Sicherung.[4]

Daneben besitzen alle Sicherungen noch eine Aufschrift oder eine farbliche Kennzeichnung ihres effektiven Stromwertes sowie der maximal zulässigen Effektiv-

---

[4]   Man muß sich natürlich fragen, warum eine Sicherung durchgebrannt ist. Der Grund dafür kann auch mangelnde Trägheit sein. Selten dagegen ist es ein zu schwacher Stromwert.

spannung. Letztere kann auch fehlen (Sie können aber davon ausgehen, daß eine Verwendung bis zu 220 V problemlos ist).

Achtung

Ersetzen Sie nie eine Sicherung durch eine andere mit größerem Stromwert, es sei denn, Sie sind absolut sicher, daß der Stromkreis dafür ausgelegt ist.

Ein Verstoß gegen dieses Gesetz ist übrigens die häufigste Ursache für mittlere Katastrophen, größere Schäden (Kabelbrand) und irreparable Defekte in Geräten. Angesprochen sollten sich aber auch vor allem jene Zeitgenossen fühlen, die gewissenlos Sicherungen mit Draht oder Aluminiumfolie „reparieren".[5]

1.3.3.2 Glassicherungen für Geräte (Feinsicherungen)

Glassicherungen sind Schmelzsicherungen. Es gibt sie in verschiedenen Ausführungen: groß, klein, mit Sand, ohne Sand und mit Werten von wenigen mA bis zu 10 A. Die Dicke des zumeist sichtbaren Schmelzdrahtes ist kein sicherer Hinweis auf den Stromwert. Tabelle 1.1 schlüsselt einige typische Aufschriften von Glassicherungen auf (notfalls mit einer Lupe oder bei gutem Licht zu lesen):

Tab. 1.1 Typische Aufschriften von Glassicherungen

Aufschrift	Bedeutung
F 1/250	flink, 1 Ampere, 250 Volt
M 2 250 V	mittelträge, 2 Ampere, 250 Volt
T 100mA/250	träge, 0,1 Ampere, 250 Volt
T .63	träge, 630 mA, 250 Volt

Glassicherungen sind meist nur durch Öffnen des Gerätes zugänglich (oder an der Rückseite, direkt bzw. mit Schraubverschluß) und selbst bei geöffnetem Gerät nicht immer gleich zu finden. Der Austausch erfolgt im stromlosen Gerät *bei gezogenem Gerätestecker* mit Fingerspitzengefühl und weichen Werkzeugen. Zangen können die dünne Glashülle beschädigen. Achten Sie unbedingt auf den richtigen Sicherungswert, und verwenden Sie keine Autosicherungen, auch wenn diese von der Größe her passen würden.

---

[5] Meine eigene Statistik zeigt, daß bei Verstärkern und Fernsehern etwa jedes zwanzigste Gerät einmal einem solchen Eingriff ausgesetzt wird.

Hinweise

Sicherungen brennen nicht „einfach so" durch! Eine durchgebrannte Sicherung ist ein sicheres Zeichen für einen Defekt oder einen unbeabsichtigten Kurzschluß (etwa abgescheuerte Isolierungen). Es ist daher meist sinnlos oder zumindest nicht von langer Dauer, wenn Sie nur die Sicherung auswechseln. Dem Auswechseln sollte eine genauere Fehleranalyse vorausgehen. Kaufen Sie nicht nur eine Ersatzsicherung, sondern immer ein ganzes Päckchen – das erspart viel Weg und bewahrt Sie davor, in der Hitze des Gefechts doch einen anderen als den erlaubten Wert einzusetzen.

1.3.3.3 Schmelzsicherungen für Sicherungskästen

Bei Schmelzsicherungen in Sicherungskästen sind zwei Systeme zu unterscheiden, ein altes und ein neues. In beiden Systemen werden die Schmelzeinsätze (Sicherungen) durch eine Schraubkappe in den Sicherungshalter eingeschraubt. Sie unterscheiden sich deutlich durch den Gewindedurchmesser. Die Sicherungen weisen neben einer (oft verblaßten) Aufschrift eine Farbkodierung als Punkt am dickeren Ende auf, die darüber Aufschluß gibt, um welchen Wert es sich handelt. Am Fehlen oder „Heraushängen" dieses Punktes erkennt man dann auch, ob eine Sicherung durchgeknallt ist.[6]

Tab. 1.2 Farbkodierung von Schmelzsicherungen, Paßschrauben und Paßringen

Farbe	Wert	meist verwendet für
Grün	6 Ampere	Lichtkreise
Rot	10 Ampere	Steckdosen-, Lichtkreise
Grau	16 Ampere	Steckdosen-, Lichtkreise, Wasch-, Spülmaschinen
Blau	20 Ampere	Elektroherde, Boiler
Gelb	25 Ampere	Boiler, Durchlauferhitzer, Hauptsicherung
Schwarz	35 Ampere	Durchlauferhitzer, Hauptsicherung
Weiß	50 Ampere	Hauptsicherung
Kupfer	63 Ampere	Hauptsicherung

---

6 Das ist nicht immer so. Gerade bei älteren Sicherungen ist oft der farbige Punkt mit dem Sicherungskörper verklebt, so daß erst ein Ausbau der Sicherung und ein leichtes Anstupsen des Punktes genauen Aufschluß geben wird.

Dem alten System liegt ein Schraubkappen-Gewindedurchmesser von ca. 3 cm zugrunde, und starke Vorsicherungen oder Panzersicherungen können in noch breiteren Fassungen sitzen. Zum Schutz gegen das Einschrauben eines falschen Sicherungswertes enthält der Sicherungshalter als Schraubeinsatz eine gleichermaßen farblich kodierte Paßform, genannt Paßschraube, die ausschließen soll, daß Sicherungen mit größeren Werten passen. Je größer der Sicherungswert, desto dicker ist die Sicherung am dünnen Ende und umgekehrt.

Das neue System, das unter dem Zauberwort *Neozed* läuft, unterscheidet zwischen kleiner gleich und größer 16 A, und der Schutz vor falschen Schmelzeinsätzen wird durch einen farblich kodierten Paßring gewährleistet, der in den Sicherungshalter eingeklickt ist (vgl. Abbildung 1.5).

1.3.3.4 Sicherungsautomaten

In Sicherungskästen findet man im „modernen Haushalt" heutzutage meist nur noch Sicherungsautomaten (im Fachjargon: Leitungsschutzschalter oder kurz LS-Schalter), die bei geringer Überschreitung des spezifizierten Stromwertes thermisch per Bimetall und bei Kurzschluß elektromagnetisch auslösen. Sie ermöglichen ein sofortiges Wiedereinschalten durch Knopfdruck oder Zurückschalten. Vor diesem Handgriff sollte aber geklärt sein, was die Ursache des Auslösens war, um ein nochmaliges Auslösen der Sicherung und damit eventuell verbundene Risiken oder weitere Schäden zu vermeiden.

Häufig auslösende Sicherungsautomaten (speziell durch Kurzschluß) werden defekt, da ein Verbrennen der Schaltkontakte als Begleiterscheinung nicht zu vermeiden ist. Der Austausch ist nur dann einfach, wenn es sich um die „guten alten" Schraubsicherungen handelt. Neuere LS-Schalter lassen sich nur durch mechanische Eingriffe in den Sicherungskasten austauschen (siehe unter Abschnitt 1.5.2).

1.3.4 Phase, Nulleiter und Schutzleiter

Wie bereits unter Abschnitt 1.3.2 ausgeführt unterscheidet man im 220 V-Netz die beiden stromführenden Leitungen *Phase* und *Nulleiter*. Die Phase zeichnet sich dadurch aus, daß alle damit direkt in Verbindung stehenden Leiter ein effektives Spannungspotential von 220 V gegen Erde aufweisen – d.h. jede Berührung der Phase ist unbedingt zu vermeiden (vgl. Hinweise unter Abschnitt 1.2.1). Der Nulleiter weist dagegen Erdpotential auf, mit anderen Worten: er ist von seiten des Umspannwerkes direkt mit der Erde verbunden und für jeden Hausanschluß noch einmal – nämlich über die Gas-/Wasserleitungen und über ein eigens tief in den Erdboden eingelassenes kräftiges Metallband. Eine Berührung des Nulleiters ist somit „gefahrlos", wenn klar ist, daß es sich bei einem Leiter um den Nulleiter handelt. Dies ist aber im allgemeinen alles andere als klar!

Bevor wir uns um die eindeutige Identifizierung der beiden Leiter (in allen Lebenslagen) kümmern, möchte ich Ihnen noch den dritten Leiter vorstellen, den der VDE seit geraumer Zeit in allen Hausinstallationen und für alle Elektrogeräte mit metallischem Gehäuse bzw. Verbindung zu Wasserleitungen fordert. Es handelt sich dabei um den (gelbgrünen) *Schutzleiter* (manchmal als „Erdung" bezeichnet). Seine Abkürzung lautet SL (ältere Bezeichnung) oder PE (neue, jedoch nicht sehr eingängige Bezeichnung). Über die Funktion und Wichtigkeit dieser äußerst sinnvollen Sicherheitseinrichtung besteht viel Unklarheit im Volke, so daß ich genauer darauf eingehen möchte.

Der Schutzleiter ist im (Haupt-)Sicherungskasten direkt mit der „Hauserde", also mit dem Nulleiter verbunden. Eine Berührung ist damit ebenso gefahrlos. Im Gegensatz zum Nulleiter fließt über den Schutzleiter aber im Regulärfall kein Strom. Er ist rein sicherheitshalber mit den Metallgehäusen elektrischer Verbraucher verbunden und wird erst dann wirksam, wenn aufgrund eines Defektes oder auch eines Kriechstromes (der durch Feuchtigkeit oder mangelhafte Isolierung im Gerät entstehen kann) die Phase mit dem Gehäuse in Verbindung kommt. Im Falle des Defektes ersetzt der Schutzleiter den Nulleiter und schließt den Stromkreis gegen Erde, was ein Auslösen der Sicherung zur Folge hat. Damit ist auch ein guter Schutz gewährleistet, wenn das Gerät an sich noch normal arbeiten würde, eine Berührung jedoch höchstgefährlich wäre. Bei Kriechstrom wird der Stromfluß über den Schutzleiter zwar nicht ausreichen, um die Sicherung auszulösen, der Schutzleiter zwingt aber das Gehäuse des betreffenden Gerätes auf Erdpotential, indem er den Kriechstrom ableitet. Da Kriechströme nicht minder gefährlich sein können als der direkte Kontakt mit der Phase[7], wird auch so ein ausreichender Schutz gewährleistet, obwohl der „Defekt" normalerweise nicht auffällt. Zum Schutz gegen solche schleichenden Defekte verwendet man Fehlerstrom-Schutzschalter (FI-Schalter), auf die ich im folgenden Abschnitt eingehen werde. Damit dürfte klar geworden sein, daß der Schutzleiter bei jeder Installation einer besonderen Beachtung bedarf und jedes Gerät mit metallischem Gehäuse dreipolig an das Hausstromnetz angeschlossen sein muß.

Der Vollständigkeit halber sei erwähnt, daß gerade bei älteren Zweidraht-Installationen nur Nulleiter und Phase verlegt sind. Der Schutzleiter wird dann durch Verbindung mit dem Nulleiter direkt an der Steckdose „gewonnen".

---

[7]   Das liegt an dem vergleichsweise zu Kriechwiderständen recht hohen Körperwiderstand des Menschen und an der Tatsache, daß bereits geringe Ströme (50 mA) für den Menschen gefährlich sein können.

Hinweise
*Es ist unzulässig, Geräte mit metallischem Gehäuse ohne Schutzleiter zu betreiben. Zweipolige Steckdosen müssen daher grundsätzlich durch dreipolige ersetzt werden, wobei der Schutzleiter **unbedingt** anzuschließen ist (wenn nicht zugeführt, durch Verbindung mit dem Nulleiter).*

Der Schutzleiter darf nur an einer Stelle mit dem Nulleiter verbunden sein. Dies geschieht normalerweise im (Haupt-)Sicherungskasten, bei Nachverlegung dagegen beim Übergang von 2 zu 3 Polen.

1.3.4.1 Farbzuordnung der Leiter

Nun zur Identifikation der 3 Leiter. Unter Elektrikern gibt es bezüglich der Rollenverteilung feste Konventionen und Vorschriften. Solange es sich um feste – und korrekte – (Wand-)Installationen handelt, ist die Farbgebung der isolierten Kabeladern relativ eindeutig:

Tab. 1.3   Farbgebung von Kabeladern bei Festinstallationen

Farbe	Bedeutung
gelbgrün	grundsätzlich Schutzleiter
hellblau	Nulleiter; oft aber auch geschaltete Phase!
schwarz	Phase; manchmal auch geschaltete Phase; bei älteren grau/schwarzen Zweidrahtinstallationen ebenfalls Phase (immer prüfen)
braun	meist geschaltete Phase; oft auch Phase (immer prüfen); immer Phase bei Drehstromanschlüssen (vgl. unten)
heute seltener	
grau	bei älteren grau/schwarzen Zweidrahtinstallationen zu finden, dann Nulleiter (immer prüfen)
rot	nur bei sehr alten Installationen, dann Schutzleiter (immer prüfen)
andere Farbe	nicht standardisiert, jedoch kein Schutzleiter

Anhand dieser Tabelle sehen Sie also, daß nur gelbgrün wirklich gesichert ist. Dennoch, bei normalen Kabeln werden Sie die in Tabelle 1.4 genannten Farbkombinationen vorfinden. Daraus läßt sich die Funktion eindeutiger erschließen:

Tab. 1.4   Farbkombinationen und deren Bedeutung bei Festinstallationen

Schutzleiter	Nulleiter	Phase	geschaltete Phase
gelbgrün	hellblau	schwarz, braun	schwarz, blau, braun
-	hellblau	schwarz, braun	braun, schwarz
-	grau (meist)	schwarz (meist)	
rot (alt)	*sonstig*	*sonstig*	

Natürlich müssen auch Sie sich an die bestehenden Konventionen halten. Falls Sie wider Erwarten auf eine Installation treffen, in der die Farbgebung der Leiter anders vorgenommen wurde, ist es aus Gründen der Übersichtlichkeit immer besser, das unorthodoxe System beizubehalten als noch mehr Verwirrung zu erzeugen. Konsequent, jedoch arbeitsaufwendig, wäre es, die gesamte Installation umzustricken – gerade im Hinblick auf weitere Änderung in der näheren Zukunft. Eines muß jedoch prinzipiell gewährleistet sein: gelbgrün muß immer der Schutzleiter sein, und der Schutzleiter muß immer gelbgrün sein.

Hinweis
Bei flexiblen Kabeln (die übrigens immer über Stecker an Steckdose oder spezielle Geräte-Anschlußdosen mit Zugentlastung angeschlossen werden müssen und nicht wandinstalliert werden dürfen)[8] und Verlängerungskabeln hängt die Farbverteilung von Phase und Nulleiter grundsätzlich von der Steckung ab, einzig gelbgrün ist eindeutig der Schutzleiter.

1.3.4.2 Messung mit dem Phasenprüfer

Die einzig sichere Methode – und die möchte ich explizit empfehlen – ist das Ausmessen der Leiter unter voller Netzspannung. Hierzu benötigen Sie mindestens einen Phasenprüfer und besser zusätzlich noch einen Sicherheitsspannungsprüfer (vgl. Abschnitt 1.1.1).

Bevor Sie sich auf den Phasenprüfer verlassen, testen Sie ihn an einer funktionierenden Steckdose. Stecken Sie das Schraubenzieherende abwechselnd in die beiden Löcher und achten Sie darauf, daß Sie mit der Hand die metallische Kappe oder Halterung am Griffende berühren. Bei einem der beiden Löcher, dem Kontakt für die Phase, müßte im Fenster des durchsichtigen Griffs deutlich das Leuchten einer Glimmlampe zu sehen sein, wenn der Phasenprüfer ok ist. Sie haben nun Nulleiter und Phase angemessen. Den Schutzleiter können Sie ebenfalls anmessen, indem

---

[8]   Dies ist eine Vorschrift, gegen die glaube ich in jeder Wohnung verstoßen wird.

Sie den Phasenprüfer an eine der beiden seitlichen Klammerkontakte halten. Der Phasenprüfer darf nun keinesfalls leuchten, sonst ist die Steckdose fehlerhaft installiert (zur Installation von Steckdosen vgl. Abschnitt 1.4.5.1).

Sie können weiterhin auch die Funktionsfähigkeit des Schutzleiters testen, indem Sie noch einmal die Phase anmessen und dann mit der anderen Hand einen der Klammerkontakte berühren. Das Glimmen des Phasenprüfers müßte jetzt deutlich sichtbar stärker werden – das liegt daran, daß Sie so Ihre Erdung verbessern und mehr Strom durch Sie hindurch fließen kann. Keine Angst, der Phasenprüfer läßt nur so wenig Strom durch Sie hindurch, daß es völlig ungefährlich ist.[9]

Wenn absolut sichergestellt ist, daß einer der beiden Steckkontakte den Phasenprüfer nicht zum Leuchten bringt, dann könnten Sie prinzipiell nach der eben erläuterten Methode auch die Funktionsfähigkeit des Nulleiters testen, indem Sie einen griffisolierten Schraubenzieher in den ermittelten Kontakt einführen, mit dem Phasenprüfer am blanken Metall des Schraubenziehers nochmal prüfen, ob Sie nicht doch die Phase erwischt haben, dann mit dem Phasenprüfer wieder den Phasenkontakt anmessen – er müßte leuchten – und schließlich *kurz* mit der dritten Hand oder einem Oktavgriff auf das Metall des Schraubenziehers tippen. Durch das kurze Antippen müßte gleichermaßen ein deutliches Hellerwerden der Glimmlampe zu beobachten sein.

Dazu gehört schon eine Portion Mut. Besser ist es, die Funktion des Schutzleiters bzw. Nulleiters mit einem Sicherheitsspannungsprüfer zu testen, nachdem die Phase mit dem Phasenprüfer ermittelt ist. Die Leuchtdioden des Sicherheitsspannungsprüfers werden nur dann kräftig aufleuchten, wenn er zwischen Phase und Nulleiter bzw. Schutzleiter geschaltet ist. Die Erdverbindung darf aber *keinesfalls* durch Ihren Körper hergestellt werden, indem Sie eine einpolige Messung à la Phasenprüfer versuchen, da der Innenwiderstand solcher Meßgeräte sehr viel kleiner ist und damit ein recht kräftiger und gesundheitsabträglicher Strom fließen könnte.

Eine weniger elegante, aber auch von vielen Elektrikern praktizierte Methode zur Ermittlung der Funktionsfähigkeit von Nulleitern und Schutzleitern (vgl. aber „FI-Schalter" im folgenden Abschnitt) ist der Einsatz einer Testlampe, die mit den blanken Enden der Kabelanschlüsse zwischen Phase und vermeindlichem Nulleiter geschaltet wird. Es hält Sie natürlich niemand davon ab, ein eventuell vorhandenes Meßgerät (für Wechselspannungsmessung im 300-Volt-Bereich) einzusetzen. Dennoch, bei keiner der zuletzt genannten Methoden bleibt Ihnen das Anmessen der Phase mit dem Phasenprüfer erspart, da zumindest, müssen Sie hindurch.

---

[9] Wenn Sie schwitzige Hände haben oder in feuchten Kellerräumen messen, werden Sie sogar ein unangenehmes Kribbeln spüren. Das ist zwar immer noch ungefährlich, sollte aber auch nicht zu sehr ausgekostet werden.

Nachdem Sie nun erfolgreich eine Steckdose korrekt ausgemessen haben, dürfte Ihnen die sinngemäße Übertragung der genannten Meßmethoden auf andere Fälle keine großen Schwierigkeiten mehr bereiten.

Hinweis
Nicht korrekt angeschlossene oder unterbrochene Nulleiter bzw. Schutzleiter erkennt man oft daran, daß sie ein recht schwaches Leuchten des Phasenprüfers hervorbringen – das liegt an der elektromagnetischen Induktionsspannung, die durch eine mehrere Meter parallellaufende Phase eingestreut wird. Dieser Effekt tritt auch bei geschalteten Phasen auf, wenn diese nicht über einen Verbraucher mit dem Nulleiter in Verbindung stehen, oder bei ungenutzten Adern eines Kabels, durch das eine Phase läuft.

1.3.4.3 FI-Schalter und FU-Schalter

Bei einem FI-Schalter (Fehlerstrom-Schutzschalter) handelt es sich um eine spezielle Form von Sicherung (vgl. Abbildung 1.34). Das Sicherungsverhalten des FI-Schalters ist nicht daraufhin ausgelegt, bei zu hohem absoluten Stromfluß des zwischen Phase und Null liegenden Stromkreises auszulösen, sondern bei einer geringen Stromdifferenz zwischen Phase und Nulleiter.[10] Eine solche Stromdifferenz entsteht immer dann, wenn im Stromnetz ein Stromabfluß gegen Erde stattfindet, der nicht den Weg über den Nulleiter nimmt. Dies kann entweder via Schutzleiter geschehen – der FI-Schalter wird also auch bei Kriechströmen gegen metallische Gehäuse auslösen – oder via anderweitige Erdung etwa durch feuchte Wände oder Berührung der Phase mit der Hand. Die Abschaltcharakteristik des FI-Schalters liegt je nach Ausführung zwischen 10 mA und 50 mA (typisch 30 mA), so daß er in den meisten Fällen für einen guten Berührungsschutz sorgt.

FI-Schalter sitzen im allgemeinen zwischen den Hauptsicherungen und den Sicherungen für die einzelnen Stromkreise. Damit liegt ihr „Nachteil" auf der Hand. Sobald der FI-Schalter auslöst, liegt die *gesamte* Stromversorgung eines Haushalts flach. Dieser Umstand ist schon Anlaß so mancher Panik gewesen, nachdem die Betroffenen festgestellt haben, daß der Ausfall der Stromversorgung nicht auf das E-Werk zurückzuführen ist. Da den meisten die Wirkung, ja sogar das Vorhandensein eines FI-Schalters unbekannt ist, bleibt die Ursache des Ausfalls oft lange im wahrsten Sinne des Wortes im Dunkeln. Auch wird der FI-Schalter in vielen Fällen nach dem Wiedereinschalten sofort wieder auslösen, wenn der störende Stromabfluß

---

[10] Bei Drehstromnetzen mißt der FI-Schalter die Stromdifferenz allpolig, d.h. zwischen den drei Phasen und dem Nulleiter (vgl. nächster Abschnitt). Er löst aus, wenn die Summe aller Stromflüsse durch die Pole den Abschaltwert erreicht. Damit ist es egal, bzgl. welcher Phase das „Leck" besteht. Im Idealfall beträgt die Summe der Stromflüsse übrigens 0 – zufließender und abfließender Strom heben sich gegeneinander auf.

nicht unterbunden wurde. Doch sagen Sie dies einmal einer feuchten Wand oder Garage. Daher mein Tip an Sie:

Tip

Wenn ein FI-Schalter nach dem Wiedereinschalten – dies geschieht meist durch Drehen eines kleines Knopfes – in relativ kurzem Zeitabstand erneut auslöst, können Sie durch Herausschrauben oder Abschalten der Sicherungen für die einzelnen Stromkreise, Teile des Stromnetzes „ausblenden" und so den für den Leckstrom verantwortlichen Stromkreis herausfinden.

Dabei gehen Sie am besten so vor: Entfernen oder unterbrechen Sie alle Sicherungen außer den Hauptsicherungen. Schalten Sie den FI-Schalter ein – er dürfte jetzt nicht mehr auslösen – und geben Sie den einzelnen Stromkreisen der Reihe nach wieder Strom (gegebenenfalls unter Einhaltung des kritischen Auslösezeitabstandes). Sobald der FI-Schalter dann erneut auslöst, haben Sie mit ziemlicher Sicherheit den verantwortlichen Stromkreis identifiziert. Schalten Sie diesen wieder ab, den FI-Schalter wieder ein, und fahren Sie mit den restlichen Sicherungen in der gleichen Weise fort.

Bevor Sie nun den bewußten Stromkreis wieder benutzen können, müssen Sie analysieren, ob ein Gerät oder ein Kriechstrom durch Feuchtigkeit in der Wand für den Fehler verantwortlich ist. Dazu nehmen Sie alle Geräte mit dreipoligem Stecker vom Netz und schalten dann die Sicherung wieder ein. Falls der FI-Schalter wieder auslöst, haben Sie entweder Geräte vergessen (etwa festinstallierte) oder der Kriechstrom versteckt sich in der Wand. Andernfalls können Sie das Gerät nach der obigen Methode Schritt für Schritt identifizieren.[11]

FI-Schalter besitzen einen mit T gekennzeichneten Testknopf, der ein „Stromleck" simuliert. Sie sollten diesen von Zeit zu Zeit manuell betätigen, um festzustellen, ob die Funktionsfähigkeit des Schalters noch gewährleistet ist.

FU-Schalter

In ähnlicher Weise, jedoch mit Wirkung auf Fehlerspannungen – z.B. Überspannungen bei Blitzeinschlägen – verhält sich der FU-Schalter (Fehlerspannungs-Schutzschalter). Man trifft diese Art Sicherung eigentlich nur in ländlichen Gegenden an. Als Auslöseursache kommen meist Motoren oder Leuchtstofflampen mit Wackelkontakt in altersschwachen Stromnetzen in Frage. Diese haben dann die Eigenschaft, daß sie Induktionsspannungen in das Netz zurückschicken, auf die der FU-Schalter reagiert.

---

11 Wetten, es war die Waschmaschine!

1.3.5 Drehstrom

Bevor ich meine Ausführungen auf den eher praktischen Umgang mit dem 220 V-Netz konzentriere, möchte ich Ihnen noch einiges über Drehstrom erzählen.

Drehstrom oder Drei-Phasenstrom – umgangssprachlich auch oft als „Kraftstrom" bezeichnet – wird heutzutage vom E-Werk für die meisten Hausanschlüsse zur Verfügung gestellt. Auch viele Wohnungsanschlüsse besitzen einen Drehstroman-schluß – von dem die Wohnungsnehmer oft gar nichts wissen. Ob Sie persönlich über einen Drehstromanschluß verfügen, können Sie am Zähler ablesen. Er müßte dann die Aufschrift „Drehstromzähler" tragen.

Drehstromanschlüsse werden für Verbraucher sinnvoll, die sehr viel Energie benö-tigen – z.B. für einen Durchlauferhitzer, aber auch für Heißwasserboiler, Herde, E-Schweißgeräte, Werkzeugmaschinen (Kreissägen etc.), Wärmepumpen und Um-wälzpumpen für Swimmingpools. Während der Drehstromanschluß für Motoren erhebliche Leistungsvorteile mit sich bringt – Drehstrommotoren[12] zeichnen sich durch einen hohen Wirkungsgrad und verschleißarmen Betrieb aus – bringt er für Heizgeräte den Vorteil einer gleichmäßigen Energieverteilung auf drei Phasen so-wie die höhere Spannung von 380 Volt. Letzteres hat zur Folge, daß relativ zur Lei-stung eine geringere Strombelastung der Anschlußleitungen stattfindet und weni-ger Energie als Verlustwärme in den Zuleitungen verlorengeht.

Um das – wirklich faszinierende Konzept – zu verstehen, das im Drehstrom ver-wirklicht ist, ist es notwendig, das Zusammenspiel von 3 zeitlich gegeneinander verschobenen Phasen und einem Nulleiter zu betrachten. Abbildung 1.6 zeigt die 3 übereinander projizierten Spannungsdiagramme der Drehstrom-Phasen relativ zum Nullpotential. Die Phasen werden üblicherweise als R, S, T bezeichnet, und jede für sich ist eine vollwertige Phase – im Sinne unserer Betrachtungen im Ab-schnitt 1.3.2 „Was ist Wechselstrom?" – d.h., sie ist relativ zum Erdpotential des Nulleiters (y-Achse) eine sinusförmige Wechselspannung mit 220 Volt effektiv und ±310 Volt Spitze/Spitze.

Der Trick beim Drei-Phasenstrom liegt nun darin, daß jede der 3 Phasen gegenüber den beiden anderen zeitlich versetzt ist, nämlich um genau eine Drittelperiode oder um 120°. Nimmt man nun das Spannungspotential, das zwischen je zwei Phasen herrscht (Sie betrachten einfach zu jedem Zeitpunkt den „Abstand" zweier Phasen), ergibt sich eine sinusförmige Wechselspannung von 380 Volt effektiv und ±540 Volt Spitze/Spitze[13]. Abbildung 1.7 verdeutlicht diesen Zusammenhang.

---

[12] Wie der Name schon sagt, können Drehstrommotoren die Dreheigenschaft des Stromflusses sehr di-rekt ausnutzen.

[13] Im neuen 230 Volt-Netz sind es dagegen 400 Volt effektiv – es gilt der Faktor Wurzel 3 – und ±565 Volt Spitze/Spitze – es gilt der Faktor Wurzel 2.

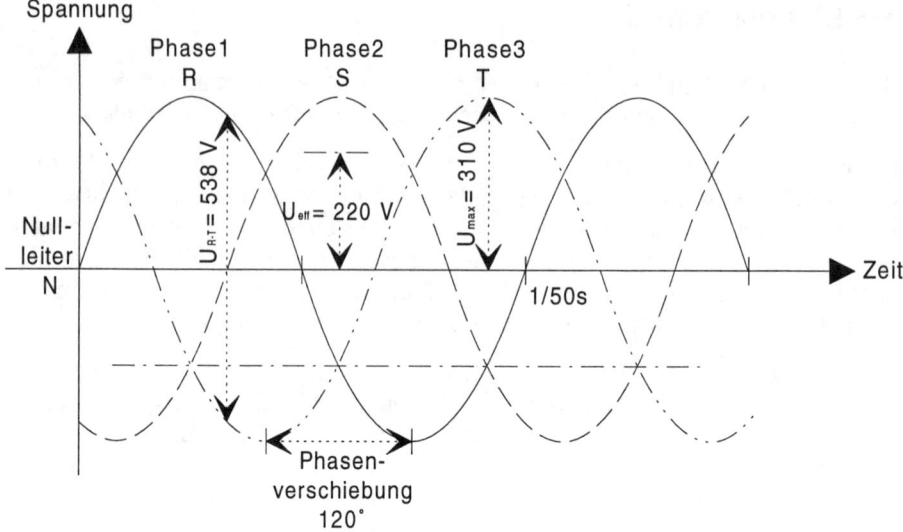

Abb. 1.6 Spannungs/Zeit-Diagramm der 3 Phasen R, S, T im Drehstromnetz

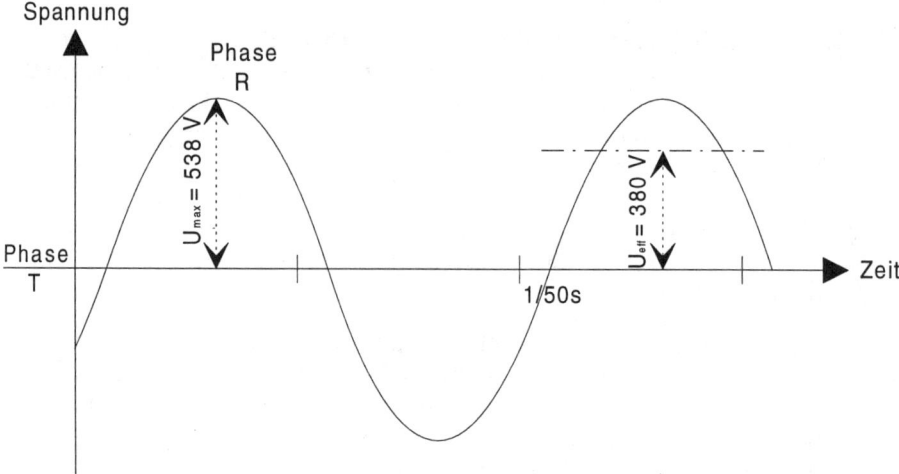

Abb. 1.7 Spannungs/Zeit-Diagramm – Potential zwischen den beiden Phasen R und T – Phase T ist als Bezugspunkt mit der y-Achse identifiziert

Abbildung 1.6 entnehmen Sie aber auch, daß immer dann, wenn die Spannung zwischen R und T maximal ist, die Spannung zwischen R und S bzw. zwischen S und T exakt die Hälfte beträgt usw. Aus der Dynamik des zeitlichen Zusammenhangs resultiert so eine sich zwischen R, S und T „drehende" Effektivspannung von 380 Volt. Weiterhin gilt der Zusammenhang:

$$R + S = -T \quad \text{bzw.} \quad R + S + T = 0 \text{ Volt}$$

Aus der Sicht des Stromflusses haben wir ähnliche Verhältnisse. Dabei gilt es aber zu berücksichtigen, daß jede Phase gegen den Nulleiter einen eigenen „Verbraucher" ernähren kann respektive daß je zwei Phasen gegeneinander einen Stromkreis bilden können. In der Fachsprache wird die erste Form der Schaltung als *Sternschaltung* bezeichnet und die zweite als *Dreieckschaltung*. Jede der drei Phasen muß dabei eigens abgesichert sein. Alle drei Phasen zusammen bilden dann einen Drehstromkreis.

1.3.5.1 Sternschaltung

Bei der Sternschaltung haben wir praktisch gesehen drei völlig ebenbürtige Stromkreise vor uns, die jeder für sich ein eigenes 220 Volt-Netz bilden können – und es auch tun. Abbildung 1.8 zeigt die Sternschaltung in drei verschiedenen Anwendungsbereichen.

Das linke Bild gibt das Anschlußbild eines Drehstrommotors in Sternschaltung wider. Jede der im Drehsinn um 120° versetzten Wicklung des Motors bildet einen zwischen (eine) Phase und Nulleiter geschalteten Verbraucher. Die Verschiebung der Phasen wird so in idealer Form in ein sich drehendes elektromagnetisches Kraftfeld umgesetzt. Der Drehsinn von Drehstrommotoren hängt übrigens von der Verteilung der Phasen auf die Wicklungen ab.

Tip
Eine Umkehrung des Drehsinns für Drehstrommotoren wird durch einfache Vertauschung zweier Phasen im Anschluß erreicht.

Hinweis
Ein Drehstrommotor muß grundsätzlich mit allen 3 Phasen des Drehstromnetzes versorgt werden – ansonsten sind seine Wicklungen gefährdet. Das Ausfallen einer Phase – etwa durch eine defekte Sicherung oder einen Kabelbruch – macht sich in einem unruhigen Lauf des Motors, begleitet von einem mittelstarken Netzbrummgeräusch bemerkbar. Meist fallen bei Belastung des Motors auch die anderen beiden Sicherungen des Drehstromkreises, oder – so vorhanden – die thermische Überlastsicherung des Motors spricht nach kurzer Zeit an.

Das mittlere Bild zeigt das Anschlußbild eines Herdes oder Warmwassergerätes. Die Verbraucher sind somit als Heizelemente zu verstehen, die aus Gründen der Energieverteilung mit verschiedenen Phasen versorgt werden. Grundsätzlich erlauben

diese Geräte aber auch einen Ein- oder Zweiphasen-Anschluß, wenn im zugehörigen Anschluß-Schaltbild ausgezeichnet (vgl. auch Abschnitt 2.6.4). Manche
sind sogar – dann mit höherer Leistung – auch in Dreieckschaltung betreibbar. Der
Ausfall einer Phase ist für solche Geräte problemlos und ungefährlich, er macht
sich rein als Leistungsabfall bemerkbar.

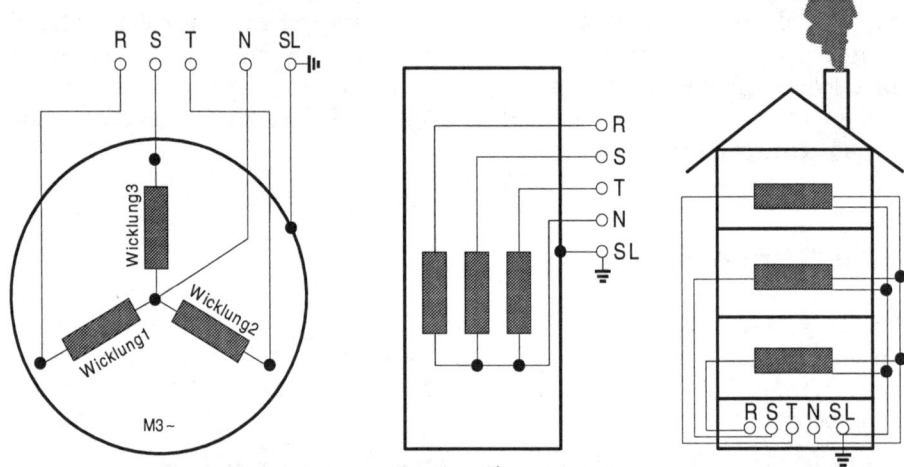

Abb. 1. 8 Sternschaltung *links* Anschlußbild für Drehstrommotoren in Sternschaltung
mitte Anschlußbild (sinngemäß) für Heizgeräte mit Aufteilung der 3 Phasen auf
verschiedene Heizelemente *rechts* implizite Sternschaltung zur Verteilung der 3 Phasen auf mehrere räumliche Einheiten

Das rechte Bild schließlich zeigt die Aufteilung der 3 Phasen eines Drehstrom-
Hausanschlusses auf mehrere Wohnungen bzw. Stockwerke. Jede Wohnung kann
einen eigenen Wechselstromzähler aufweisen, und der Wohnungsnehmer kriegt
überhaupt nicht mit, daß sein Anschluß implizit Teil eines aufgesplitteten Drehstromnetzes ist. Die Sternschaltung ist nur aus Sicht der Lastverteilung für das gesamte Haus vorhanden, und der Ausfall einer Panzersicherung im Hausverteiler
legt ganze Stockwerke oder Wohnungen lahm.

Hinweis
*Bei der Konzeption eines Drehstromnetzes, etwa für einen Haushalt, wird umge-
kehrt auf eine gleichmäßige Lastverteilung für die drei Phasen geachtet. Bei der
Aufteilung der Phasen müssen daher (möglichst realistische) Berechnungen und
Überlegungen angestellt werden, wie die Last am besten unter den Hauptverbrau-
chern aufzuteilen ist – eine Aufgabe, die besser einem ausgebildeten Elektriker
übertragen werden sollte (vgl. auch Abschnitt 1.5).*

1.3.5.2 Dreieckschaltung

Bei der Dreieckschaltung wird die Tatsache ausgenutzt, daß die 3 Phasen gegeneinander eine um den Faktor 1,7 höhere Spannung, nämlich 380 Volt effektiv besitzen. Die Verbraucher sind in diesem Fall zwischen je zwei Phasen geschaltet, und praktisch gesehen erfüllt der Nulleiter keinerlei Funktion.[14]

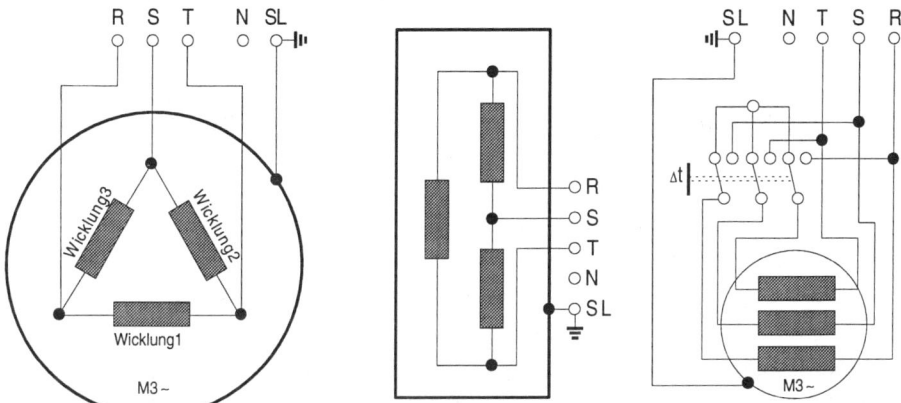

Abb. 1.9 Dreieckschaltung – *links* Anschlußbild für Drehstrommotoren *mitte* Anschlußbild (sinngemäß) für Heizgeräte mit Aufteilung der 3 Phasen auf verschiedene Heizelemente *rechts* Stern-Dreieck-Schaltung mit Zeitglied für den Anlauf von Motoren

Die Dreieckschaltung findet nur bei speziellen Drehstromverbrauchern Anwendung, die auf die erhöhte Spannung ausgelegt sind. Dazu zählen vor allem Motoren, aber auch Nachtspeicheröfen, Durchlauferhitzer und Boiler. Für Heizgeräte ergeben sich außer einem höheren Leistungsverbrauch und daraus resultierend einer größeren Heizleistung keine nennenswerten Unterschiede zur Sternschaltung. In den meisten Fällen lassen diese Geräte zur optimalen Anpassung an die vorhandene Installation verschiedene Leistungskonfigurationen zu und sind wahlweise in Stern- oder Dreieckschaltung zu betreiben. Ich komme darauf in Abschnitt 2.6.4 zurück.

Bei Drehstrommotoren bedeutet die Dreieckschaltung dagegen keine direkte Leistungserhöhung – auch eine Drehzahlerhöhung findet gegenüber einem in Sternschaltung betriebenen Motor gleicher Leistung nicht statt. Ein Motor, der für 380 V in Dreieckschaltung konzipiert ist, hat jedoch den Vorteil, daß er sowohl in Stern- als auch in Dreieckschaltung betreibbar ist. Da die kritische Phase beim Dreh-

---

14 Der Elektriker sagt, die Null ist „schwebend" und meint damit, daß sich rein rechnerisch aus der Stromverteilung der Verbraucher ein Nullpotential ergibt, das aber nur im Idealfall – nämlich, wenn alle 3 Verbraucher den gleichen Stromfluß haben – mit dem Erdpotential des Nulleiters übereinstimmt.

strommotor der Anlauf ist – die Masseträgheit des Läufers (Rotors) wirkt wie eine starke Belastung – übersteigt der Anlaufstrom des Motors um ein Vielfaches den Nennstrom. Zur Reduzierung des Anlaufstroms und zum Schutz der Wicklungen verwenden viele (vor allem stärkere) Motoren eine zeitlich um mehrere Sekunden verzögerte Umschaltung von Stern nach Dreieck. Dies bedeutet einen weicheren und langsameren Anlauf, schwächt aber auch das Anzugsdrehmoment. Abbildung 1.9 gibt Dreieckschaltungen für Motoren und Heizgeräte wieder und zeigt das Schaltbild eines Stern-Dreieck-Schalters.

1.4   220 V-Installationen richtig durchgeführt

Eines vorweg: „220 V-Installationen dürfen nur von Fachkundigen ausgeführt werden und diese sind unabhängig von Ihrem Kenntnisstand voll für Ihre Arbeit haftbar." Die aktuellen und genormten Sicherheitsvorschriften werden vom *Verband Deutscher Elektriker* (VDE) in eigenen Schriften herausgegeben und sind im Buchhandel sowie in jeder Bibliothek erhältlich.

Der größte Unterschied zwischen der Arbeit des Fachmanns und der des in Sachen Elektro unbedarften Laien liegt zweifellos nicht in der handwerklichen Geschicklichkeit, sondern im „Gewußt wie". Das „Gewußt wie" setzt sich zusammen aus der nötigen Materialkenntnis, der verbrauchergerechten Dimensionierung sowie dem strikten Einhalten von Konventionen und Richtlinien. Während die Konventionen für die Standard-Hauselektrik noch einigermaßen zu überblicken sind und aus den gegebenen Handlungsanweisungen direkt herauszulesen sind, ist die Vielfalt des im Handel befindlichen Materials eher verwirrend und bedarf eines Überblicks.

Sicherheitshinweise

▨ *Arbeiten am 220/380-Volt-Netz sind grundsätzlich stromlos durchzuführen (Sicherungen herausnehmen). Die Stromlosigkeit ist durch einen funktionierenden Phasenprüfer für jeden betroffenen Stromkreis nachzuweisen.*

▨ *Vor dem dauerhaften Wiedereinschalten des Stromes müssen Sie sich vergewissern, daß die gesamte Installation abgeschlossen ist und kein Sicherheitsrisiko für Dritte besteht.*

▨ *Wiedereinschalten zum Zwecke des Testbetriebs muß mit der Sicherung der Arbeitsstelle vor Dritten (vor allem vor Kindern und Haustieren) verbunden sein.*[15]

---

[15] Hinweise für Ihre persönliche Sicherheit während der Arbeit und „wenn's doch passiert ist", lesen Sie unter Abschnitt 1.2.1.

1.4.1 Welches Kabel ist das richtige?

Diese Frage ist in der Tat eine sehr wichtige, wenn es darum geht, die Sicherheit von Installationen zu gewährleisten. In vielen Haushalten finden sich Pfuschlösungen, die nach der Devise „der Zweck heiligt die Mittel" teils aus Unkenntnis, teils aus Ignoranz ein extremes Sicherheitsrisiko für die Bewohner darstellen. Bei der Auswahl des richtigen Kabels sollte vielmehr gelten: „der Zweck bestimmt die Mittel". Der Fachhandel stellt für die verschiedenen Anforderungen im Haushaltsbereich eine Fülle verschiedener Kabelarten und -stärken bereit.

Im 220/380-Volt-Bereich sind die Kabelarten zunächst nach dem Kriterium des Einsatzbereiches zu unterscheiden:

- Kabelmaterial für Unterputz- und Aufputz-Festinstallation (auch Rohrinstallation) – alle Adern weisen eine eigene, farblich unterschiedene Kunststoffisolation auf und bestehen aus massivem Kupfer. Dazu zählen:

  - zwei-, drei- und mehradrige **Rundmantelkabel** für Unterputz-, Kabelrohr- und Aufputzinstallation. Ausführungen: **NYM-I** (mit Schutzleiter) und **NYM-O** (ohne Schutzleiter). Metallmantelleitungen etwa der Ausführung NYBUY dürfen heute im Haushaltsbereich nicht mehr verwendet werden.

  - mehradrige, flache **Stegleitung** nur für Unterputzinstallation und nicht auf Holz: **NYIF-I** (mit Schutzleiter) und **NYIF-O** (ohne Schutzleiter) – die Adern sind durch einen weichen, kautschukartigen Mantel zusammengefaßt.

  - farblich kodierte, PVC-isolierte **Ader-Leitungen** (z.B. HO7V-U) sowie Rohrdrähte (NYRAMZ und für Feuchtraum: NYRUZY) für Unterputzinstallation in nichtmetallischem Kabelrohr.

- Kabelmaterial für den **flexiblen Anschluß** durch Steckverbindung (Verlängerungskabel und Netzanschlußkabel) oder für die flexible Festinstallation mit Geräte-Anschlußdose und Zugentlastung – alle Adern weisen eine eigene, farblich unterschiedene Kunststoffisolation auf und bestehen aus feinen gedrillten Kupferfäden (Litze). Dazu zählen:

  - **PVC-Schlauchleitungen:** drei-, fünf- oder mehradriges Rundkabel mit PVC-Isolierung und Schutzleiter für gesteckte Verlängerungen und Festanschlüsse in Trockenräumen über Geräteanschlußdose (Ausführungen *leicht* 300 Volt – HO3VV-F *mittel* 500 Volt – HO5VV-F)

  - **Gummischlauchleitungen:** drei-, fünf- oder mehradriges Rundkabel mit Gummi-Isolierung und Schutzleiter für gesteckte Verlängerungen und Netzanschlüsse. Verwendbar im Trockenraum, Feuchtraum und im

Freien (Kabeltrommeln, Anschlußleitung für Werkzeugmaschinen, Ausführungen *leicht* HO5RN-F *mittel* HO7RN-F)

▦ Zwillingsleitungen: zweiadriges Zwillingskabel ohne Schutzleiter mit und ohne zusätzlicher Ummantelung (Anschlußkabel für Klein- und Kleinstgeräte mit nichtmetallischen oder schutzisolierten Gehäusen, Ausführung z.B. HO3VH-H)

▦ Stoffummantelte und adernweise gummi-isolierte Rundkabel für Heißgeräte (speziell für Toaster, Bügeleisen, Ausführung HO3RT-F)

Die Kabelstärke liefert das Kriterium für die maximal zulässige Strombelastung. Die Hauptrolle spielt dabei der Adernquerschnitt.[16]

Tab. 1.5 Zusammenhang zwischen abgesicherter Stromstärke, Leistung und typischem Adernquerschnitt bei Kupferkabeln. Die maximale Dauerlast eines Querschnitts bei 30°C Umgebungstemperatur ist in Klammern notiert – sie darf bei 25°C um 5 Prozent höher sein. Die Leistungsangaben für Drehstrom beziehen sich auf Stern- und Dreieckschaltung.

Sicherungswert und Farbe	maximale Leistung bei 220 V	maximale Leistung bei 3×220/380 (Y/Δ)	Adern-∅ für Montage im Rohr oder Kabelkanal	Adern-∅ für flexiblen, Anschluß, Auf- und Unterputzmontage
6 A (grün)	1,3 kW	3,9/6,8 kW	1,0 mm² (11 A)	0,75 mm² (12 A)
10 A (rot)	2,2 kW	6,6/11 kW	1,5 mm² (15 A)	1,0 mm² (15 A)
16 A (grau)	3,3 kW	10/18 kW	2,5 mm² (20 A)	1,5 mm² (18 A)
20 A (blau)	4,4 kW	13/22 kW	4,0 mm² (25 A)	2,5 mm² (26 A)
25 A (gelb)	5,5 kW	16/28 kW	6,0 mm² (33 A)	4,0 mm² (34 A)
35 A (schwarz)	7,7 kW	23/40 kW	10,0 mm² (45 A)	6,0 mm² (44 A)
50 A (weiß)	11,0 kW	33/57 kW	16,0 mm² (61 A)	10,0 mm² (61 A)
63 A (kupfer)	13,8 kW	41/72 kW	25,0 mm² (88 A)	16 mm² (82 A)

---

[16] Gewissermaßen eine Nebenrolle fällt der Verlegungsart des Kabels zu. Je weniger Wärme (etwa durch Unterputzmontage, durch parallele oder unterirdische Verlegung an die Umgebung abgeführt werden kann, desto größer sollte der Querschnitt sein.

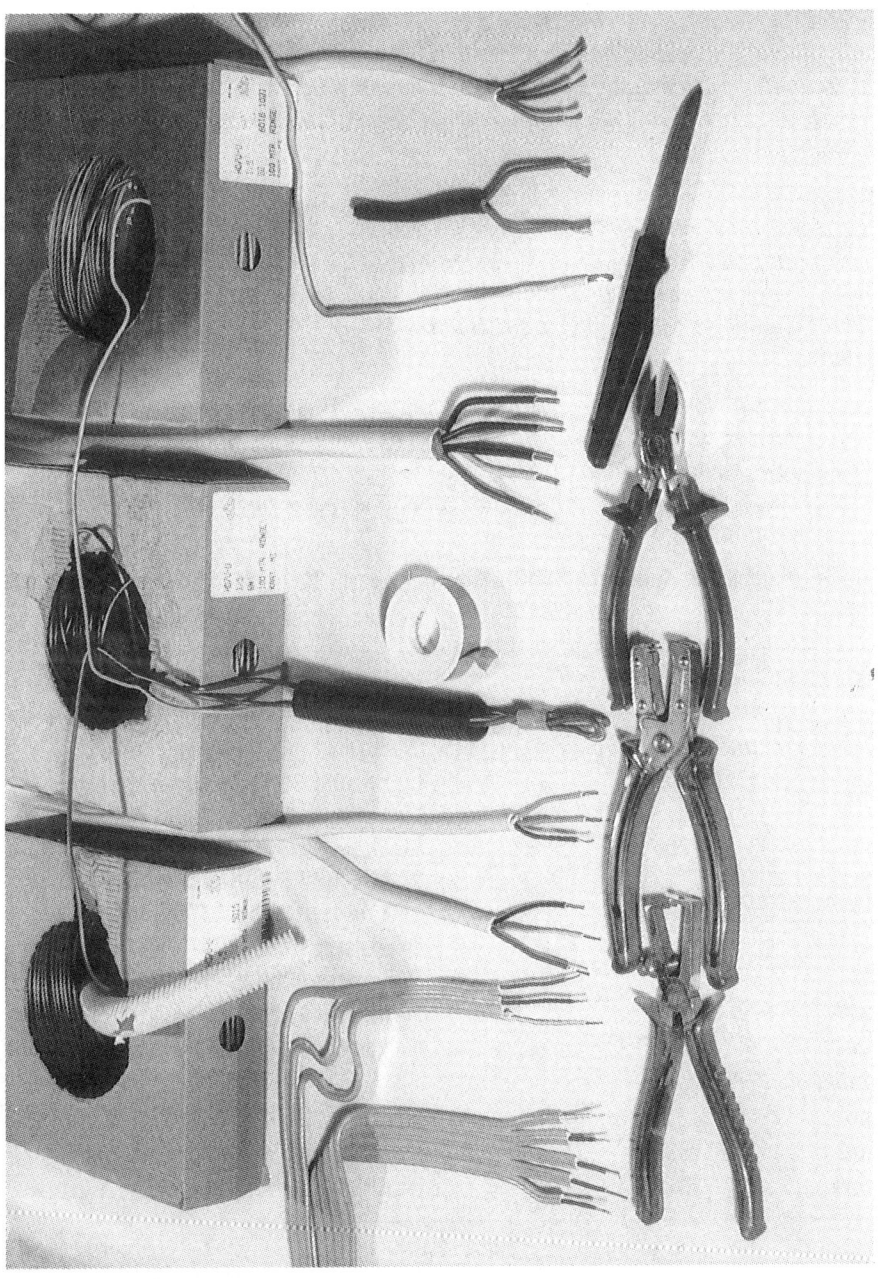

Abb. 1.10 Verschiedene Kabelausführungen und Werkzeuge – *von links nach rechts* Stegleitung (5-, 3-adrig mit 90°-Umlenkung), 3-adriges Rundmantelkabel (NYM-I 3x1,5), Aderleitungen in "gutem", flexiblen Unterputzrohr (hier schwarz, schlechtes Rohr – hier weiß – im Hintergrund mit Riß), 5-adriges Rundmantelkabel (NYM-I 5x2,5), gelb-grüner Potentialausgleichsleiter 6 mm² für Wannenschutz, flexible Leitungen (Gummischlauchleitung 2-adrig, PVC-Anschlußleitung 3-adrig)

Hinweis

Entscheidend für die Auswahl eines Kabels ist daher neben der Fertigungsart die Querschnittsfläche der einzelnen Adern. Sie wird in Quadratmillimetern gemessen und steht in direktem Zusammenhang mit dem zu verwendenden Sicherungswert und der Verlegungsart. Tabelle 1.5 gibt einen Überblick über den vereinfachten Zusammenhang.[17]

Empfehlungen

Bei der Neuverlegung von Licht- bzw. Steckdosenkreisen sollten Sie immer einen Adernquerschnitt von 1,5 mm² mit 10 A oder 16 A Absicherung verwenden. Die entsprechenden Kabel haben die Bezeichnung NYM-I 3×1,5 und NYIF-I 3×1,5 (mit gelbgrünem Schutzleiter) bzw. NYM-I 3×1,5 und NYIF-O 3×1,5 (ohne gelbgrünem Schutzleiter).

Lastverbraucher wie Herde, Boiler und Durchlauferhitzer sollten immer – Waschmaschinen, Trockner sowie Spülmaschinen und Kleinboiler möglichst immer – eine eigens abgesicherte Zuleitung ab Sicherungskasten erhalten. Tabelle 1.6 zeigt die üblicherweise verwendete Zuordnung für typische Verbraucher.

Tab. 1.6 Gebräuchliche Kabelarten und Sicherungswerte für typische Verbraucher im Haushalt

Kabelart	Sicherung	Verbraucher
Rundmantelkabel und Stegleitungen NYM-I bzw. NYIF-I		
3×1,5 mm²	10 A	Licht- und Steckdosenstromkreise bis 2000 Watt
3×1,5 mm²	16 A	Steckdosenstromkreise, Trockner, Wasch- und Spülmaschinen, Boiler und Herde (bis 3300 Watt)
5×1,5 mm²	3×16 A	Drehstromsteckdosen, Herde und Boiler (bis 9000 Watt)
3×2,5 mm²	20 A	Herde, Boiler bis 4000 Watt
5×2,5 mm²	3×20 A	Herde, Boiler (12/20 kW Y/Δ)
Rundmantelkabel NYM-I		
3×4,0 mm²	25 A	Herde, Boiler bis 5000 Watt
3×6,0 mm²	35 A	Herde, Boiler bis 7500 Watt
5×6,0 mm²	3×35 A	Durchlauferhitzer (20/35 kW Y/Δ)

---

[17] Die VDE-Vorschriften unterscheiden eigentlich 3 Gruppen von Leitern, die sich über das Kabelmaterial und die Verlegungsart ergeben. Die hier vorgenommene Zweiteilung ist somit eine (unproblematische) Vereinfachung „für den Hausgebrauch".

1.4.2 Kabel richtig verlegt

Der Verlegung von Kabeln kommt bei An- und Umbauten sowie bei innenarchitektonischer Veränderung große Bedeutung zu. Meistens wird es sich dabei um die Erweiterung bestehender Licht- und Steckdosenstromkreise handeln – seltener um den Anschluß neuer Lastverbraucher. In letzterem Falle sollten Sie selbst bei geringsten Zweifeln Rat und Hilfe einer Fachkraft in Anspruch nehmen.

Man unterscheidet zwischen Unter- und Aufputzinstallation – Sie kennen das – und danach richtet sich auch das zu verwendende Installationsmaterial. Für die Unterputzinstallation benötigen Sie:

- Unterputz-Abzweigdosen und Unterputz-Schalterdosen (auch für Steckdosen verwendbar) oder Kombinationen davon. Für die Installationen in Hohlwänden müssen Sie die Hohlwand-Ausführung kaufen.

- Stegleitung oder Kabelrohr mit farblich unterschiedenen Aderleitungen oder Rundmantelkabel (jeweils mit Schutzleiter)

- Jede Menge Gips, Stahlnägel, Lüsterklemmen bzw. wahlweise für die einfache Verschaltung, Steckklemmen – passend zum verwendeten Adernquerschnitt

- Hammer, Meißel, Langbohrer für Mauerdurchbrüche sowie bei Ziegelwänden und Hohlwänden evtl. Rundsägeaufsätze für die Bohrmaschine

Für die Aufputzinstallation benötigen Sie:

- Aufputzabzweigdosen, Aufputzschalter und Steckdosen

- Rundmantelkabel (Ausführung NYM-I) und wahlweise Kabelrohr mit Befestigungsschellen oder Kabelkanäle (vgl. Abschnitt 1.4.3)

- Jede Menge Befestigungsschellen passend für die Kabelstärke (Kabelrohrstärke), Dübel (5, besser 6 mm) und nicht zu kurze (möglichst rostfreie) Holzschrauben sowie eine Bohrmaschine mit Steinbohrern

Hinweise

Für beide Installationsarten müssen Sie darauf achten, ob Sie eine Feuchtraum- oder Trockenrauminstallation vornehmen. Zu Feuchträumen zählen z.B. Außenwände, Garagen, unbeheizte und feuchte Keller, Gewächshäuser, Weinkeller, Großküchen, Ställe etc. Der Fachhandel führt für die Feuchtrauminstallation spezielles Installationsmaterial – lassen Sie sich von Ihrem Händler beim Kauf diesbezüglich beraten.

Bei Feuchtrauminstallationen (aber auch bei Installation auf Holz) dürfen Sie keine Stegleitung verwenden. Ich empfehle Ihnen uneingeschränkt Rundmantelkabel der Ausführung NYM-I.

Oft wird sich auch eine Lösung mit Kabelrohr oder Kabelkanal anbieten – lesen Sie hierzu unter Abschnitt 1.4.3 nach.

Bevor Sie loslegen, planen Sie ihr Vorgehen erst einmal in aller Ruhe. Je nach Problemstellung und vorhandener Installation wird es in vielen Fällen (langfristig) vorteilhafter sein, einen eigenen Stromkreis ab Sicherungskasten zu installieren. Für energiefressende Verbraucher wie Waschmaschinen, Spülmaschinen, Boiler und E-Herde ist das sogar dringend geraten bzw. oft auch unumgänglich. Das bleibt jedoch nicht folgenlos, wenn im Sicherungskasten kein freier Sicherungsplatz mehr existiert (vgl. Abschnitt 1.5). Erweiterungen bestehender Steckdosen- und Lichtstromkreise können dagegen direkt ab der am günstigsten zu erreichenden Abzweigdose vorgenommen werden. Planen Sie also ab Stromanschluß. Ausgehend von diesem Punkt gilt es, die Ziele der Leitungen zu bestimmen. Steckdosen sollten zugänglich sein, Schalter auf der richtigen Seite des Türeingangs, Wasch- und Spülmaschinenanschlüsse in unmittelbarer Nähe der Geräte usw. Oft ist es geschickter, einen Wanddurchbruch vorzunehmen als mehrere Meter Umweg. Nachdem dies geschehen ist, überlegen Sie die Kabelführung unter Einhaltung folgender Regeln:

Hinweise zur Kabelführung

1. *Führen Sie die Kabel waagrecht, parallel und möglichst hoch – aber ein gutes Stück unterhalb der Decke (30 cm). Ggf. richten Sie sich nach der bestehenden Installation. Nur bei Steckdoseninstallation (Ringleitung) ist manchmal eine waagrechte Kabelführung in Bodenhöhe (30 cm) angebracht. Bei Aufputzinstallationen (jedoch nicht in Kellern – Überschwemmungsschutz) können natürlich auch die Fußbodenleisten herhalten. Bei Kücheninstallation setzten Sie die Steckdosen gut überhalb der Arbeitsfläche (105 cm) und den Herdanschluß in 50 cm Abstand vom Boden.*

2. *Führen Sie die Kabel senkrecht (von den Abzweigdosen) zu den Schaltern und Steckdosen hinunter (bzw. hinauf). Als Abstand von Türrahmen und Ecken wählen Sie 15 cm (vgl. auch Abbildung 1.11).*

3. *Vermeiden Sie die umittelbare Nähe von Telefon- und anderen Signalleitungen sowie die Nähe von Wasser-, Heizungs- und Gasleitungen.*

4. *Führen Sie – speziell bei Unterputzinstallation – die Kabel so, daß die Kabelführung auch für andere unmittelbar einsichtig ist. Bedenken Sie dabei auch evtl. noch zu erwartende Wandbefestigungen wie Hängeschränke in Küchen, Bilder, Regale, Rolläden etc. und schießen Sie ggf. Fotos vor dem Verputzen, oder fertigen Sie Zeichnungen vom genauen Kabelverlauf an.*

Abweichungen von den Regeln 1 bis 3 sind nur in Ausnahmefällen statthaft (z.B. in Treppenhäusern, Hohlschächten und verwinkelten Architekturen). Abbildung 1.11 zeigt schematisch die Installation für einen Raum und die Abbildungen 1.10 und 1.13 gebräuchliches Installationsmaterial.

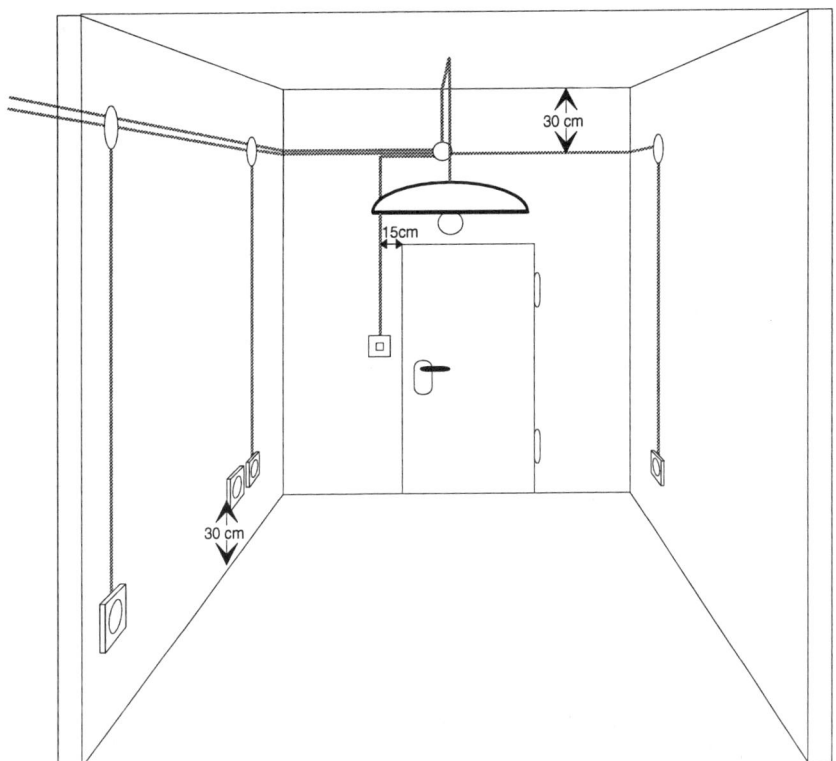

Abb. 1.11 Schematische Darstellung einer Steckdoseninstallation für einen Raum

Für Badezimmer und Duschräume gelten besondere Bestimmungen. Die wichtigsten davon sind:

▓ Keine Stegleitungen, Steckdosen, Schalter und elektrische Leucht- oder Heizkörper im 60 cm-Bereich um Wannen. Oberhalb von Wannen sind 225 cm ab Boden einzuhalten (Schutzbereich). Stegleitungen in angrenzenden Wänden müssen mindestens 6 cm tief in der Wand liegen.

▓ Zuleitungen zu Warmwassergeräten in diesem Bereich sind durch Rundmantelkabel (NYM/I) vorzunehmen und von oben einzuführen.

▓ Wannen müssen grundsätzlich über eine mindestens 4 mm² Kupferader oder 2,5mm× 20 mm Bandstahl mit dem Wasseranschluß in leitender Verbindung stehen (Potentialausgleich).

▓ Die Nachrüstung eines FI-Schalters wird empfohlen (vgl. Abschnitt 1.3.4.3).

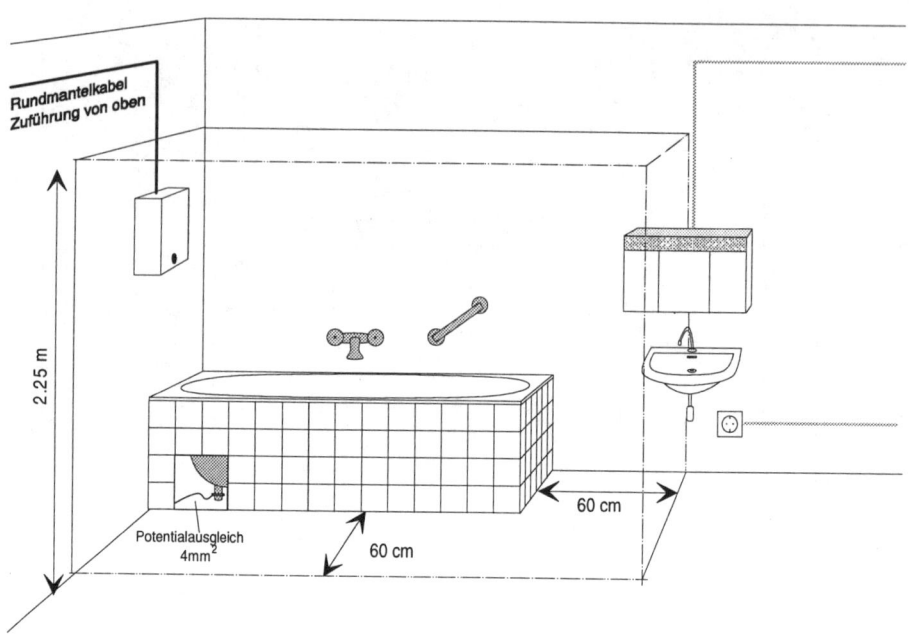

Abb. 1.12 Sicherheitszone in Bädern und Duschen

Nach der Planung können Sie die Kabelführung, Abzweigdosen, Steckdosen, Schalter und Lampenanschlüsse mit Hilfe von Lineal, Wasserwage und Meterstab berechnen und an der Wand aufzeichnen. Danach läßt sich die tatsächliche Länge der benötigten Kabel großzügig ausmessen sowie die Anzahl der Kabelschellen, Dosen etc. bestimmen. Wenn sehr viel Kabel (mehr als vier 3-adrige Kabel) in einer Abzweigdose zusammenkommen, sollten Sie eine größere Verteilerdose vorsehen. Vergessen Sie auch nicht die Deckel für die Abzweigdosen. Schalterdosen lassen sich ggf. aneinanderstecken – Sie benötigen dann auch kombinierte Abdeckungen für Schalter und Steckdosen.

Bevor Sie bei Unterputzinstallationen mit dem Ausschlagen der Schlitze beginnen, kaufen Sie das benötigte Material. Sie können dann durch direktes Anhalten die Schlitzbreite ermitteln und Dosen gleich einpassen.

Abb. 1.13 Schalterdosen und Abzweigdosen

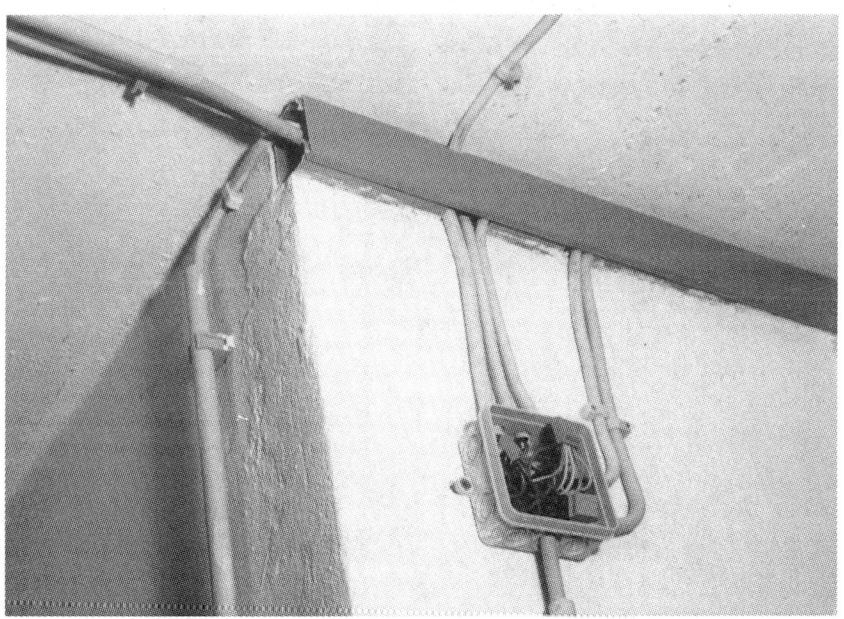

Abb. 1.14 Aufputzinstallation mit Kabelrohr, Kabelkanal und Abzweigdose – für die Verschaltung wurden Steckklemmen verwendet

Abb. 1.15 Schalter, Taster und Stromstoßrelais in einer Unterputzinstallation

Tips und Regeln für die Unterputzinstallation

▧ *Die ausgeschlagenen Schlitze sollten so tief sein, daß die Leitung an jeder Stelle gut 5 mm unter dem Putz liegt.*

▧ *Leitungen dürfen nur in dafür vorgesehenen Dosen oder Anschlußkästen enden bzw. unterbrochen werden. Diese werden vor Leitungsverlegung richtig positioniert und durch einen Gipsklecks mechanisch fixiert (Zuführwege freilassen). Leitungsenden für Lampenanschlüsse sind aderweise durch Steck- oder Lüsterklemmen zu isolieren (Phase unbedingt).*

▧ *Rundmantelkabel sollten vor Einführung in eine Dose entmantelt werden. Dies geschieht durch ein nicht allzu scharfes Kabelmesser oder einen Rundkabelentmantler (vgl. Abschnitt 1.1 Werkzeuge sowie Abbildung 1.1). Dabei darf die Mantelisolierung durch einen runden Schnitt nur angeritzt werden. Das Ablösen des Mantels geschieht durch leichtes Knicken an der Schnittstelle und Abziehen. Vermeiden Sie es, die farbigen Aderisolierungen einzuritzen – das Kabel ist sonst unbrauchbar.*

▧ *Die Anschlußlänge der vom Mantel befreiten Adern sollten Sie großzügig mit 20 bis 25 cm bemessen. Eine Zurechtkürzung erfolgt erst beim Anschluß.*

▧ *Stegleitungen werden zur 90°-Umlenkung einmal gefaltet oder – wie Abbildung 1.16 zeigt – gespreizt (vgl. Abbildung 1.10). Knicken Sie die Adern dabei nicht zu extrem. Die Schlitze müssen Sie an den Umlenkstellen etwas großzügiger ausschlagen.*

▧ *Befestigen Sie Stegleitungen entweder mit Nägeln und kleinen Isolierunterlegscheiben (Vorsicht: bei Isolationsschäden durch den Hammer oder die Nägel ist das Kabel unbrauchbar) oder mit Hilfe von Gipsklecksen. Rundkabel lassen sich gut mit Haken in der Wand fixieren. Nicht erlaubt ist das Aufeinanderführen mehrerer Stegleitungen in einem Schlitz – sie sind parallel untereinander (bzw. nebeneinander) anzuordnen.*

▧ *Beachten Sie auch ggf. die Montagehinweise für die Unterputzinstallation von Kabelrohren (vgl. Abschnitt 1.4.3).*

▧ *Löcher für Dosen lassen sich in Ziegelwänden und Hohlkörperwänden elegant mit Rundsägeblatt-Aufsätzen für die Bohrmaschine herausschneiden. Bei Ziegelwänden wählen Sie einen ca. 1 cm größeren Durchmesser, bei Hohlkörperwänden den exakten Durchmesser. Eine für alle Wandarten und Lochformen praktikable Methode ist das Bohren von etlichen Löchern entlang des Umrisses und in geeigneter Tiefe (6–8 mm-Steinbohrer verwenden).*

Tips und Regeln für die Aufputzinstallation

▧ *Beginnen Sie mit der Montage der Abzweigdosen, Schalter und Steckdosen. Vor dem Bohren der Dübellöcher (6 mm) ist es ratsam, sich noch einmal unter Berücksichtung der Zu- und Ableitungen die genaue Ausrichtung zu überlegen.*

Das Ausbrechen (Ausschneiden) der Abdeckungen nehmen Sie erst vor, wenn alle Kabel liegen.

▨ *Rollen Sie das zu verlegende Kabel richtig ab. Wenn Sie es spiralig herausziehen, bekommen Sie nämlich die dadurch entstehende Verdrehung nicht mehr heraus. Sie können das Kabel dann großzügig zuschneiden oder auch mit dem gesamten Ring weiterarbeiten.*

▨ *Beginnen Sie an einem Ende und nageln (ggf. schrauben) Sie die Befestigungsschellen in gleichmäßigem Abstand (von 30 bis 40 cm) an die Wand. Die erste bzw. letzte Schelle sollte etwa in 10 cm bis 15 cm Abstand vor der Einführung des Kabels in die Dose sitzen. Verwenden Sie ausreichend lange Stahlnägel bei Wänden, damit ein sicherer Halt aller Schellen gewährleistet ist. Oft ist mit Nägeln kein Halt zu erreichen. In solchen Fällen läßt sich die betreffende Schelle etwas aufbohren und mit Schraube und Dübel an der Wand fixieren. Ist die Wand gänzlich „von Pappe", sollten Sie Kabelrohr oder zumindest schraubbare Kabelschellen verwenden (vgl. Abbildung 1.16).*

▨ *Achten Sie aus Gründen der Ästhetik auf exakt parallele und straffe Kabelführung. Biegen Sie das Kabel mit den Händen so lange, bis es gerade ist oder exakt der gewünschten Krümmung entspricht. Bringen Sie provisorische Hilfsbefestigungen an oder lassen Sie sich helfen, wenn das Kabel durch sein Eigengewicht während der Installation zu stark nach unten zieht.*

▨ *Abzweigdosen müssen Sie vor dem Einführen der entmantelten Rundmantelkabel geeignet vorlochen (Entmanteln: siehe oben, „Tips für die Unterputzinstallation").*

Hinweise zu Verdrahtung und Anschluß lesen Sie unter den Abschnitten 1.4.4 und 1.4.5.

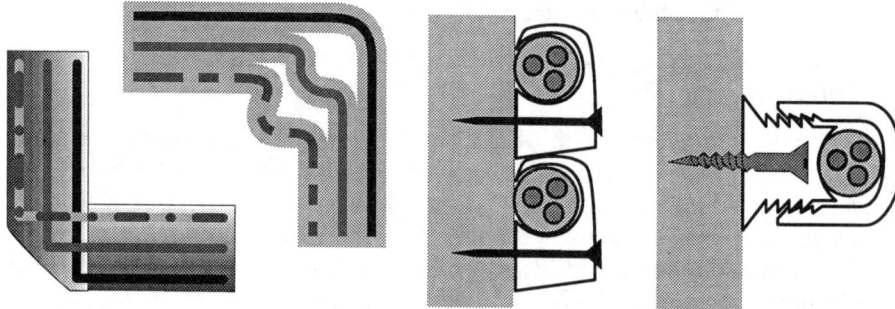

Abb. 1.16 90°-Umlenkung von Stegleitung und Schellenbefestigung von Rundmantelkabeln

1.4.3 Kabelrohre und Kabelkanäle

Sowohl für Aufputz- als auch für Unterputzmontage ist es meist sinnvoll (aber kein Muß) Kabelrohre zu verwenden.

Für die Aufputzmontage in Kellern und im Freien (hier eigentlich immer) kommen feste Kabelrohre aus PVC zum Einsatz, in denen dann Rundmantelkabel des Typs NYM-I $\geq$ 3×1,5^2 ganz oder teilweise verlaufen. Sie geben der Installation zusätzlichen Schutz und, nicht zuletzt durch ihre geschraubte Befestigung, Stabilität. Der Innendurchmesser des Kabelrohres richtet sich nach Kabelstärke und Anzahl der zu schützenden Kabel. Er sollte aber nicht zu eng und vor allem vorausschauend bemessen werden, damit das/die Kabel bequem Platz hat/haben und unter Umständen (bei Kabelsträngen) weitere Kabel darin Platz finden.

Tip
Auch bei Wanddurchbrüchen ist der Einsatz von Kabelrohren ein „saubere Sache".

Montagetip
*Die Montage von Kabelrohren ist problemlos, wenn auf Winkelstücke verzichtet wird. Nachdem ein Rohrabschnitt ausgemessen und mit einer Allzweck- oder Eisensäge – auch Stichsäge – zugeschnitten ist, bohrt man mit Hilfe einer Schlagbohrmaschine die Dübellöcher (nur **Mauerbohrer** verwenden, 6 mm-Dübel und mindestens 2 pro Rohrabschnitt, bzw. alle 60 cm) für die Befestigungsklammern, schraubt diese an die Wand und klemmt das Rohr, ohne das Kabel einzuziehen, zum Ausmessen des nächsten Rohres versuchsweise an die Wand. Erst wenn die Befestigungen für alle Abschnitte vorhanden sind, können Sie ggf. die einzelnen Rohre wieder abnehmen und das/die Kabel abschnittweise einziehen. Das Entfernen der Klammern erfordert ein bißchen Geschick und geschieht durch vorsichtiges Unterhebeln mit dem Schraubenzieher oder seitliches Abziehen.*

Achten Sie bei der Montage auf waagrechte, senkrechte und parallele Rohrführung und lassen Sie gut 10 cm frei, wenn es um die Ecke geht, damit die Kabel nicht zu stark gebogen werden müssen.

Für die Unterputzmontage sind flexible Rohre unbedingt zu empfehlen. Sie bringen zwei wesentliche Vorteile mit sich:

- Die Installation läßt sich auch später noch ohne allzugroßen Aufwand, d.h. ohne Öffnen der Wand, verändern oder erweitern.

- Die elektrische Installation kann durch einfachisolierte Aderleitungen (vgl. Abschnitt 1.4.1) vorgenommen werden, was sich besonders bei mehreren Hilfsstromzweigen (geschaltete Phasen bei Kreuz-/Wechselschaltungen) bezahlt macht.

Vorsicht

Es darf nur ein Stromkreis in einem Rohr geführt werden. Darunter fallen auch Drehstromkreise, wenn die 3 zugehörigen Sicherungen im Sicherungskasten gemeinsam auslösen. Für jeden separaten Stromkreis ist eine eigene Phase (bzw. 3 Phasen) und ein eigener Nulleiter vorzusehen. Ein gelbgrüner Schutzleiter läßt sich für mehrere Stromkreise verwenden, solange der Adernquerschnitt für den stärksten unter ihnen ausreicht.

Aber auch Nachteile sind zu berücksichtigen:

▓ Die Installation wird schnell (speziell bei mehreren Stromkreisen) unübersichtlich.

▓ Die Rohrabschnitte dürfen nicht zu lang und an Ecken nicht zu kantig sein, damit das Ziehen des Schaltdrahtes keine Probleme bereitet.[18]

Einkaufstip

Es hat wenig Sinn, die im Handel angebotenen Billigrohre zu verwenden (vgl. Abbildung 1.10 links). Sie brechen schnell – gerade in den verflixten Ecken – und sind innen nicht glatt. Achten Sie beim Kauf auf Stabilität, gute Rutscheigenschaft und ausreichenden Durchmesser.

Montagetips

▓ *Planen Sie zuerst am grünen Tisch die günstigste Kabelführung. Sehen Sie dabei, wenn nötig, mehrere parallel laufende Rohre vor sowie ausreichend Abzweigdosen.[19] Achten Sie strikt auf waagrechten bzw. senkrechten Verlauf der Rohre. Waagrechte Abschnitte sollten immer ein gutes Stück unterhalb der Zimmerdecke (möglichst in der im Haus üblichen Höhe) verlaufen, notfalls auch in Steckdosenhöhe (30 cm über dem Fußboden); senkrechte Abschnitte laufen direkt auf Schalter oder Steckdosengruppen zu. Keine „Kreuz und quer"-Führung!*[20]

▓ *Nach der Planung zeichnen Sie die Schlitze vor und schlagen sie in ausreichender Tiefe und Breite mit möglichst weichen Rundungen.*

▓ *Befestigen Sie dann die in ausreichender Länge zurechtgeschnittenen Rohrstücke entweder vorsichtig mit Hakennägeln oder mit Gipsklecksen und vergessen Sie nicht, vorher einen Ziehdraht oder eine stabile Ziehschnur einzuführen, damit das Einziehen der Adern nicht zum „Staatsakt" ausartet.*

▓ *Vorausgesetzt, Ihre Befestigung ist einigermaßen stabil, dann können Sie bereits vor dem Verputzen die Adern einziehen. Aber auch ein Einziehen danach*

---

[18] Hier mußte schon so mancher (nicht nur „do it yourself"-Elektriker) zu Hammer und Meißel greifen und auf den noch frischen Putz losgehen.

[19] Die heute oft übliche Verschaltung in kombinierten Abzweig/Schalterdosen kann aufgrund der längeren Rohrstücke mit großen Schwierigkeiten beim Adern-Ziehen verbunden sein.

[20] Denn wehe dem, der später nichtsahnend mit der Bohrmaschine das Rohr findet ...

sollte problemlos sein. Die Adern müssen an beiden Enden gut 25 cm heraus-stehen – sie werden erst bei der Verschaltung gekürzt.

▨ *Kennzeichnen Sie Adern gleicher Farbe vor dem Einziehen, damit Sie sie später ohne umständliche Messung auseinanderhalten können und verdrillen Sie sie nicht.*

▨ *Das Einziehen der Adern geschieht unter Zuhilfenahme des Ziehdrahtes. Biegen Sie die Enden der einzuziehenden, unverdrillten Adern zu einer Schlaufe und verhaken Sie diese mit dem in gleicher Weise geschlauften Ziehdraht. Dann fixieren Sie beide Schlaufen mit Isolierband, so daß keine Ader beim Hin- und Herziehen der Kupplung im Kabelrohr verhaken kann. Jetzt können Sie durch Schieben und Ziehen an beiden Rohrenden die Adern einziehen.*

Kabelkanäle

Zu guter Letzt möchte ich noch auf Kabelkanäle zu sprechen kommen. Sie eignen sich gut für die geschützte (und wirklich ansehnliche) Aufputzmontage von gemischten Kabelsträngen, bei denen häufiger eine Veränderung ansteht. Im Gegensatz zum Kabelrohr handelt es sich beim Kabelkanal um ein recht flexibles, aber auch nicht gerade billiges Konzept, das jederzeit und mühelos den Zugang zum Kabelstrang ermöglicht. Auch Steckdosen und Schalter können direkt im ausreichend dimensionierten Kabelkanal angebracht werden, so daß nahezu die gesamte Installation darin Platz findet. Aus diesem Grund ist er heutzutage zunehmend in modernen computerisierten Büros zu finden, aber auch in Werkstätten mit größeren Maschinenparks. Eine Sonderform des Kabelkanals ist die als Kabelkanal ausgeführte Fußbodenleiste.

Kabelkanäle sind in den verschiedensten Größen und Ausführungen im Handel erhältlich und bestehen aus zwei Teilen: einem Kanalschacht (mit herausnehmbaren Querstreben, die auch die einzelnen Kabel des Strangs im Kanal halten) und einem meist geklemmten Deckel. Sollen Leitungen für Kommunikationseinrichtungen und 220 V-Leitungen in einem Kanal verlegt werden, sollte man auf Ausführungen mit zwei oder mehreren abgetrennten Schächten zurückgreifen – dadurch verringert sich die störende Einstreuung durch die Netzfrequenz auf die Kommunikationsleitungen.

Montagetips

Die Montage des Kabelkanals ist denkbar einfach. Er wird stückweise in der richtigen Länge zugesägt, wobei auf saubere Schnitte und eventuell auf Gehrungen zu achten ist, und dann an Wand oder Decke geschraubt. Nachdem die Kabel im Kanal liegen und durch Einsetzen der Querstreben fixiert sind, läßt sich der Deckel einfach aufklemmen. Deckelabschnitte sollten aus Gründen der Stabilität möglichst so zugeschnitten sein, daß ihre Fugung relativ zu der des Schachtes versetzt ist.

In Werkstätten und Büros lassen sich natürlich auch Steckdosen und Schalter in den Kabelkanal integrieren. Er sollte dann aber eine geeignete Breite besitzen.

Achtung
Beim Einsatz von Kabelkanälen und -rohren vermindert sich die zulässige Strombelastung der Kabel um etwa 25% (vgl. Tabelle 1.5).

Abb. 1.17 Kabelkanal geöffnet

1.4.4 Verdrahtung

Die Verdrahtung neuinstallierter Kabel, Schalter, Steckdosen und Lampen wird erst durchgeführt, wenn alles liegt und richtig vergipst bzw. verputzt ist. Am besten, Sie lassen bis zum Anschluß ein oder zwei Tage zum Durchtrocknen verstreichen, bevor Sie den Anschluß an das Stromnetz vornehmen.[21]

---

[21] O.k., Geduld ist nicht jedermanns Sache. Es dürfte auch nichts passieren, wenn Sie den Anschluß sofort vornehmen.

Achtung

Der Anschluß an das Stromnetz (stromführende Abzweigdose oder an eine freie Sicherung im Sicherungskasten) erfolgt immer als letzter Schritt!

Falls über die Rolle der einzelnen Adern in der Dose noch Unklarheiten bestehen, müssen Sie unbedingt zuerst Abschnitt 1.3.4 „Phase, Nulleiter und Schutzleiter" lesen.

Beginnen Sie mit der Verdrahtung am besten an einer Abzweigdose. Zuerst werden die bereits von der äußeren Ummantelung befreiten Adern säuberlich geordnet, so daß klar ist, aus welchem Kabel welche Ader stammt. Verbinden Sie nun alle gelbgrünen Schutzleiter miteinander durch eine Steck- oder Schraubklemme. Kürzen Sie dazu zuerst die Adern mit einem Seitenschneider auf eine Länge von etwa 10 cm. Dann entfernen Sie die Aderisolation mit einem stumpfen Messer oder besser mit einer richtig eingestellten Abisolierzange (vgl. Abbildung 1.10) auf eine Länge von 10 mm (Schraubklemmen und Lüsterklemmen) bis 20 mm (Steckklemmen). Dabei darf die Kupferseele der Adern keinesfalls eingeschnitten werden! Achten Sie beim Anbringen der Klemme auf eine korrekt leitende Verbindung. Verwenden Sie keinesfalls Steckklemmen, die für einen anderen Adernquerschnitt ausgelegt sind, Schraubklemmen sollten dagegen großzügig Platz für alle Adern bieten. Biegen Sie dann die eben verbundenen Adern ordentlich in das Innere der Dose, damit sie aus dem Wege sind. Gelbgüne Adern dürfen ausschließlich als Schutzleiter fungieren und sollten grundsätzlich angeschlossen werden (in Schalterdosen nicht notwendig). Eine Verwendung als Nulleiter oder gar als (geschaltete) Phase ist in höchstem Maße unzulässig und gefährlich.

Jetzt können Sie auf die gleiche Weise alle hellblauen Nulleiter miteinander verbinden und ordentlich in der Dose verstauen. Nulleiter dürfen nicht geschaltet werden. Geschaltet wird grundsätzlich nur die Phase.[22] Damit ist zwischen geschalteter und ungeschalteter Phase zu unterscheiden. Zuführungen zu Steckdosen, Schaltern sowie Weiterführungen an nachgeschaltete Stromzweige (schwarze oder braune Adern) werden in der dritten Klemme zusammengefaßt. Als letztes verbinden Sie die Rückführungen von Schaltern – also die geschalteten Phasen (hierfür ist dann die blaue und/oder, falls vorhanden, die braune Ader zu verwenden) – mit der Zuführung (schwarz) zu den jeweiligen Verbraucherzweigen. Damit dürften alle Adern in der Dose angeschlossen sein – oder?

Bei Drehstromkreisen sind die letzten Schritte für jede Phase und jede geschaltete Phase durchzuführen. Nicht verwendete Phasen sollten Sie trotzdem abisolieren und an eine eigene Klemme anschließen. Nicht benötigte Adern können Sie dage-

---

[22] Das hat nämlich den Vorteil, daß bei unterbrochenem Schalter der Verbraucher von der Phase frei geschaltet ist. Damit ist das Wechseln von Glühlampen oder auch Fassungen theoretisch auch ohne Herausnehmen der Sicherung möglich. In diesem Falle muß man sich aber zu 100% sicher sein, daß der Schalter ausgeschaltet ist und kein Installationsfehler vorliegt. Eine Prüfung mit dem Phasenprüfer ist trotz alledem unerläßlich für Ihre Sicherheit (vgl. Seite 31).

gen ohne sie abzuisolieren so in die Dose biegen, daß sie keinen Kontakt mit den
Klemmen der stromführenden Leiter haben. Über Wechsel-, Kreuz- und Relais-
schaltungen lesen Sie gleich im folgenden Abschnitt 1.4.5.

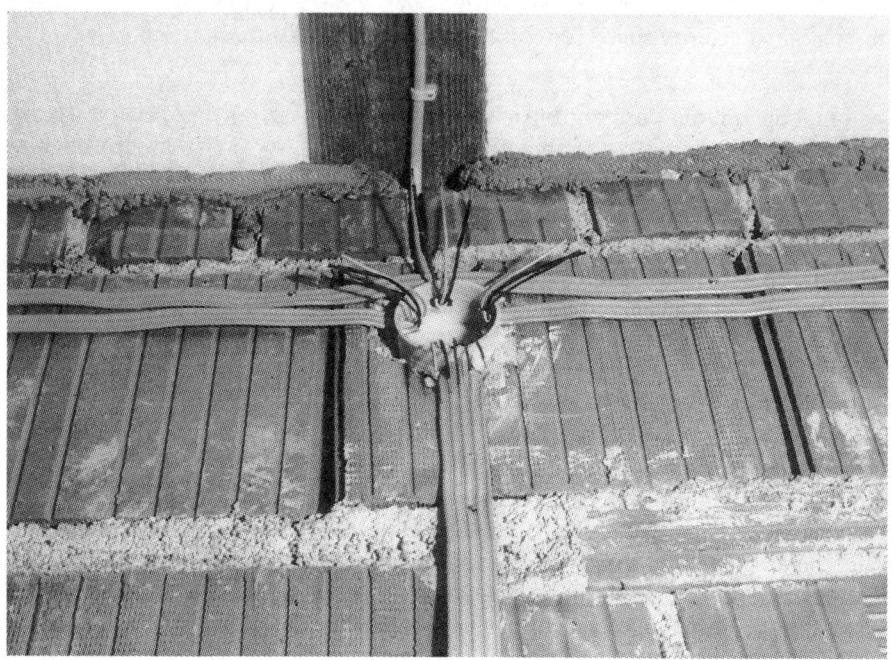

Abb. 1.18 Unterputzinstallation mit Stegleitung bei einem Neubau – das nach oben
zum Lampenanschluß führende Kabel darf keine Stegleitung sein, da es auf Holz verläuft.

Hinweise

*Die VDE-Vorschriften machen folgende Aussagen über den Zusammenhang Strom-
kreise/Kabel:*

▨ *Nicht erlaubt ist das getrennte Führen von Phase und Nulleiter eines Stromkreises in verschiedenen Kabeln oder Rohren, auch nicht, wenn diese direkt nebeneinander laufen. Dagegen dürfen mehrere Stromkreise (selten mehr als 2)
in einem mehradrigen Kabel geführt werden.*

▨ *Für jeden Stromkreis ist ein eigener Nulleiter mitzuführen. Drehstromkreise
sind als drei getrennte 220 V-Stromkreise verschaltbar (Sternschaltung) und
benötigen nur einen gemeinsamen Nulleiter.*

▓ *Kabelrohre dürfen nur einen einzigen Stromkreis (also auch Drehstromkreis) führen. Geschaltete Adern desselben Stromkreises dürfen mitgeführt werden.*

▓ *Schutzleiter können bei parallellaufenden Stromkreisen gemeinsam verwendet werden (müssen also nur einmal geführt werden).*

▓ *Schutzleiter und Nulleiter dürfen nur an einer Stelle im Stromkreis miteinander verbunden sein, nämlich im Sicherungskasten oder – bei Zweidrahtinstallationen – in der letzten schutzleiterlosen Abzweigdose. Dies kann dann auch gegebenenfalls direkt an der Steckdose sein.*

Die Verdrahtung innerhalb von (kombinierten) Schalterdosen geschieht analog. Das einfache Durchschleifen von Adern läßt sich in diesem Fall unter Verwendung der Schalter- bzw. Steckdosenanschlußklemmen bewerkstelligen.

1.4.5 Steckdosen und Lichtschalter

1.4.5.1 Steckdosen

Unterputzsteckdosen sitzen in handelsüblichen Kunststoff-Schalterdosen, festgehalten durch zwei Spreizschraubklammern und/oder zusätzliche Verschraubung mit der Dose. Aufputzsteckdosen sind direkt oder indirekt (Feuchtraum) an die Wand geschraubt. Eine Absicherung von Steckdosen mit mehr als 16 Ampere ist nicht zulässig.

Bei Neuinstallationen sollten die Anschlußdrähte auf ca. 15 cm (aus der Dose ragend) gekürzt werden, damit sie einen bequemen Anschluß gestatten und im hinteren Teil der Dose leicht verstaubar sind. Die auf etwa 1 cm – bei Steckanschlüssen 2 cm – abisolierten Adern (vgl. Seite 57) können Sie dann ungebogen anklemmen. Sowohl für Unter- als auch für Aufputzinstallation sind für den Anschluß zwei Fälle zu unterscheiden.

Bei dreiadriger Zuleitung mit gelbgrünem Schutzleiter verteilen Sie die blaue Ader (Nulleiter) und die schwarze bzw. braune Ader (Phase) in frei wählbarer aber möglichst einheitlicher Anordnung auf die beiden Steckkontakte. (Bei Steckdosenreihen wählt man für jede Steckdose auf alle Fälle die gleiche Anordnung.) Der unbedingt anzuschließende Schutzleiter gehört dagegen auf den Schutzkontakt (seitliche Metallklammern). Verbinden Sie aber keinesfalls Schutzleiter und Nulleiter!

Bei zweiadriger Zuleitung (meist alte grau/schwarz-Installationen) muß der üblicherweise graue Nulleiter die Funktion des Schutzleiters mit übernehmen. Daher

müssen Sie unbedingt vor dem Anschluß mit einem Phasenprüfer feststellen, was
Phase und was Nulleiter ist (vgl. Seite 31). Die handelsüblichen Steckdosen erlauben an einer der beiden Anschlußklemmen für die Steckkontakte ein Durchverbin-
den zwischen Steckkontakt und Schutzkontakt. Der Nulleiter wird dann auf ca. 2,5
cm abisoliert und an beiden Kontakten verschraubt – notfalls verwenden Sie eine
Brücke. Ein Anschließen des Schutzkontaktes ist unverzichtbar – die Steckdose
„täuscht sonst Schutz vor".

Nach dem Anschluß von Phase, Nulleiter und Schutzleiter werden die Adern vorsichtig in der Dose verstaut und die Steckdose mechanisch mit Hilfe der Spreiz-
klammern fixiert sowie evtl. mit der Dose verschraubt. Achten Sie dabei besonders
darauf, daß die Klammern nicht die Isolation der Adern verletzen können. Ein genaues Ausrichten ist innerhalb gewisser Toleranzen möglich.

Achtung
*Versehentliches Verbinden der Phase mit den Schutzkontakt kann tödliche Folgen
haben. Prüfen Sie daher unbedingt die volle Funktion jeder (neu)angeschlossenen
Steckdose mit dem in Abschnitt 1.3.4.2 angegebenen Testverfahren.*

Hinweis bei Feuchtrauminstallation
*Für Feuchtrauminstallationen müssen Sie spezielle, mit Klappenschutz versehene
Feuchtraumsteckdosen verwenden, die durch zusätzliche Isoliermaßnahmen ein
Eindringen von Feuchtigkeit in die Steckdose verhindern. Montieren Sie unbedingt
alle zugehörigen Gummi- und Plastikteile.*

1.4.5.2 Schalter

Die Montage und auch der Anschluß von Schaltern unterscheidet sich nicht wesentlich von dem im vorigen Abschnitt Gesagten. Nur die Funktion der Adern ist
eine andere, und wir müssen je nach Verwendungszweck zwischen verschiedenen
Schalterarten unterscheiden. Es gibt Ein/Aus-Schalter, Wechselschalter, Kreuzschalter und tastergesteuerte Relaisschalter.

Beginnen wir mit dem einfachen Ein/Aus-Schalter. Er unterbricht grundsätzlich
die Zuführung der Phase zum Verbraucher (meist Lampe). Ein Unterbrechen des
Nulleiters ist nicht zulässig, da der Verbraucher dann elektrisch gesehen weiterhin
„heiß" wäre. Ein/Aus-Schalter gibt es auch in der kombinierten Ausführung für 2
Stromzweige. In diesem Fall existiert dann ein gemeinsamer Anschluß für die un-
geschaltete Phase, und die beiden geschalteten Phasen versorgen je einen eigenen
Stromzweig.

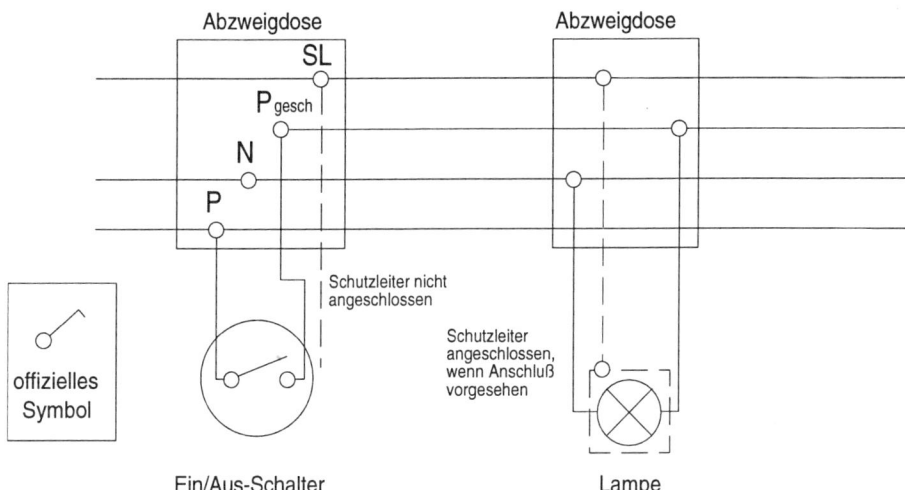

Abb. 1.19 Anschlußschaltbild eines Ein/Aus-Schalters mit Verbraucher

Abbildung 1.19 zeigt das prinzielle Anschlußbild eines Ein/Aus-Schalters. Anzuschließen sind nur Phase (schwarz oder braun) und geschaltete Phase (blau oder braun). Der gelbgrüne Schutzleiter wird – falls vorhanden – zwar in der Abzweigdose angeklemmt, in der Schalterdose aber nicht (wo auch).

Abbildung 1.19 können Sie auch entnehmen, daß es nicht so ohne weiteres möglich ist, eine Steckdose zu montieren, wenn nur ein Schalter vorhanden ist. Sie benötigen dann eine 4. Ader, die den Nulleiter herunterführt. Bei Kabelrohren ist das nachträgliche Einziehen weiterer Adern kein Problem, andernfalls aber ist eine neue, mindestens 4-adrige Leitung mit gelbgrünem Schutzleiter zu verlegen.

1.4.5.3 Wechselschaltung und Kreuzschaltung

Etwas trickreicher wird das Schaltungsprinzip, wenn es darum geht, einen Verbraucher von zwei Stellen aus zu schalten. Sie benötigen dann zwei speziell als *Wechselschalter* gekennzeichnete Schalter. Diese Schalter schalten die Phase zwischen zwei Leitungen hin und her, so daß wir es also mit 2 geschalteten Phasen zu tun haben. Einer der drei Anschlüsse von Wechselschaltern ist besonders gekennzeichnet (meist mit P für Phase) und wird mit der ungeschalteten Phase bzw. mit der Phasenzuleitung zum Verbraucher verbunden. Abbildung 1.20 zeigt das Schaltbild.

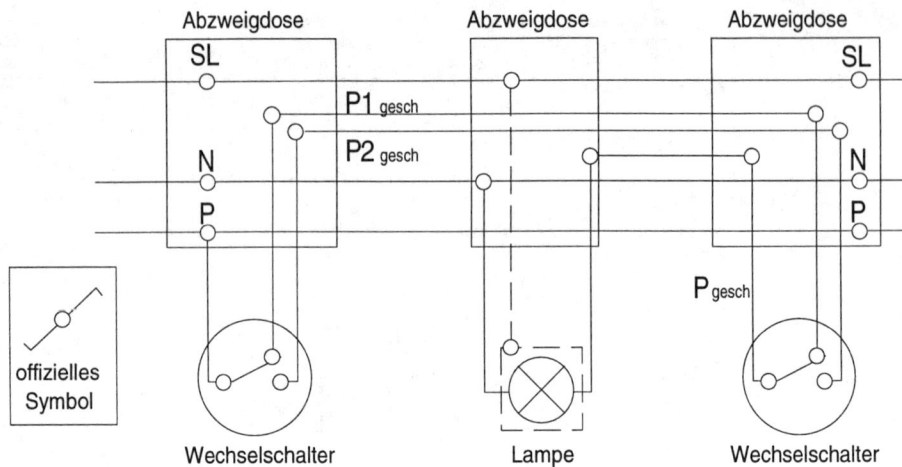

Abb. 1.20 Mit einer Wechselschaltung kann ein Verbraucher von zwei Stellen aus unabhängig geschaltet werden

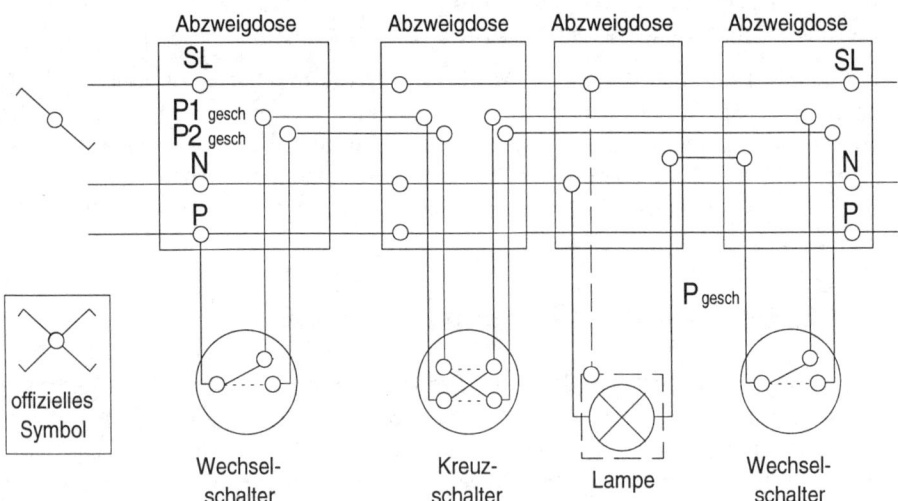

Abb. 1.21 Mit einer Kreuzschaltung läßt sich ein Verbraucher theoretisch von beliebig vielen Stellen aus unabhängig schalten

Die Erweiterung auf beliebig viele unabhängige Schalterstellen läßt sich durch Einfügen sogenannter *Kreuzschalter* in bestehende Wechselschaltungen erreichen. Kreuzschalter schalten immer gleichzeitig beide geschalteten Phasen – wie der

Name schon sagt – über Kreuz. In Abbildung 1.21 sind die nicht eingenommenen Schalterzustände gestrichelt gezeichnet. Benötigt werden 2 Wechselschalter an den Enden der doppelt geführten geschalteten Phasen sowie ein oder mehrere Kreuzschalter. Weitere Kreuzschalter lassen sich nach dem gleichen Prinzip in die Schaltung einbinden. Sie können die Schaltung einfach durchdenken, wenn Sie sich einen festen Schaltzustand für jeden Schalter wählen und dann einen im Geiste umschalten – welchen Schalter Sie auch wählen, Sie schalten den Verbraucher immer einmal ein und einmal aus, ganz so, wie es sein soll.

Wie die Schaltbilder zeigen, benötigt ein Wechselschalter drei Anschlußleitungen und ein Kreuzschalter vier. Auf keinen Fall darf einer davon gelbgrün sein – auch wenn die Versuchung groß ist. Im Handel gibt es mehradrige Kabel, z.B in der Ausführung NYM-O (ohne Schutzleiter), aber auch 5-adrige Drehstromkabel lassen sich verwenden. Am vorteilhaftesten ist natürlich bei der Unterputzinstallation die Verwendung von Kabelrohren (vgl. Abschnitt 1.4.3), in die Sie dann die benötigte Anzahl Adern einziehen können.

Hinweis
Wechselschalter und Kreuzschalter sind nicht funktionsgleich. Achten Sie beim Einkauf auf die richtige Ausführung. Problemlos ist dagegen das Ersetzen von Ein/ Aus-Schaltern durch Wechselschalter oder Kreuzschalter.

Beim Anschluß der Schalter ist auf die Anschlußbezeichnung (meist in Form einer Zeichnung) zu achten. Falsches Anschließen von Kreuz- oder Wechselschaltern ist mit keinen Risiken verbunden – die Schaltung funktioniert dann einfach nicht so, wie sie soll. Im Zweifelsfall kann man immer noch eine Versuchsreihe starten oder, besser, einen Durchgangsprüfer zur Hand nehmen.

1.4.5.4 Treppenlichtschaltung und Relaisschaltung

Aus Abbildung 1.21 wird ersichtlich, daß der Aufwand für Kreuzschaltungen doch relativ hoch ist. Außerdem ist ihr Funktionieren vom Funktionieren jedes einzelnen Kreuzschalters abhängig. Einfacher wird es, wenn an zentraler Stelle – in einer Verteilerdose oder im Sicherungskasten – ein Relais montiert ist, das dann von beliebig vielen Stellen aus über einfache Tasterschalter betätigt werden kann. Alle Taster (Ausführung: Ein-Taster) sind parallel zwischen Phase und Spulenzuführung des Relais geschaltet – es ist also nur eine zusätzliche Ader im gesamten Tasterbereich zu führen.

Das Relais kann sowohl als Umschaltrelais, genannt „Stromstoßrelais" (vgl. 11), als auch als zeitverzögertes Ein/Aus-Relais gewählt werden. Im ersten Fall handelt es sich um eine völlig normale Ein/Aus-Schaltung, im zweiten Fall dagegen spricht man von einer Treppenlichtschaltung. Eine nachträgliche Umrüstung ist problemlos, da Sie ohne Veränderung der Installation einfach nur durch Austauschen des Relais bewerkstelligbar ist. Abbildung 1.22 zeigt das typische Schaltbild.

Relais für Treppenlichtschaltungen gestatten im allgemeinen das Einstellen der Einschaltzeit sowie eines „Endlos"-zustandes. Bei besseren Treppenlichtschaltungen wird eine weitere Ader für eine Glimmbeleuchtung in den Tastern geführt. Das Relais schaltet dann dreistufig, zuerst das Treppenlicht ein, nach der „Halbzeit" die Glimmbeleuchtung ein und etwas später das Treppenlicht aus. Sobald die Glimmlampen aufleuchten, läßt sich das Relais „nachtriggern", d.h. man kann die Einschaltdauer um ein weiteres volles Zeitintervall verlängern.

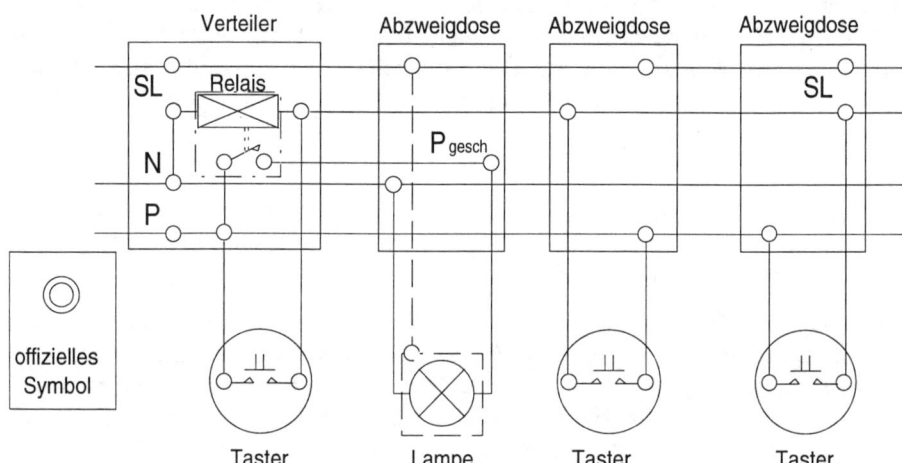

Abb. 1.22 Bei der Relaisschaltung läßt sich der Verbraucher von beliebig vielen Stellen aus unabhängig schalten. Das Relais sitzt hier in der Verteilerdose links. Die Ein-Taster sind zwischen Phase und Spulenzuführung des Relais geschaltet.

Tip
Treppenlichtschaltungen tragen sehr zum Energiesparen bei. Sie lassen sich auch sinnvoll im Zusammenhang mit der Beleuchtung von Fluren, Garagen und Außenlichtern einsetzen.

Elektronische Relais, bei denen das Schaltelement als „Triac" (Sonderform eines Transistors) ausgeführt ist, sind glühlampenschonend, allerdings lassen sie sich meist nicht ohne weiteres für Leuchtstoffröhren einsetzen.

1.4.5.5 Dimmer

Auch Dimmer tragen zum Energiesparen bei und erlauben die individuelle Anpassung der gewünschten Lichtstärke. Sie sind etwas teurer als Schalter, können diese aber (in Lichtstromkreisen) voll ersetzen. Im Handel gibt es Dimmer für Auf- und Unterputzinstallation – passend zum vorhandenen Steckdosen- und Schalterdesign.

Neben den einfacheren Drehreglern, die Sie sicher kennen werden, gibt es aber auch die weniger bekannten Sensor-Dimmer. Sie sind als Berührungsschalter konzipiert, und schalten bei kurzer Berührung (unter 0,5 s). Bleibt man mit dem Finger aber länger auf der Sensorfläche, arbeitet die Schaltung als Dimmer – die Lichtstärke wächst langsam bis zur maximalen Helligkeit, nimmt dann wieder bis zur völligen Dunkelheit ab, wächst wieder usw. Sobald Sie den Finger von der Sensorfläche nehmen, bleibt die momentan eingestellte Lichtstärke gespeichert, bis Sie entweder wieder „schalten" oder weiterregeln.

Beim Anschluß eines Dimmers muß im Gegensatz zum Schalter darauf geachtet werden, daß die Phase am richtigen Anschluß angeklemmt wird (beachten Sie hierzu das beigepackte Anschlußschaltbild bzw. den Buchstaben P). Modernere Dimmer, darunter so gut wie alle Sensordimmer, können in Analogie zur Relaisschaltung als Hauptstelle mit ein oder mehreren Nebenstellen gekoppelt werden. Sie weisen dann drei Anschlüsse auf. Einen für die Phase, einen für die geregelte Phase und einen für die Verbindung mit der Nebenstelle. Letzterer ist nur für den Nebenstellenbetrieb relevant und bleibt ansonsten frei.

Nebenstellen sind billiger als Hauptstellen, da sie nur als Signalgeber und nicht als Schalter/Regler fungieren müssen. Es versteht sich von selbst, daß maximal eine Hauptstelle je Kreis eingesetzt werden darf. Nebenstellen werden sinngemäß wie die Taster in Abbildung 1.22 in Parallelschaltung betrieben. Beim Anschluß ist wieder darauf zu achten, daß die Phase an der richtigen Klemme sitzt.

Spartip
Als Nebenstellen für Sensor-Dimmer können übrigens auch ganz normale Ein-Taster fungieren – die Lichtstärke läßt sich dann wie an der Hauptstelle durch entsprechende Tasterbetätigung einstellen. Der Austausch von Fassungen und Lampen sollte daher unbedingt nur bei herausgenommener Sicherung erfolgen.

Achtung
Sensor-Dimmer aber auch billigere Dreh-Dimmer schalten die Glühlampenfassung nie völlig frei von der Phase. Bei nicht angeschlossenem Verbraucher müssen Sie daher mit Stromschlägen rechnen, wenn Sie der geregelten Phase zu nahe kommen.

Dimmer sind elektronische Geräte und daher entsprechend empfindlich. Sie sind grundsätzlich auf eine bestimmte Minimal- und Maximallast ausgelegt. Die Minimallast liegt meist zwischen 40 und 60 Watt.

Hinweis

Wenn eine an einen Dimmer angeschlossene Lampe blinkt, ist die Minimallast unterschritten. Sie beheben diesen ungefährlichen Effekt durch Einschrauben einer stärkeren Glühlampe.

Die Maximallast liegt bei den handelsüblichen Ausführungen zwischen 200 und 700 Watt. Ich rate Ihnen, leicht überzudimensionieren, denn ein unter Maximallast betriebener Dimmer gibt ein deutlich zu hörendes Summen ab und geht schneller kaputt. Ein häufiges Problem bei der Verwendung von Dimmern ist, daß beim Durchbrennen von daran angeschlossenen Glühlampen der Dimmer gleich mit in die Binsen geht bzw., wenn man Glück hat, nur dessen extra flinke Glassicherung. Das liegt daran, daß Glühlampen, wenn sie einmal Luft gezogen haben, einen richtiggehenden Kurzschluß für den Stromkreis darstellen können – fallende Sicherungen sind daher keine seltene Begleiterscheinung. Für das elektronische Schaltelement im Dimmer sind Kurzschlüsse aber höchst gefährlich und führen unmittelbar zur Zerstörung. Die extra flinke Sicherung kann dann zwar oft noch schützen – aber eben nicht immer.

Achtung

*Glassicherungen für Dimmer müssen immer **extra flink** sein, um das Schaltelement (Triac) so gut wie möglich zu schützen.*

Das Regeln von Leuchtstoffröhren ist nur mit speziellen Dimmern möglich – normale Dimmer werden sofort durch die dabei entstehenden Spannungsstöße zerstört! 220 V-Halogenlampen (ohne Transformator) sind dagegen problemlos regelbar, solange die Maximalleistung nicht überschritten wird.

Was tun aber, wenn der Dimmer auch nach dem Einsetzen der neuen Sicherung und Glühlampe noch nicht will und auch kein sonstiger Leitungsdefekt vorliegt? Nun, da muß man sich entweder davon trennen oder einen Eingriff in die Elektonik wagen. Abbildung 1.23 zeigt das Prinzipschaltbild eines Dimmers. Sie erkennen das Schaltelement TR, das den Namen Triac trägt (vgl. auch Abschnitt 3.4.2.2). Es ist dreibeinig, meist an einen Kühlkörper geschraubt oder genietet und läßt sich relativ problemlos besorgen und austauschen – vorausgesetzt, Sie haben schon einmal gelötet.[23]

Der Triac schaltet zwischen den Anschlüssen E_1 und E_2 durch, wenn er am Anschluß G einen Steuerimpuls bekommt. Dieses Durchschalten hält aber nur so lange vor, bis der anliegende Wechselstrom beim nächsten Nulldurchgang seine Polarität ändert (vgl. Abbildung 1.3), d.h. der Triac muß für jede Halbwelle neu eingeschaltet werden. Dieses Phänomen nutzt man nun für die sog. „Phasenanschnittsteuerung" aus. Eine Regelschaltung (IC) oder ein einfaches „Phasenschieberglied" schaltet den Triac bei jeder Halbwelle, also 100 mal pro Sekunde, etwas

---

[23] Nein? Gut dann haben Sie endlich Gelegenheit, es zu lernen. Hinweise zum Löten finden Sie in Abschnitt 2.6.1 und 3.3.2.

verzögert ein (je nach Vorwahl durch den Benutzer zwischen 0° und 180°). Auf diese Weise wird prozentual der durch die Lampe fließende Effektivstrom herabgesetzt. Beträgt die Einschaltverzögerung z.B. 90°, das sind bei 50 Hz 0,005 Sekunden, leuchtet die Lampe nur noch mit weniger als der halben Leistung. Abbildung 1.23 rechts zeigt das zugehörige Strom/Zeit-Diagramm.

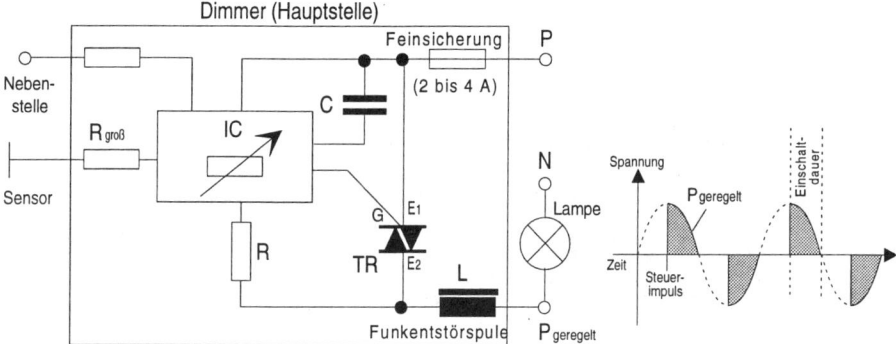

Abb. 1.23 Prinzipschaltbild eines (Sensor-)Dimmers – das Regelglied kann entweder eine Integrierte Schaltung (IC) sein oder eine einfache Drehwiderstand/Kondensator-Kombination *rechts* Spannungsdiagramm eines 50%-Phasenanschnitts

Reparatur eines Dimmers

Schrauben Sie zuerst die Sicherung des zugehörigen Lichtstromkreises heraus und bauen Sie den Dimmer aus. Öffnen Sie dann das meist nur zusammengeklemmte Gehäuse, damit Sie sein Innenleben zu sehen bekommen (vgl. Abbildung 1.24).

Wenn der Dimmer nur noch Dauerlicht produziert hat (Kurzschluß des Schaltelements), liegt es zu 100% an einem kaputten Triac, wenn dagegen nichts mehr ging und die Glassicherung o.k. ist, zu 95%.

Der Austausch des noch in Frage kommenden integrierten Schaltkreises (IC) lohnt nicht – weil Sie ihn wahrscheinlich nicht zu kaufen kriegen. Falls Sie Transistoren (kleine, schwarze, dreibeinige Elemente) sehen, besteht noch etwas Hoffnung – allerdings müssen Sie dann in Kapitel 3 weiterlesen.

Lösen Sie den Triac vom meist vorhandenen Kühlkörper – notfalls durch Aufbohren der Niete und löten Sie ihn vorsichtig aus. Gehen Sie dann damit zum einem Elektronic-Shop und verlangen Sie dort ein Triac mit 400 V oder besser 600 V und der aus der Leistung des Dimmers (bei 220 V) großzügig berechneten Maximalstromstärke (300 Watt: 2 A, 400 Watt: 3 A, 700 Watt: 5 A; vgl. Seite 19). Da die im Handel verkauften Triacs (ca. 2 DM) unterschiedlichste Beinchenbelegungen aufweisen, müssen Sie eines mit der gleichen Belegung erwerben. Der Verkäufer soll

in seinen Datenblättern nachsehen oder den Triac durchmessen. Klären Sie auch,
ob Ihr Triac einen integrierten Diac besitzt (vgl. Abschnitt 3.4.2.1, „Diac").

Der Einbau ist ebenso problemlos wie der Ausbau. Vergessen Sie nicht die Befestigung am Kühlkörper, bevor Sie den Dimmer wieder ans Netz nehmen.

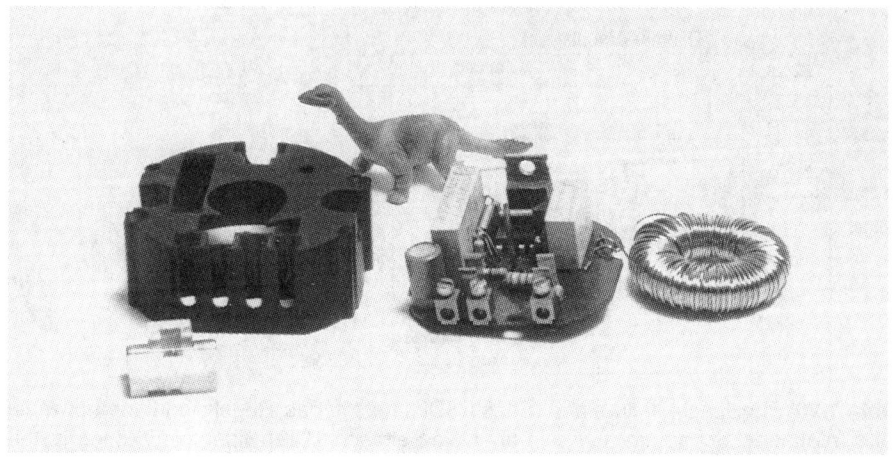

Abb. 1.24 Sensordimmer geöffnet

1.4.5.6 Drehstromsteckdosen

Als Drehstromsteckdosen sind heutzutage nur noch die modernen 5-poligen mit
Schutzleiterkontakt zulässig. Falls Sie noch das alte 4-polige System antreffen,
müssen Sie alle Dosen und Stecker auswechseln. Die meist rot/weißen Steckdosen
gibt es in Unter- und Aufputzausführung und abhängig vom Nennstrom in verschiedenen Baugrößen. D.h. daß ein Stecker nur in solche Dosen paßt, die für seinen Stromwert ausgelegt und abgesichert sind. Im Haushaltsbereich wird die 3×16
A-Ausführung zumeist ausreichend sein.

Der Anschluß geht analog zum Anschluß der Schuko-Steckdose, nur daß in diesem
Fall 3 Phasen anzuklemmen sind. Alle 5 Anschlußklemmen weisen eine eindeutige
Kennzeichnung auf, so daß eine Verwechslung nicht vorkommen dürfte. Einfüh-
rendes über Drehstrom lesen Sie unter Abschnitt 1.3.5.

Hinweise für den Anschluß
*Drehstromsteckdosen sind mit „Rechtsdrehfeld" anzuschließen. Da Ihnen wahr-
scheinlich diesbezüglich die Möglichkeit zur direkten Messung fehlt, können Sie
die Richtung des Drehfeldes mit Hilfe eines Drehstrommotors, dessen richtige*

Drehrichtung Ihnen bekannt ist, empirisch ermitteln. Eine Umkehr des Drehfeldes erreichen Sie gegebenenfalls durch einfaches Vertauschen zweier Phasen.

Ist die Zuleitung nur 4-adrig, müssen Sie eine Brückenverbindung zwischen Schutzleiter- und Nulleiteranschluß schaffen (vgl. auch Abschnitt 1.4.5.1). Bei der Montage sollten Sie auf eine wirklich stabile Befestigung der Drehstromsteckdose achten, da Drehstromstecker recht schwergängig sind.

1.4.6 Anschluß flexibler Leitungen

Alle mehr oder weniger frei beweglichen Geräte müssen ihre Stromzufuhr ab Steckdose (oder Geräteanschlußdose für flexiblen Festanschluß) über flexible Kabel erhalten. Darunter fallen auch Verlängerungskabel, Mehrfachsteckdosen und Kabeltrommeln. Die Adern flexibler Kabel bestehen aus zahllosen Kupferfäden und das Isoliermaterial aus weichem Kunststoff oder Gummi. Dadurch ist ein gute Flexibilität gewährleistet. Kabel mit Adern aus Massiv-Kupfer sind zu starr für den flexiblen Gebrauch und würden nach kurzer Zeit brüchig werden, daher sind sie für diesen Zweck nicht erlaubt.

Es besteht oft Unklarheit darüber, wann ein 2-poliges Kabel mit schmalem Eurostecker und wann ein 3-poliges Kabel mit Schukostecker für den Anschluß eines Gerätes zu verwenden ist.

Merke

░ *2-polige Kabel sind für den flexiblen Anschluß nur zulässig, wenn das Gehäuse des Verbrauchers vollständig schutzisoliert ist.*[24]

░ *3-polige Kabel sind immer zulässig. Bei vollständig schutzisolierten Gehäusen darf der Schutzleiter an der Geräteseite nicht angeschlossen werden – meist ist aber eine „tote" Klemme für den Schutzleiter vorhanden. In allen anderen Fällen ist der Schutzleiter für die Sicherheit unabdingbar.*

Für den Anschluß flexibler Leitungen sind mehrere Regeln zu beachten:

---

[24] Dazu zählen auch schutzisolierte – d.h. nach innen hin vollständig isolierte – Gehäuse mit metallischen Bestandteilen (vgl. Rasierapparate).

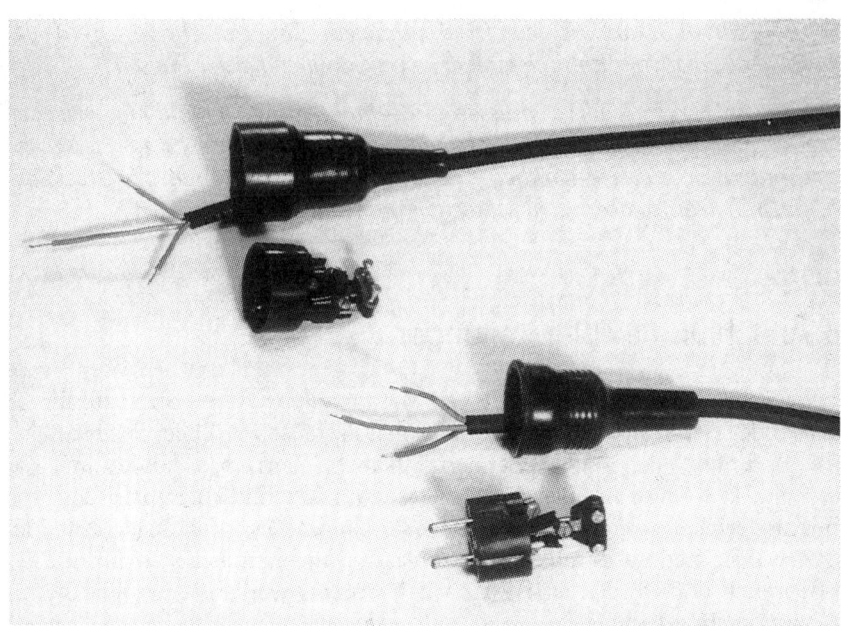

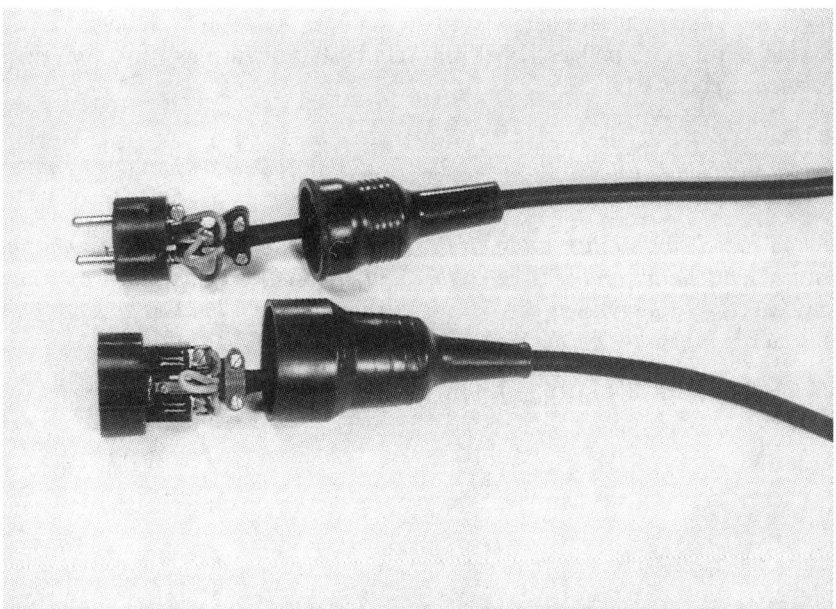

Abb. 1.25 Flexible Kabel richtig angeschlossen – die Schutzleiterader wurde so lang gelassen, daß sie bei einem Versagen der Zugentlastung als letztes reißt.

Regeln für den Anschluß

▨ *Entfernen Sie den Mantel des Kabels in großzügiger Länge und ohne die Adernisolierungen zu verletzen. Als Werkzeug empfiehlt sich ein stumpfes Messer oder ein Rundkabelentmantler.*

▨ *Führen Sie das Kabel in die Zugschutzvorrichtung des Gerätes bzw. Anschlusses ein, bis der Mantel vollständig davon umschlossen ist, und verschrauben Sie diese so, daß sie einen sicheren Zugschutz bietet.*

▨ *Kürzen Sie die Adern für Phase und Nulleiter (braun oder schwarz und blau) so, daß diese mit einigem Spiel (1 bis 2 cm) nach dem Abisolieren in ihre Klemmen passen. Für den gelbgrünen Schutzleiter ist das **doppelte** Spiel notwendig, da dieser bei Versagen der Zugentlastung erst als letzter abreißen darf.*

▨ *Isolieren Sie die einzelnen Adern sorgfältig auf die durch die Klemmen vorgegebenen Längen ab, ohne die feine Kupferlitze zu verletzen, und zwirbeln Sie die Fäden zusammen, bevor Sie sie in die Klemmen einführen. Ein Verlöten der Enden bei Klemmenverbindungen ist nicht zulässig.[25] Normalerweise wird die Klemme eine sichere elektrische Verbindung gewährleisten. Wenn dem nicht so ist, müssen Sie sich Aderendhülsen für den vorliegenden Querschnitt besorgen, die Sie dann einfach vor dem Einführen in die Klemme darüberschieben und ein wenig zukneifen.*

Regeln für den flexiblen Festanschluß

▨ *Ein flexibler Festanschluß ist dann zu wählen, wenn ein Lastverbraucher vorliegt, der in bestimmtem Maße beweglich aber ortsunveränderlich ist. Als Beispiel möge der Elektroherd dienen. Für Verbraucher mit relativ geringem Strombedarf ist eine Steckverbindung günstiger.*

▨ *Der flexible Festanschluß ist nur über spezielle Geräteanschlußdosen mit Zugentlastungsvorrichtung zulässig. Der Anschluß geschieht dann unter Einsatz von Aderendhülsen und so, wie oben beschrieben.*

1.4.7 Beleuchtung selbst montiert

Die Beleuchtung einer Wohnung lebt vom Geschmack der Bewohner – und der ändert sich mit der Zeit. Der Trend im Wohnraum geht zu immer individuellerer Beleuchtung, weg von der einfachen Glühlampe, weg von der flimmernden Leuchtstoffröhre, hin zur Halogenbeleuchtung. Damit soll aber nicht gesagt sein, daß nicht jede Beleuchtungsart ihren eigenen Vorteil aufweist. Das Hauptproblem bei der Konzeption neuer Beleuchtung, sei sie direkt oder indirekt, ist das Angebundensein an die vorhandene Installation – oder anders gesagt, die Zuleitung kommt

---

25 Das Herstellen einer fest mit der Klemme verlöteten Verbindung dagegen schon!

nie da aus der Wand, wo sie wirklich gebraucht wird. Nicht selten wird man daher vor dem turnusmäßigen Tapezieren erst einmal zu Hammer und Meißel greifen und die Installation anpassen. Wenn Sie das vorhaben, also eher grundsätzlich veranlagt sind, macht es Ihnen sicher nichts aus, den Abschnitt 1.4 von Anfang an zu lesen.

In vielen Fällen läßt sich aber auch mit der vorhandenen Installation weiterleben, und es genügen oft nur kleine Veränderungen, um große Effekte zu erzielen. Dazu gehören:

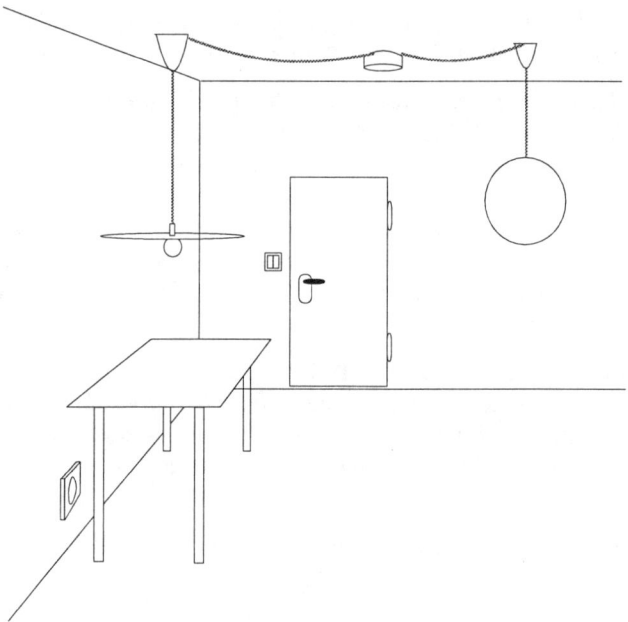

Abb. 1.26 Die Darstellung zeigt die Aufteilung eines zentral im Raum befindlichen Leuchtenanschlusses auf zwei dezentrale Lampen.

1. Auswechseln von Schaltern gegen Dimmer (vgl. Abschnitt 1.4.5.5) mit dem Effekt, daß Sie starke Birnen einsetzen und die Lichtstärke situationsgerecht regulieren können

2. Umverlegen von Lampenanschlüssen vermittels einfacher Verlängerung (vgl. Abbildung 1.26)

3. Vermehrung der schaltbaren Stromzweige durch Ausnutzen vorhandener oder Einziehen neuer Adern in Kabelrohrinstallationen (vgl. Seite 54) sowie Montage von Doppel- und Mehrfachschaltern (vgl. Abschnitt 1.4.5.2). Im Zusammenspiel

mit Maßnahme 2 läßt sich dadurch ohne allzu großen Aufwand die Anzahl individuell schaltbarer Lichtquellen erhöhen.

4. Installation einer Wechsel- Relais- oder Treppenlichtschaltung. Dies ist ein richtiggehender Energiespartip, denn je komfortabler die Bedienung einer Beleuchtung, desto eher wird sie auch ausgeschaltet, wenn sie nicht mehr gebraucht wird.

Tab. 1.7   Vor- und Nachteile der gebräuchlichen Beleuchtungsarten

Beleuchtungskörper und typische Leistung[26]	Vorteile	Nachteile
Glühlampe 25 – 100 Watt	warmes Licht billig, dimmbar, geringer Wirkungsgrad, Standardfassung	geringer Wirkungsgrad „altmodisch", mittlere Lebensdauer
Reflektorglühlampe 40 – 150 Watt	gerichtetes Licht, dimmbar, geringer Wirkungsgrad Standardfassung	Glühlampe, meist geringe Lebensdauer
Edelgasglühlampe 40 – 75 Watt (= 60 – 100 Watt)	weißes Licht, dimmbar, verbesserter Wirkungsgrad	weniger als normale Glühlampe, mittlere Lebensdauer
Energiesparlampe 7 – 15 Watt (= 35 – 75 Watt)	weißes, fahles Licht, bester Wirkungsgrad, hohe Lebensdauer, zahlt sich aus	immer noch teuer, flackert oft beim Einschalten, spezielles Vorschaltgerät erforderlich, Entsorgung, nicht dimmbar
Leuchtstofflampe 20 – 60 Watt (= 60 – 180 Watt)	helles, flächiges Licht, guter Wirkungsgrad, relativ hohe Lebensdauer	Licht unangenehm flimmernd, flackert beim Einschalten summt, Entsorgung notwendig nicht dimmbar
Halogenlampe 20 – 1000 Watt (= 30 – 1500 Watt)	schönes weißes und warmes Licht, punktförmig, volles Spektrum, hohe Lebensdauer, mittlerer Wirkungsgrad, in Niedervoltausführung individuell, modern	sehr heiß, teuer, in Niedervoltausführung teurer Trafo notwendig

---

26 Der Wert in Klammern nennt den Leistungsbedarf einer normalen Glühbirne bei gleicher Lichtstärke.

Der Punkt Energieeinsparung sollte natürlich Gewicht bei Ihren Überlegungen haben. Die Punkte 1, 2 und 4 können neben der richtigen Lampenwahl hierzu wichtige Beiträge liefern. Über die Vor- und Nachteile der einzelnen Beleuchtungsarten sind Sie sicher weitgehend orientiert. Tabelle 1.7 gibt eine kurze Gegenüberstellung.

1.4.7.1 Decken- und Wandleuchten

Diese Art von Lampen ist nach wie vor die gebräuchlichste und zweckneutralste. Mit ihrem Anschluß dürfte heute schon jedes Kind vertraut sein, daher begnüge ich mich mit ein paar Hinweisen.

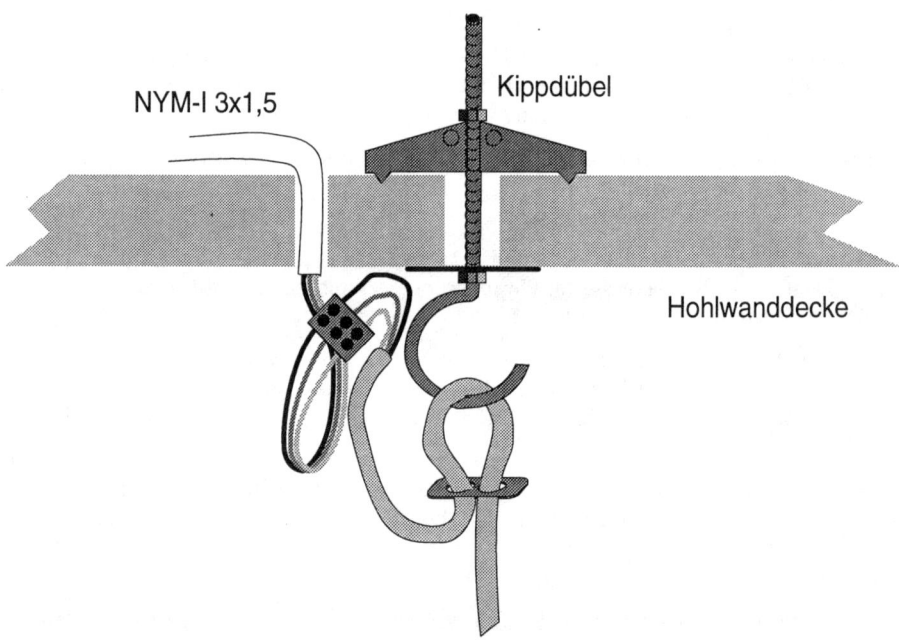

Abb. 1.27 Befestigung eines flexiblen Lampenkabels an einer Hohlkörperdecke – die Zugentlastung wird durch eine Schlaufe um einen Kippdübel mit Haken realisiert

Hinweise

░ *Deckenleuchten dürfen nicht einfach an den Lüsterklemmen aufgehängt sein. Sie sind per Kabelschlaufe an einem Haken zu befestigen (vgl. Abbildung 1.27). Die Schlaufe läßt sich auch durch Verknoten der flexiblen Leitung erzeugen.*

Bei schweren Lampen darf die Zuleitung nicht mehr als Aufhängung fungieren, und selbstverständlich ist für eine absolut sichere Befestigung zu sorgen.

▨ *Im Zusammenhang mit Dübeln müssen Sie beim Bohren darauf achten, daß Sie das Zuführungskabel nicht erwischen. Die Befestigung an Hohlkörperdecken und -wänden erfolgt über handelsübliche Kippdübel-Haken (vgl. Abbildung 1.27). Durch vorsichtiges Abklopfen der Decke lassen sich bei gutem Gehör versteckte Holzbalken entdecken, so daß als Haken auch normale Ausführungen mit Holzgewinde in Frage kommen.*

▨ *Beachten Sie besonders bei Lampen mit geschlossenem Schirm oder halboffenem Gehäuse die Hinweise über die maximal zulässige Birnenleistung. Eine Überschreitung des Wertes führt zum vorzeitigen Durchbrennen der Glühbirne (dies gilt vor allem für Kellerleuchten mit geschlossener Glaskuppe).*

▨ *Lampen werden oft sehr heiß – sie sollten daher in gebührendem Abstand zu Vorhängen, Holzdecken etc. angebracht sein.*

1.4.7.2 Leuchtstofflampen

Leuchtstofflampen bestehen aus einer Lampenfassung mit eingebautem Vorschaltgerät (Drossel, Kondensator), Starter sowie einer oder zwei gasgefüllten Leuchtstoffröhren. Die Lichterzeugung geschieht nach dem physikalischen Prinzip der Gasentladung. Die mit einem Leuchtgas gefüllte Röhre besitzt dazu an jedem Ende eine Elektrode, die mit einer kleinen Heizwendel versehen ist. Letztere ist nur während des nicht ganz unkomplizierten Startvorgangs aktiv, um die Röhre für das Zünden vorzubereiten.

Der Zündvorgang einer Leuchtstofflampe (vgl. Abbildung 1.28) geht folgendermaßen vor sich: Nach dem Einschalten des Versorgungsstroms liegt zwischen den beiden Elektroden nahezu die volle Netzspannung an. Sie gelangt dahin durch das Vorschaltgerät (Drosselspule und ggf. Kondensator). Der in Reihe mit den Heizwendeln geschaltete Starter, besteht aus einer Glimmlampe mit Elektroden, die als Bimetallkontakte ausgeführt sind. Die Glimmlampe, welche eine Zündspannung von etwa 100 Volt besitzt, beginnt bei der hohen Spannung sofort zu leiten. Die dabei stattfindende Gasentladung erhitzt die Bimetallkontakte und bringt sie zum Schließen. Bereits durch den Glimmlampenstrom konnten sich die beiden Heizwendeln der Leuchtstoffröhre gut erwärmen, das Schließen des Bimetallkontaktes (ca. 0,2 Sekunden) bringt sie nun richtig zum Glühen. Von den glühenden Heizwendeln werden jede Menge freie Elektronen an das umgebende Edelgas abgegeben, bis schließlich eine lawinenartige Gasentladung zwischen den beiden Elekroden der Röhre stattfindet.

Wenn das beim ersten Mal noch nicht geklappt hat, wiederholt sich das Spiel, sobald die Bimetallkontakte des Starters abgekühlt sind und wieder geöffnet haben. Das geht so lange (meist 2 bis 3 mal), bis die Gasentladung stabil ist. Der Widerstand der sich fortlaufend entladenden Röhre ist sehr gering. Da die Röhre in Serie zum Vorschaltgerät betrieben wird, fällt nun der größte Teil der Spannung (verlustlos) am Vorschaltgerät ab (ca. 150 Volt). An den Elektroden verbleiben etwa 70 Volt, die die Glimmlampe des Starters nicht mehr zum Zünden bringen können – der Starter „schweigt".

Das Vorschaltgerät kann rein kapazitiver Natur sein (Abbildung 1.28 links) oder rein induktiver Natur (Abbildung 1.28 rechts oben). Beim Einsatz eines kapazitiven oder induktiven Vorschaltgerätes ergibt sich durch den Blindwiderstand eine Phasenverschiebung zwischen Strom und Spannung (cosφ). Der Vorteil eines Blindwiderstandes ist allerdings, daß er keine Verlustleistung in Wärme umsetzt, was bei einem ohmschen Widerstand die Folge wäre. Die Phasenverschiebung (vgl. Fußnote 3 auf Seite 22) gleicht sich bei richtiger Dimensionierung im Duo-Betrieb (Abbildung 1.28 rechts unten) zwischen Kondensator und Spule einigermaßen (zu cosφ = 1) aus. Nicht selten findet man auch kapazitiv kompensierte induktive Vorschaltgeräte. Der Kompensationskondensator ist dann parallel zum Netzanschluß geschaltet (typisch gilt dann etwa cosφ = 0,95).

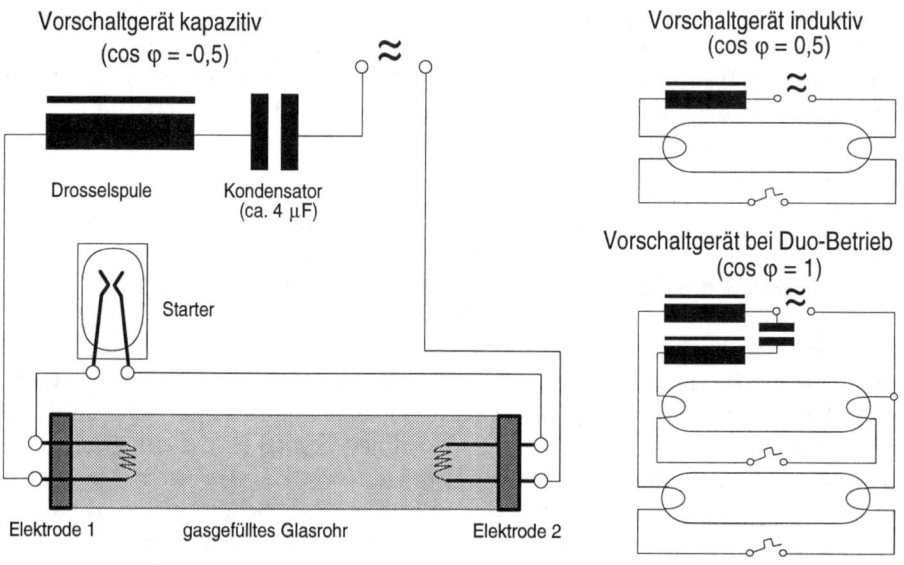

Abb. 1.28 Schaltbild einer Leuchtstofflampe

Hinweise

Es ist wichtig, beim Einsatz mehrerer Leuchtstofflampen für einen möglichst guten „Phasenwinkel" (cosφ = 1) zu sorgen. Das heißt in der Praxis, daß etwa ebenso viele induktive wie kapazitive Vorschaltgeräte verwendet werden sollten bzw. nur Doppel-Leuchten im Duo-Betrieb.

Bei transportablen Leuchtstofflampen kleinerer Leistung ist das Vorschaltgerät meist in Form eines speziellen Zuleitungskabels als ohmscher Widerstand ausgeführt. Bei solchen Lampen, darf das Zuleitungskabel weder gekürzt noch gegen ein „normales" ausgewechselt werden, da die Leuchtstoffröhre dann zerstört wird.

In einer Leuchtstofflampe sind Vorschaltgerät, Röhre und Starter genau aufeinander abgestimmt. Ersetzen Sie daher Röhren nur gegen solche der richtigen – auf dem Vorschaltgerät vermerkten – Leistung. Moderne Starter sind etwas toleranter und weisen oft einen Leistungsbereich zwischen 20 und 65 Watt auf.

Montagehinweise

Der Ein- und Ausbau einer Leuchtstoffröhre erfolgt durch vorsichtiges Herausziehen, nachdem der Röhrenzylinder um 90° in der Fassung gedreht wurde (2 mal Klicken). Dasselbe gilt für den Starter.

Die Montage einer Leuchtstofflampe ist mit zwei Schrauben erledigt. Meist genügt es, den Abstand der Befestigungsschrauben auszumessen und unter Berücksichtigung der Stromzuführung die Schraubenpositionen an der Wand anzuzeichnen (der Verpackung der Lampen ist oft sogar eine Schablone beigefügt). Wenn die Größe des Schraubenkopfes passend ist, können Sie die Schrauben fast vollständig einschrauben und die Lampe danach einhängen. Wenn das geklappt hat, ziehen Sie die Schrauben fest – fertig. Problematisch ist allerdings mitunter das Öffnen des Lampengehäuses. Hier haben sich die technischen Ingenieure die skurrilsten Patente ausgedacht. Das reicht von einfachen Verschraubungen, komplizierten Klammerverschlüssen bis hin zu gut versteckten Hebeln – ein wahrer Intelligenztest.

Einmal offen und montiert, kann der elektrische Anschluß erfolgen. Wenn die Zuleitung lang genug ist, können Sie den gelbgrünen Schutzleiter direkt an das Gehäuse (wenn so vorgesehen) und Phase (schwarz oder braun) und Nulleiter (blau) an die beiden einseitig unbesetzten und meist in der Nähe des Vorschaltgerätes befindlichen Lüster- oder Steckklemmen anschließen. Andernfalls verlängern Sie die Adern mit Hilfe einer dreifachen Lüsterklemme und isolierten Schaltdrähten. Am Vorschaltgerät lesen Sie dann noch die Leistungsangabe (Watt) der zu verwendenden Leuchtstoffröhre ab und vergewissern sich, daß auch die Röhre diese Leistung hat.

1.4.7.3 Probleme mit Leuchtstofflampen

Bevor sich bei Lichtausfall der Verdacht auf die Lampe konzentriert, sollte sichergestellt sein, daß die Stromversorgung gewährleistet ist. (Beachten Sie dazu die
Hinweise in Abschnitt 1.3.4.2.)

Als Problemursache für das Versagen von Leuchtstofflampen kommen hauptsächlich gealterte Röhren und defekte Starter in Betracht. Bei defektem Starter ist das
typische Klickgeräusch des Bimetallkontaktes nach dem Einschalten nicht mehr
hörbar – es tut sich nichts. Ein neuer Starter ist billig, wechseln Sie ihn daher aus,
wenn Sie die Röhre wechseln, das erspart kommenden Ärger.

Bei gealterter (oder in der Leistung zu schwacher) Röhre wird dagegen der Starter
ständig versuchen, die Röhre zu zünden, was sich durch wiederholtes Blinken bemerkbar macht.[27] Ersetzen Sie die Röhre immer durch eine mit gleicher Leistung.

Hinweis
*Die Gasfüllung von Leuchtstoffröhren enthält ein wenig Quecksilber und ist somit
umweltschädlich. Sie müssen sie also eigens entsorgen. Ihr örtliches Müllunternehmen wird sie kostenlos entgegennehmen.*

Wenn sich nach dem versuchsweisen Auswechseln des Starters und der Röhre im-
mer noch nichts tut, kommen verbrannte Kontakte (meist direkt ersichtlich), eine
Unterbrechung des Vorschaltgerätes oder ein Defekt des Kondensators in Frage.
Hierzu zwei Meßverfahren:

Messen mit dem Phasenprüfer
1. Wenn die geschaltete Phase direkt an den Kondensator oder an die Drossel
   geführt ist, müßte bei ausgebauter Röhre sowohl an beiden Anschlüssen des
   Kondensators (nur bei kapazitivem Vorschaltgerät) als auch der Drossel Spannung nachzuweisen sein. Fehlt die Spannung an einem der Anschlüsse eines
   Bauteils, ist es mit Sicherheit defekt.

2. Im anderen Fall vertauschen Sie die Anschlüsse für Phase und Nulleiter (im
   stromlosen Zustand) und gehen dann so, wie unter 1. vor.

Messung mit Widerstandsmeßgerät
1. Bringen Sie die Lampe in den stromlosen Zustand – entweder durch Ausschalten (Phasenprüfer!) oder besser durch Herausnehmen der Sicherung – und
   entfernen Sie die Röhre.

---

[27] Zum Notbehelf läßt sich die Lampe meist noch einmal vorübergehend „zum Leben" erwecken, wenn
      man während eines Aufblitzens den Starter herausdreht. Das liegt daran, daß sich der Innenwider-
      stand der Röhre erhöht hat und soviel Spannung an ihr abfällt, daß die Glimmlampe des Starters
      zünden kann. Das wiederum heißt, daß die Spannung an der Röhre sinkt und die Gasentladung zu-
      sammenbricht.

2. Messen Sie das Vorschaltgerät durch (Niederohmbereich) – ein Ausschlag zeigt seine Funktionstüchtigkeit an. Messen Sie dann den Kondensator (vgl. Abschnitt 2.5.2.6). Ein kurzer, rasch abfallender Ausschlag zeigt seine Funktionstüchtigkeit an.

1.4.7.4 Halogenlicht

Halogenlampen geben ein sehr schönes weißes und natürliches Licht ohne das geringste Flimmern. Sie sind extrem hell und werden sehr heiß. In 220 V-Ausführung kommen sie hauptsächlich für hohe Standleuchten und kräftige Reflektorstrahler zum Einsatz. Ein Austausch wird nur im kalten, stromlosen Zustand vorgenommen. Dabei dürfen Sie den Glaskörper nicht mit den Fingern berühren, da auch kleinste Flecken einen Hitzestau hervorrufen, der die Lampe schneller altern läßt. Verwenden Sie also ein sauberes Tuch zum Anfassen – und wenn es doch passiert ist, reinigen Sie den ganzen Glaskörper mit Spiritus.

Gängiger ist allerdings die transformatorbetriebene 12 V-Reflektor-Ausführung. Sie darf heute in keinem stilbewußten Haushalt oder Büro mehr fehlen. Der Handel bietet die verschiedensten – im Preis nicht ganz unerheblichen – Halogen-Sets und -Systeme, die der „do-it-yourself"-Beleuchtungsdesigner dann gefahrlos in den verrücktesten Konfigurationen aufspannen und montieren kann. Die offenliegenden, klobigen Stromzuführungen sind völlig harmlos (selbst für Kinder) und bieten eine nie dagewesene Flexibilität in der Lichtgestaltung.

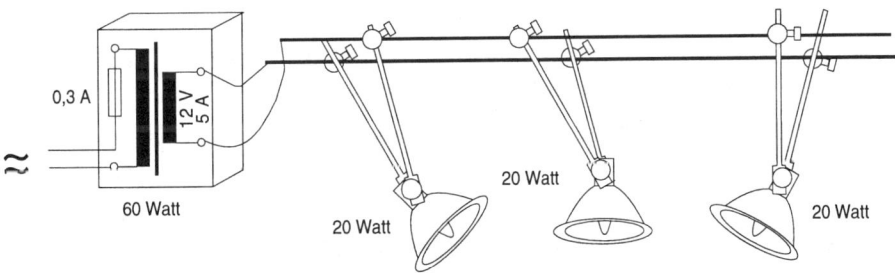

Abb. 1.29 3 Halogenlampen mit Transformator

Die Klobigkeit der Zuleitungsdrähte hat eine technische Ursache. Bedingt durch die niedrige Versorgungsspannung müssen die Leiter bei gegebener Leistung eine recht hohe Strombelastung bewältigen. Das reicht von 5 Ampere bei 60 Watt (= 3 Lampen à 20 Watt) bis zu 50 Ampere bei 600 Watt (= 30 Lampen à 20 Watt) für Saal- oder Galeriebeleuchtungen. Zudem ist ein geringer Eigenwiderstand der Leitungen wünschenswert, da ein zu großer Spannungsabfall in den Strombahnen zu unterschiedlicher Helligkeit der Lampen führen kann. Dennoch, bis zu 16 A kann man – in freier Verspannung – prinzipiell auch noch einen Adernquerschnitt von 1,5 mm² verwenden, solange die zu überbrückende Strecke nicht allzu groß wird.[28] Problematisch ist dann nur noch die Zugfestigkeit. Soviel zur Hysterie mit der Leitungsdicke.

Den springenden Punkt bildet der Transformator. Er liefert den Strom für die parallelgeschalteten Lampen und begrenzt damit die anschließbare Lampenleistung. Konsequent ist es, zu seinem Schutz auf der 12 Volt- oder 220 Volt-Seite eine Sicherung einzubauen, die bei Kurzschluß oder Überlastung auslöst. Spezielle Halogentransformatoren sind oft mit einer Überstromschutzeinrichtung (meist Schmelzkontakt) versehen, auf die man sich aber nicht unbedingt verlassen sollte, weil es nicht immer einfach ist, Ersatz aufzutreiben. (Für die Berechnung des richtigen Sicherungswertes vgl. Seite 19 sowie die darauffolgenden Beispiele.)

Der Handel bietet hübsch aussehende Ringkerntransformatoren für größere Leistungen, die sich durch eine geringe Eigenverlustleistung, wenig Summen, aber auch durch gesalzene Preise auszeichnen. Da die 220 V-Primärwicklung innen liegt und 12 V-Sekundärwicklung außen, dürfen diese offen montiert werden, wenn eine perfekte Isolation der Netzzuführung gewährleistet ist. Jeder andere 220/12 V-Transformator tut es aber auch, solange nur seine Leistung stimmt. Die Lösung für größere Anlagen sehe ich aber im Schaltnetzteil (vgl. Abschnitt 3.5.2.2).

Achtung

Die Summe der Lampenleistungen muß immer kleiner gleich der maximalen Transformatordauerleistung sein. Die Strombelastung eines 220/12 V-Transformators ist auf der 220 V-Seite rund zwanzigmal geringer. Einer 12 V-seitigen Absicherung mit 10 A kommt daher eine 220 V-seitige von 0,6 A gleich. Der Einschalter für eine Halogenbeleuchtung ist immer auf der 220 V-Seite anzubringen, damit der Transformator nach dem Ausschalten stromlos ist.

Ein durch einen Transformator abgetrennter Sekundärstromkreis darf nicht in leitender Verbindung mit dem 220 V-Netz stehen. Er darf also auch insbesondere nicht geerdet werden.

Wichtiges über den Anschluß von Transformatoren

Transformatoren besitzen mindestens zwei, manchmal aber auch mehr Wicklungen. Weiterhin ist es gängig, daß Wicklungen mit einer sog. Mittelanzapfung ausgeführt sind. Primär- und Sekundärwicklungen sind an gegenüberliegenden Seiten herausgeführt und an Anschlußstifte gelötet. Abbildung 1.30 zeigt die Schaltbilder einiger Transformatoren.

---

[28] Das bedeutet auch, daß Sie problemlos bereits in der Wand liegende 1,5 mm² Zuleitungen verwenden können. Dafür müssen Sie aber unbedingt alle verwendeten Adern vom 220 V-Netz trennen. Eine gemischte Führung von 220 V- und 12 V-Leitungen in einem Kabel oder Kabelrohr ist nicht zulässig.

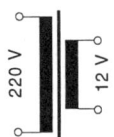 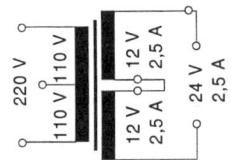 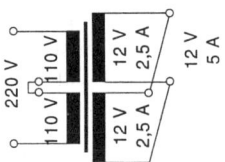

Netztransformator mit 2 Wicklungen	Netztransformator mit 110 + 110 V primär und 2 x 12 V sekundär. Die Sekundärwicklungen sind hintereinandergeschaltet - damit addieren sich ihre Spannungen. Der Strom bleibt gleich.	Netztransformator mit 2 x 110 V primär und 2 x 12 V sekundär. Nur wenn die Sekundärwicklungen gleiche Spannung und gleichen Strom liefern, können sie (gegenläufig) parallelgeschaltet werden. Die Spannung bleibt gleich, die Stromstärken addieren sich.

Abb. 1.30 Schaltbilder Transformatoren *links* einfacher Transformator *mitte* Transformator mit Mittelanzapfung (primär) und geteilter Wicklung (sekundär) *rechts* Transformator mit geteilten Wicklungen

Wenn klargestellt ist, daß ein Transformator eine 220 V- oder 2×110 V- bzw. 110+110 V-Wicklung besitzt, die Anschlußstifte jedoch nicht gekennzeichnet sind, dann gehen Sie wie folgt vor:

▨ Sofern sichtbar, urteilen Sie nach der Dicke der herausgeführten Wicklungsdrähte. Die dünneren Drähte gehören zur Wicklung mit der höheren Spannung (in unserem Fall also 220 V). Mittelanzapfungen erkennen Sie an doppelten Wicklungsdrähten. Die Anschlußstifte für hintereinander schaltbare Wicklungen liegen generell nebeneinander und lassen sich einfach durch eine Brücke verbinden. Ein Hintereinanderschalten mit vertauschter Polarität zerstört im allgemeinen die Wicklung und liefert keine oder verminderte Spannungen auf der Sekundärseite.

▨ Oft ist aber der Wicklungsdraht nicht direkt herausgeführt, sondern innen mit einem Anschlußdraht verlötet, oder der gesamte Trafo ist in Kunstharz eingegossen. In diesem Fall kann eine (stromlose) Messung mit dem Vielfachmeßgerät im Niederohmbereich weiterhelfen (vgl. Abschnitt 2.5.2.4). Die Wicklung mit dem höheren Widerstand (etwa 30 bis 100 Ω) gehört zur höheren Spannung. Zugleich können Sie so auch die Funktionsfähigkeit aller Wicklungen austesten und feststellen, ob und für welche Wicklungen Mittelanzapfungen vorgesehen sind.

▨ Nachdem die 220 V-Wicklung (beachte aber Abbildung 1.30 mitte und rechts) erkannt ist, können Sie mit dem Wechselspannungs-Meßbereich Ihres Vielfachmeßgerätes die Sekundärspannungen ausmessen. Den dafür notwendigen provisorischen Anschluß isolieren Sie gut ab.

▓ Die in Abbildung 1.30 (rechts) gezeigte Parallelschaltung sollte nur im Notfall und nur bei Transformatoren mit getrennten und vom Spannungswert her identischen Sekundärwicklungen angewendet werden. Stellen Sie zuerst eine der beiden Überbrückungen her und messen Sie die Spannung zwischen den Anschlüssen für die zweite. Nur wenn sich eine Spannung von 0 Volt ergibt, darf auch die zweite Brücke hergestellt werden.

1.5   Arbeiten am Sicherungskasten

Manipulationen am Sicherungskasten gehören zu den verantwortungsvollsten Aufgaben bei der Elektroinstallation. Sie dürfen eigentlich nur von ausgebildeten Elektrikern vorgenommen werden – bzw. die fertige Arbeit muß vor Inbetriebnahme von einem konzessionierten Elektriker abgenommen werden. Da der Laie jedoch vor kleineren Eingriffen nicht zurückschreckt, sollte dieses Buch auch vor diesem Thema nicht Halt machen.

Der grundsätzliche Aufbau von Hauptverteilungen für Hausanschlüsse wird durch die Abbildungen 1.31 bis 1.34 verdeutlicht. Die Stromwege bis zum Zähler sind vom Elektrizitätsunternehmen her verplombt. Eine Beschädigung der Plomben kann hohe Geldstrafen nach sich ziehen, da Sie sich dem Verdacht des Stromdiebstahls aussetzen. Arbeiten am Sicherungskasten sind damit nur hinter den Vorsicherungen möglich.

Sicherheitshinweis
Bei allen Arbeiten am Sicherungskasten, die über das Auswechseln von Sicherungen hinausgehen, müssen Sie grundsätzlich die Vorsicherungen herausschrauben oder – wenn vorhanden – den FI-Schalter auslösen. Auch dann ist der Sicherungskasten noch nicht stromlos (die Zuleitungen sind natürlich noch „heiß"). Stellen Sie auf alle Fälle mit dem Phasenprüfer fest, wo noch Spannung anliegt.

Zu unterscheiden sind folgende Arbeiten

1. Austausch von Sicherungen (problemlos)

2. Einbau von Paßschrauben oder Paßringen zur Kodierung des richtigen Stromwertes für einen Stromkreis (problemlos)

3. Anklemmen neuer Stromkreise an unbenützte Sicherungshalter (einfach)

4. Austausch defekter oder Hinzufügen weiterer Sicherungshalter bzw. Sicherungsautomaten[29] (meist schwierig)

---

[29]   In der Fachsprache als LS-Schalter (Leitungsschutzschalter) bezeichnet.

5. Hinzufügen weiterer Sicherungsreihen, Auswechseln des Sicherungskastens (besser einer Fachkraft überlassen)

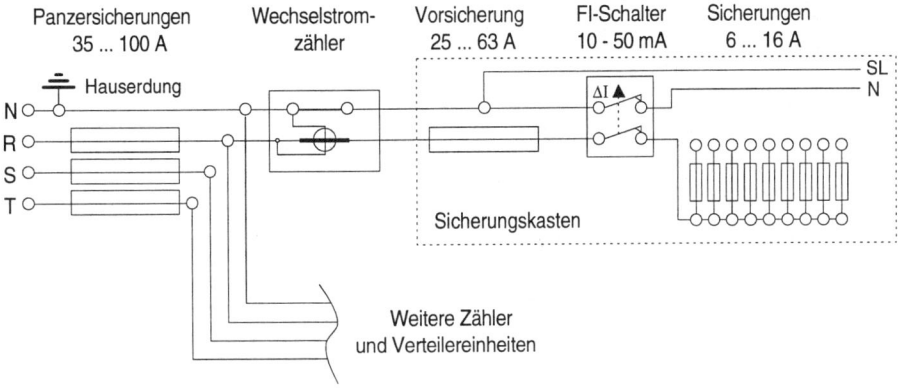

Abb. 1.31 Hauptverteilung für mehrere Wohnungsanschlüsse mit Wechselstromzähler

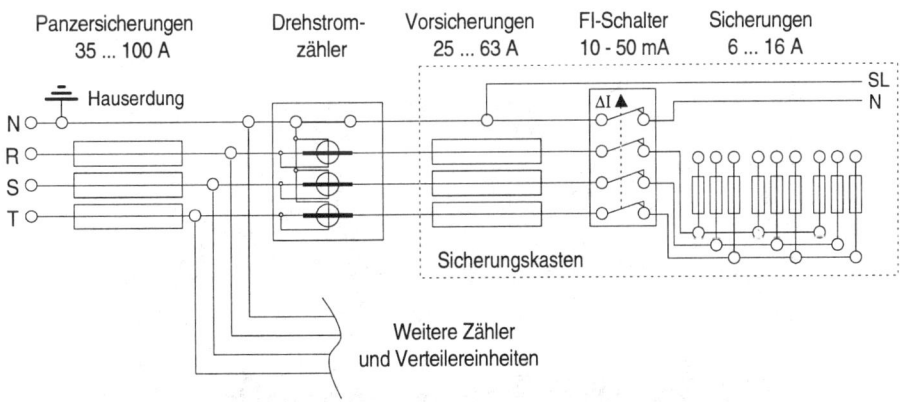

Abb. 1.32 Hauptverteilung für mehrere Wohnungsanschlüsse mit Drehstromzähler – die Sicherungen im Sicherungskasten sind in Dreiergruppen angeordnet und können je Gruppe einen Drehstromkreis absichern oder 3 einzelne Wechselstromkreise.

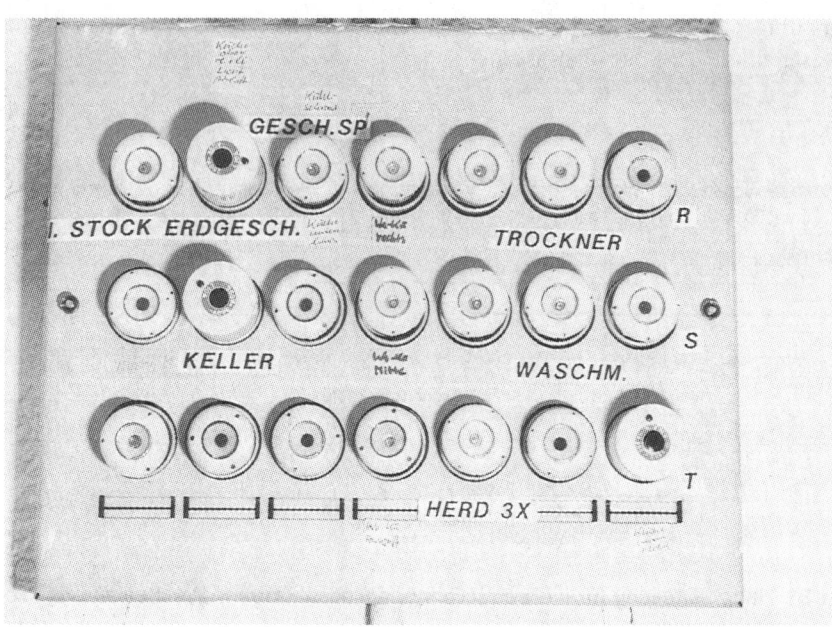

Abb. 1.33 Foto eines älteren Drehstromsicherungskastens mit Schraubsicherungen. Die Vorsicherungen sind in einem eigenen Kasten untergebracht und nicht zu sehen. Die drei Phasen R, S, T wurden auf je eine Sicherungsreihe verteilt.

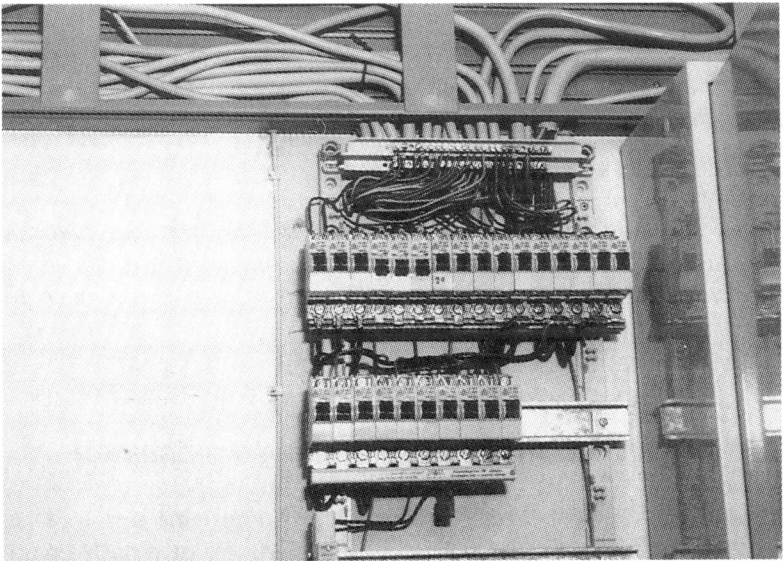

Abb. 1.34 *oben* Foto einer modernen Hausverteilung für ein Zweifamilienhaus. Der zweite Zähler wurde noch nicht installiert *von links nach rechts* Sicherungskasten mit LS-Schaltern, Nachtstromschaltung (verplombt), Zweitarif-Drehstromzähler für Tag und Nachtstrom – darüber Vorsicherungen und FI-Schalter, zweiter Zähler (vorgesehen) *unten* Ausschnittvergrößerung des Sicherungskastens – erkennbar je eine Nulleiter- und Schutzleiterschiene sowie 3-Phasen-Sammelschienen für nebeneinanderliegende LS-Schalter

Beim Austausch defekt gewordener Sicherungen müssen Sie vor allem auf den richtigen Sicherungswert achten. Lesen Sie hierzu Anschnitt 1.3.3. Da bei vorschriftsmäßig installiertem Sicherungskasten der Sicherungswert im Sicherungshalter durch eine Paßschraube oder einen Paßring kodiert ist – die Farbgebung entspricht dem standardmäßigen Sicherungswert (vgl. Tabelle 1.2 auf Seite 27) – dürfte ein Fehler nicht möglich sein. Problematisch wird es dagegen, wenn Paßschrauben bzw. Paßringe fehlen. Sie sollten diese dann unbedingt einbauen.

1.5.1 Paßschrauben und Paßringe ein- und ausbauen

Bei Sicherungsträgern der älteren Bauart wird die Stromwertkodierung durch Paßschrauben mit Keramikkörper erreicht (vgl. Abbildung 1.5). Der Elektriker verwendet zum Ein- und Ausbau ein spezielles Werkzeug, das genau in die seitlichen Nuten der Paßschraube paßt. Zur Not tut es aber auch eine vorne spitz zulaufende Storchschnabelzange oder ein anderes improvisiertes Werkzeug. Da der Keramikkörper leicht zerbricht, ist vorsichtige Handhabung beim Hinein- oder Herausschrauben geboten. Ziehen Sie die Schraube nicht zu fest an.

Für die modernen Neozed-Sicherungshalter verwendet man dagegen Paßringe (vgl. Abbildung 1.5). Sie werden einfach soweit in den Sicherungsträger hineingeschoben, bis sie einrasten. Ebenso leicht lassen sie sich mit einer geeigneten Zange wieder entfernen.

Sicherheitshinweis
Bei der Auswahl von Paßschrauben und Paßringen muß der maximal zulässige Stromwert des zugehörigen Stromkreises unbedingt beachtet werden, da sonst (bei falschem Sicherungswert) die Gefahr eines Kabelbrandes gegeben ist (vgl. auch die Abschnitte 1.3.1, 1.3.3 und 1.4.1).

1.5.2 Sicherungshalter für neue Stromkreise montieren

Ein neuer Stromkreis – etwa für eine Waschmaschine – muß eine eigene Sicherung erhalten. Hierzu müssen Sie feststellen, ob im Sicherungskasten noch ein unbenützter Sicherungsträger vorhanden ist. Wenn ja, haben Sie „Glück gehabt", ansonsten müssen Sie einen weiteren Sicherungshalter montieren, und das kann unter Umständen richtig in Arbeit ausarten.

Sicherungshalter besitzen an der Hinterseite ein Klammerpaar, das eine einfache Klemmbefestigung im Sicherungskasten ermöglicht. Die Phasenzuführung erfolgt (meist) von unten durch eine Stromschiene oder – bei älteren Sicherungskästen –

durch eine Kupferader mit mindestens 4 mm² Durchmesser[30]. Bei Drehstromverteilern wird entsprechend eine der drei Phasen R, S, T zugeführt.

Nach dem Öffnen der Sicherungskasten-Abdeckung müssen Sie folgende Elemente lokalisieren (vgl. Abbildung 1.35):

- 2 bis 5 Adern größeren Querschnitts für die Stromzuführung (je nach Architektur ihres Sicherungskastens)

- eine Stromschiene mit etlichen Schraubklemmen für den Nulleiteranschluß (blaue bzw. graue Adern)

- eine Stromschiene mit etlichen Schraubklemmen für den Schutzleiteranschluß[31] (gelbgrüne Adern). Diese Schiene kann auch fehlen. In diesem Fall sind die gelbgrünen Adern an die Nulleiterschiene anzuklemmen. Bei Hauptverteilungen ohne FI-Schalter ist die Schutzleiterschiene direkt mit der Nullleiterschiene verbunden (vgl. Abbildung 1.35 mittlere Spalte).

- eine oder mehrere Querschienen, auf die die Sicherungshalter in Reih und Glied aufgeklemmt sind

- Stromschienen, die die Phase zu den Sicherungsträgern führen. Bei älteren Verteilungen findet man auch einfache Kupferadern größeren Querschnitts. In modernen Drehstromverteilungen werden die drei Phasen durch parallellaufende Sammelschienen so verteilt, daß je drei nebeneinanderliegende Sicherungen als Gruppe einen Drehstromkreis absichern können.

Hinweis

Behalten Sie bei allen Veränderungen am Sicherungskasten die bestehende Systematik bei. Das ist besonders bei Drehstromverteilungen wichtig – hier ist zusätzlich eine möglichst gleichmäßige Auslastung der drei Phasen einzuhalten.

Das Hauptproblem bei der Installation neuer Sicherungshalter wird die Verlängerung der Phasenzuführung sein, da die Stromschienen meist zu kurz sind. Besorgen Sie sich vom Fachhandel eine identische Stromschiene größerer Länge. Kürzen Sie diese auf die gewünschte Länge, und tauschen Sie sie komplett gegen die alte aus. Achten Sie dabei auf eine gute Verschraubung. Bei einphasigen Stromschienen ist auch eine Verlängerung durch „Überschrauben" eines kurzen Stücks möglich – bei Sammelschienen dagegen nicht. Geschieht die Stromverteilung via Kupferadern, dann müssen Sie die Verlängerung unbedingt mit gleichem oder größerem Querschnitt anfertigen und gut verschrauben.

---

30 Der genaue Durchmesser hängt von der Stärke der Vorsicherung ab. Bei 63 A ist ein Querschnitt von mindestens 10 mm² verlangt.
31 Neuerdings lautet die Fachbezeichnung für den Schutzleiter übrigens „PE-Leiter".

Die folgende Arbeitsanleitung ist auf das typische Problem „ein neuer Stromkreis wurde verlegt und soll angeschlossen werden" zugeschnitten. Abbildung 1.35 gibt einen Überblick über gängige Ausführungen von Stromverteilern.

Arbeitsanleitung

1. Entfernen Sie die Vorsicherungen (Hauptsicherungen) oder lösen Sie den FI-Schalter aus.

2. Öffnen Sie den Sicherungskasten durch Lösen der Befestigungsschrauben für die Abdeckung.

3. Pro Wechselstromkreis benötigen Sie einen Sicherungsplatz und pro Drehstromkreis drei nebeneinander- bzw. bei älteren Anlagen übereinanderliegende Sicherungsplätze (einen je Phase). Lokalisieren Sie unbenutzte Sicherungseinheiten. Falls geeignete vorhanden sind, lesen Sie unter Schritt 6 weiter – ansonsten müssen Sie neue Sicherungseinheiten gleicher Bauart besorgen.

4. Bringen Sie die neuen Sicherungshalter an geeigneter Stelle an den Querschienen im Sicherungskasten an. Achten Sie darauf, daß die Klemme für die Phasenzuführung auf der richtigen Seite sitzt. Schwergängigen Klammern können Sie mit einem Schraubenzieher nachhelfen. Sitzen die Klammern zu locker, sollten Sie den Sicherungshalter nochmal ausbauen und die Klammern nachbiegen. (Der Ausbau geschieht durch Aufspreizen einer der beiden Klammern mit dem Schraubenzieher.)

5. Verlängern Sie die Phasenzuführung (Stromschiene oder Kupferader), und verschrauben Sie diese gut.

6. Führen Sie das neue, ausreichend lange Kabel in den Sicherungskasten ein, nachdem Sie gegebenenfalls den Mantel entfernt haben. Der Mantel sollte etwa 2 bis 3 cm im Sicherungskasten zu sehen sein.

7. Kürzen Sie die Adern der Reihe nach auf die richtige Länge – in der Regel 5 bis 10 cm länger als nötig – und entfernen Sie ca. 1 cm Isolation. Biegen Sie die Adern säuberlich, und schließen Sie sie der Reihe nach an:

   Schutzleiter (gelbgrün) an *Schutzleiterschiene* – wenn diese fehlt, an die Nullleiterschiene

   Nulleiter (blau) an die *Nulleiterschiene*

   Phase (schwarz oder braun) an die *freie Klemme* am Sicherungshalter - bei Drehstromkreisen wird jede Phase an eine eigene Sicherungseinheit angeschlossen. Diese liegen entweder nebeneinander (Sammelschiene!) oder untereinander. Nebeneinanderliegende Automaten (LS-Schalter) für Drehstromkreise müssen durch einen Bügel verbunden werden, damit sie gemeinsam auslösen, wenn auch nur eine Phase überlastet ist.

Wechselstromverteilung
ohne Schutzerdungs-
schiene

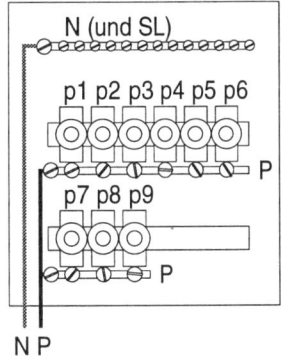

Wechselstromverteilung
mit Schutzerdungs-
schiene

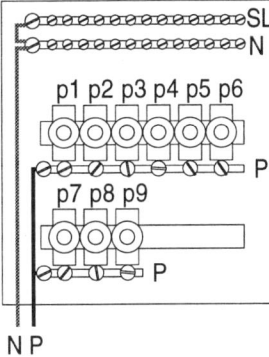

Wechselstromverteilung
mit FI-Schalter und
Schutzerdungsschiene

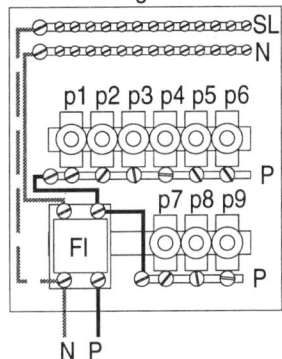

Drehstromverteilung
ohne Schutzerdungs-
schiene

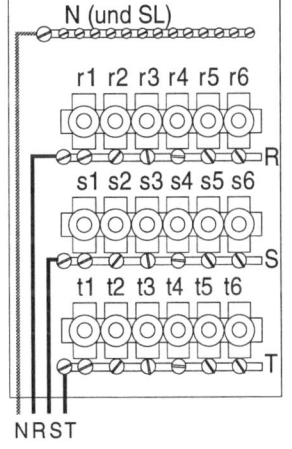

Drehstromverteilung
mit Schutzerdungs-
schiene

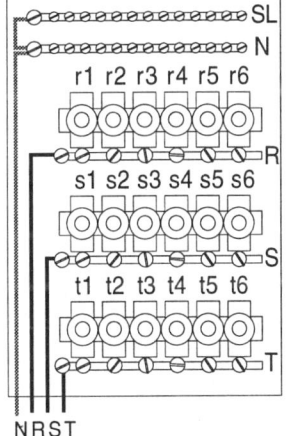

moderne Drehstromver-
teilung mit FI-Schalter
und LS-Schaltern

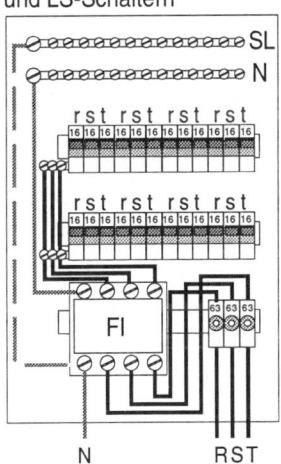

Abb. 1.35 Aufbau gängiger Sicherungskästen

8. Nachdem alle Kabel korrekt angeschlossen sind, bringen Sie die Paßschrauben
   bzw. Paßringe an (siehe voriger Abschnitt). Achten Sie dabei auf den richtigen
   Wert, und verwechseln Sie die Leitungen nicht.

9. Bevor Sie die Abdeckung des Sicherungskastens nun wieder anschrauben können, müssen Sie gegebenenfalls noch die Isolierkappen der Sicherungshalter aufstecken und die Verblendung der Abdeckung ausbrechen bzw. anpassen.

10. Sobald der Sicherungskasten wieder zu ist, können Sie die neu hinzugekommenen Sicherungseinheiten richtig beschriften.

11. Geben Sie Strom auf die Anlage. Zuerst die Vorsicherungen (bzw. FI-Schalter), dann der Reihe nach die neuen Sicherungseinheiten.

12. Testen Sie nun jeden neuen Stromkreis vollständig unter Zuhilfenahme des Phasenprüfers (eine Beschreibung des Testverfahrens finden Sie auf Seite 31).

1.6   Methodische Fehlersuche

Für die erfolgreiche Fehlersuche und -beseitigung ist es unerläßlich, sich in die „Logik der Materie" einzudenken. Lesen Sie daher begleitend die jeweiligen Abschnitte in diesem Kapitel.

1.6.1 Vorüberlegungen

Meist treten Fehler in bestehenden Installationen im Zusammenhang mit Veränderungen am Stromnetz auf. Sie sollten sich daher zuerst erinnern oder erkundigen, was in letzter Zeit passiert ist.

▓ *Wurden kürzlich neue Regale oder Hängeschränke montiert?* Dann liegt es nahe, daß vielleicht beim Bohren ein in der Wand verlaufendes Kabel beschädigt wurde.

▓ *Wurden vor einiger Zeit Veränderungen am Leitungsnetz vorgenommen?* Dann liegt es nahe, daß dabei ein Fehler unterlaufen ist oder eine Klemme nicht richtig festgezogen wurde.

▓ *Wurde kürzlich ein neuer Verbraucher angeschlossen?* Dann liegt es nahe, daß dieser einen Defekt hat oder schlicht für Überlastungen verantwortlich ist.[32]

▓ *Löste kürzlich ein Kurzschluß eine Sicherung aus?* Oft verursachen z.B. defekt gewordene Glühbirnen Kurzschlüsse, die dann für beschädigte Schaltkontakte oder Klemmkontakte verantwortlich sind.

---

[32] So mancher neue Heizofen hat schon Kabelbrände in altersschwachen Installationen hervorgerufen oder Kabelisolierungen durchgeschmolzen.

▓ *Hatten Sie vor kurzem einen Wasserschaden oder haben Sie erst neu tapeziert?*
Ein durch Feuchtigkeit entstehender Kriechstrom sowie durch Feuchtigkeit bedingte Oxidation können zu schwer auffindbaren Dauerschäden in der Installation führen.

1.6.2 Anzeichen für Defekte

Indikatoren für kommende Defekte sind:

▓ häufig auslösende Sicherungen oder FI-Schalter

▓ Flackerndes Licht und Wackelkontakte

▓ „Knistern" in Fernseh- oder Radioübertragungen

▓ Brandgeruch oder „Britzeln" aus der Wand, aus Abzweigdosen oder anderen
elektrischen Einrichtungen

1.6.3 Häufige Fehlerursachen

Die Beseitung eines Defektes kann nur durch genaue Lokalisation der Ursache geschehen. Daher ist es in den meisten Fällen nicht nur mit einer neuen Sicherung
getan. Häufige Ursachen sind:

▓ Oxidationen, Verbrennungen und Materialwanderungen an Schaltkontakten,
Anschlußklemmen oder Kabeln durch Feuchtigkeit oder Überlastung – Schuld
daran sind meist schlechte Übergangskontakte, wie sie durch lockere Anschlußklemmen oder verlötete Aderenden entstehen.

▓ Isolationsfehler durch mechanische Abnutzung, Beschädigungen, Feuchtig-
keitsbrücken

▓ Leiterunterbrechungen durch mechanische Einwirkung (Bohren, Abrieb, Knik-
ken, zu starker Zug, Einquetschen etc.)

▓ defekte Kontakte an Schaltern, Relais oder Sicherungen nach Kurzschlüssen

1.6.4 Einkreisung und Beseitigung typischer Fehler

Die Fehlereinkreisung kann von zwei Richtungen aus geschehen: Überprüfung der Stromwege vom Verbraucher aus und Überprüfung der Stromwege von der Sicherung aus.

Am Verbraucher beginnen Sie, wenn alle Sicherungen in Ordnung sind. Die Ursache liegt dann entweder im Verbraucher, an einem defekten Schalter oder an einer Unterbrechung der Stromzuführung. Ist der Verbraucher in Ordnung, stellen Sie zuerst mit dem Phasenprüfer fest, ob die Phase am Verbraucher ankommt (wie Sie dabei vorgehen, lesen Sie auf Seite 31). Wenn ja, liegt eine Unterbrechung des Nulleiters vor. Vorsicht, berühren Sie ihn nicht, denn der Nulleiteranschluß kann durch einen noch eingeschalteten Verbraucher auf Phasenpotential liegen. Liegt die Phase nicht an, kommt zuerst ein defekter Schalter in Betracht, ansonsten können Sie über andere Verbraucher am selben Stromkreis feststellen, ob der Fehler in unmittelbarer Nähe des bewußten Stromanschlusses liegt oder weiter entfernt, in Richtung Sicherungskasten. Je nach Ergebnis dieser Analyse, können Sie dann beginnen, schrittweise alle Verklemmungen (Abzweigdosen) mit dem Phasenprüfer zu überprüfen. Sobald Sie an zwei Punkten unterschiedliche Meßwerte haben, ist der Fehler eingekreist. Achten Sie grundsätzlich darauf, ob die Klemmkontakte in Ordnung sind oder Verbrennungen zeigen.

Hat dagegen eine Sicherung angesprochen, müssen Sie davon ausgehen, daß entweder ein Kurzschluß oder eine Überlastung vorliegt. FI-Schalter lösen meist nur bei speziellen „Kurzschlüssen" aus, nämlich bei Stromabfluß durch den Schutzleiter (lesen Sie dazu den Tip auf Seite 34 nach). Wenn die Sicherung nicht unmittelbar beim Einschalten eines bestimmten Verbrauchers ausgelöst hat, sollten Sie alle in Frage kommenden Verbraucher (des ausgefallenen Stromkreises) ausstecken bzw. – bei festem Anschluß – zumindest ausschalten. Schrauben Sie dann eine neue Sicherung ein bzw. schalten Sie den Sicherungsautomaten wieder ein und machen Sie sich dabei auf alle Fälle auf einen Knall gefaßt (da müssen Sie durch). Wenn der Kurzschluß nämlich immer noch vorhanden ist, wird die Sicherung sofort wieder auslösen. Wenn Sie alle Geräte vom Stromkreis genommen haben, liegt der Fehler jetzt irgendwo in der Wand, und Sie müssen den gesamten Stromkreis mit allen Abzweigdosen, Schaltern und Steckdosen überprüfen. Eine gezieltere Fehlersuche ist möglich, wenn Sie ab Sicherungskasten die Stromzweige (nur die Phase) versuchsweise auftrennen und entweder weitere Sicherungen opfern, was nicht unbedingt empfehlenswert ist, oder mit einem Durchgangsprüfer bzw. Vielfachmeßgerät die abgetrennten Stromzweige auf Kurzschluß überprüfen.

1.6.4.1 Häufige Fehlerursachen in Lichtstromkreisen

Tab. 1.8 Fehlertabelle Lichtstromkreise

Fehlerbild	mögliche Defekte	Abhilfe
Kein Licht	Birne oder Lampenfassung ist defekt	Andere Birne versuchen, Lampenfassung austauschen
	Eventuell kein Kontakt zwischen Glühbirne und Fassung (Kontaktschwächen haben sich durch Flackern angekündigt)	Kontakte nachbiegen oder reinigen. Falls sich beim Wechseln der Birne nur der Glaskörper gelöst hat, können Sie die Schraubfassung der Birne mit einer Storchschnabelzange herausdrehen
	Schalter ist defekt (z.B. nach Kurzschluß). Sie erkennen einen defekt gewordenen Schalter oft an einem veränderten Schaltgeräusch, oder der Ausfall hat sich durch ausbleibende Schaltfunktion schon angekündigt	Schalter austauschen (vgl. Abschnitt 1.4.5.2), Mechanik überprüfen, Kontakte mit Kontaktspray (meist nur von kurzer Dauer) bzw. mechanisch reinigen
	Feinsicherung in Dimmer ist defekt (vgl. Abschnitt 1.4.5.5)	Feinsicherung erneuern (vgl. Abbildung 1.24)
Zeitweise kein Licht	Fassung hat Wackelkontakt	Birne fester schrauben, Verschraubungen aller Kontakte überprüfen
	Schalter oder Schaltermechanik defekt (meist begleitet von „Britzeln", manchmal auch nur Kippwinkel zu klein). Bei Leuchtstofflampen vgl. Abschnitt 1.4.7.3	Schalter austauschen bzw. korrekt montieren
	Wechselschalter oder Kreuzschalter defekt (Licht geht nur in ganz bestimmten Schalterkombinationen)	Austausch eines Schalters. Für die Ermittlung des defekten Schalters müssen Sie die Schaltbilder (Abbildungen 1.20 bzw. 1.21) durchdenken
	Relais oder Taster ist defekt (kein Klickgeräusch)	Austauschen oder warten

Fehlerbild	mögliche Defekte	Abhilfe
Kurzschluß während des Einschraubens einer Glühbirne	Birne ist defekt (hat Luft gezogen oder Glaskörper ist locker)	Austauschen
	Ein blanker Anschlußdraht ist zu lang und ragt in die Lampenfassung	Lampenfassung ausbauen und blanke Enden der Anschlußdrähte kürzen
Licht läßt sich nicht mehr ausschalten	*Lichtschalter* ist defekt. Entweder sind die Kontakte des Schalters nach einem Kurzschluß verschweißt oder die Mechanik ist defekt	Austauschen oder verschweißte Kontakte lösen und reinigen
	Dimmer oder *Relais* ist defekt	Austauschen. Bei Relais verschweißte Kontakte lösen oder Defekt in der Steuerelektronik beheben (vgl. Kapitel 3). Bei Dimmer Triac austauschen (vgl. Abschnitt 1.4.5.5)
	Kurzschluß zwischen Phase und geschalteter Phase (z.B. wenn das Kabel angebohrt wurde)	Kabelzuführung zu Schalter auf Isolationsschäden untersuchen, Verdrahtung in Verteilerdose überprüfen
Birnen werden häufig defekt	Ihr Stromnetz wurde auf 230 Volt umgestellt	Birnen besserer Qualität verwenden oder Dimmer einbauen (ein Dimmer setzt die Effektivspannung auch bei Volleistung etwas herab)
	Birnenleistung ist zu hoch für die Lampe (die Wärme kann nicht gut genug abgeführt werden). Tritt meist bei Spot-Lampen und geschlossenen Lampen (Kellerleuchten) auf	Birnenleistung reduzieren, Lampe austauschen
Bei Halogenlampen	Transformatorspannung ist zu hoch (etwa wegen Schluß in der Primärwicklung)	Transformatorspannung nachmessen – wenn nur geringfügig zu hoch, eventuell Vorwiderstand einbauen, sonst austauschen
	Billigschalter prellt zu stark, oder es besteht ein Wackelkontakt. (Zu häufiges „Ein/Aus-Schalten" verkürzt die Lebensdauer einer Glühlampe.)	Billigschalter austauschen bzw. Wackelkontakt suchen und beseitigen

Fehlerbild	mögliche Defekte	Abhilfe
Lampe blinkt regelmäßig: *bei fotosensor-gesteuerten Leuchten*	Der Fotosensor erfährt eine Rückkopplung durch das Eigenlicht der Lampe	Rückwirkung durch Blende vereiteln
Bei gedimmten Lampen	Die angeschlossene Lampenleistung ist zu gering	Birnenleistung erhöhen (mindestens 60 W einschrauben)
Bei Leuchtstoffröhren	Röhre ist gealtert oder Starter defekt geworden (vgl. Abschnitt 1.4.7.2)	Austausch (alte Röhre muß eigens entsorgt werden)

1.6.4.2 Häufige Fehlerursachen in Steckdosenstromkreisen

Tab. 1.9   Fehlertabelle Steckdosenstromkreise

Fehlerbild	mögliche Defekte	Abhilfe
Sicherung defekt	Es liegt ein Kurzschluß (meist) in einem Verbraucher vor, oder eine Überlastung des Stromkreises ist aufgetreten	Kurzschluß bzw. Überlastung beseitigen (evtl. alle Geräte des Stromkreises ausstecken) und Sicherung austauschen. Gerät, das die Überlastung verursachte, an anderem (stärkerem) Stromkreis betreiben
	Stärkere Motoren oder Transformatoren (z.B. von Schweißgeräten) bringen beim Einschaltvorgang Sicherungsautomaten oft „grundlos" zum Auslösen	Schmelzsicherungen versuchen. (Wenn das nicht klappt, ist der Stromkreis unterdimensioniert.)
Steckdose tot	Eigentlicher Defekt liegt im Verbraucher oder die Zuleitung ist unterbrochen	Verbraucher zuerst an anderer Steckdose testen. Wenn er funktioniert, nach Unterbrechung suchen (Methode: vgl. Abschnitt 1.6.4) ⇒

Fehlerbild	mögliche Defekte	Abhilfe
	Buchsenkontakte zu weit ge-spreizt (fällt vor allem bei flachen Eurosteckern auf, da deren Steckkontakte einen kleineren Durchmesser ha-ben) oder Kontakte sind ver-brannt	Buchsenkontakte nachbiegen oder reinigen
Stromschlag oder Elektrisieren an me-tallischem Gehäuse eines Gerätes	Meist ist das Gerät defekt und zusätzlich der Schutzleiter nicht funk-tionstüchtig	Anschlußkabel, Stecker und Verka-belung überprüfen, Funktion des Schutzleiters unbedingt wieder her-stellen
	Gerät mit Schukostecker wird an alter zweipoliger Steckdose betrieben und hat zusätzlich einen Isolations-fehler, etwa durch Feuchtig-keit	Zweipolige Steckdose grundsätzlich gegen eine dreipolige Schukosteck-dose austauschen (Anschluß: siehe Abschnitt 1.4.5.1) und Gerät evtl. trocknen. Wenn beim Anschluß des Gerätes an eine Schukosteckdose die Sicherung fällt (Polung des Steckers auch vertauschen) oder ein eventu-ell vorhandener FI-Schalter auslöst, liegt ein Gehäuseschluß vor. Das Gerät muß dann unbedingt repa-riert werden
	Schutzleiterkontakt einer Schukosteckdose ist nicht mit dem Schutzleiter (bzw. Nulleiter bei Zwei-drahtinstallation) verbun-den, oder der Schutzleiter ist unterbrochen	Steckdose vorschriftsmäßig an-schließen (siehe Abschnitt 1.4.5.1) und testen (siehe Seite 31). Wenn der Schutzleiter unterbrochen ist, Kabel ersetzen oder Kontakt zu an-derem, intakten Schutzleiter her-stellen. Ein Überbrücken zwischen Nulleiter und Schutzleiter ist bei dreiadriger Installation nicht zuläs-sig!
Leistung eines Verbrauchers ist vermindert	Bei Wechselstromverbrau-chern liegt der Fehler ei-gentlich immer an einem Defekt oder Verschleiß im Verbraucher selbst – etwa durchgebrannte Wicklun-gen, verbrauchte Kohlen in Motoren oder verkalkte Heizstäbe in Boilern	Verbraucher analysieren und Defekt beheben

⬛➡

Fehlerbild	mögliche Defekte	Abhilfe
Bei Halogenlichtan-lagen	Der Querschnitt der Nie-dervoltleitung ist zu dünn	Querschnitt der Zuleitung erhöhen oder Spannung in der Mitte der Strompfade zuführen
	Die angeschlossene Lampen-leistung ist zu hoch – der Transformator ist überlastet. Evtl. liegt (dadurch verur-sacht) ein Schluß in der Sekundärwicklung vor	Lampenleistung unbedingt auf Nennleistung des Transformators reduzieren, Transformatorspannung nachmessen und Transformator ggf. ersetzen (vgl. auch Abschnitt 1.4.7.4)
Bei Drehstromverbrau-chern	Es fehlt mindestens eine Phase (Motoren brummen dann stark oder laufen nicht richtig an)	Alle 3 Phasen und Nulleiter über-prüfen (bei Sternschaltung kann auch ein unterbrochener Nulleiter zu Leistungsverlust (oder Über-lastungen) führen
	Die Zuleitung zum Gerät ist teilweise unterbrochen, ein evtl. vorhandener Überla-stungsschutz oder ein Ther-mostat ist defekt, eine Wick-lung oder ein Heizstab ist unterbrochen	Verbraucher reparieren (vgl. Kap. 2)

Eine Vorsicherung ist gefallen

Das Nadelöhr der Stromversorgung bildet die vom Elektrizitätsunternehmen her verplombte Stromzuführung. Sie ist auf einen bestimmten Maximalverbrauchswert ausgelegt. Eine Aufschrift auf dem Zähler gibt darüber einen ersten Anhaltspunkt. So bedeutet

> Wechselstromzähler
> 10 (60) A

daß ihr Zähler eine ständige Dauerleistung von 10 Ampere und eine Spitzennenn-belastung von 60 Ampere verträgt. (Dabei macht es aber nichts, wenn der Zähler einmal 2 Stunden lang z.B. mit 30 A gefahren wird.) Entscheidend allerdings für die maximale Energie, die Sie dauerhaft aus Ihrem Stromanschluß beziehen können, ist der Wert der Vorsicherung (Hauptsicherung). Er liegt typisch zwischen 25 und 63 A. Rechnet man dagegen die maximale Stromleistung aller Stromkreise einfach zusammen, so kommt man leicht auf das fünf- bis zehnfache dieses Wertes. Nun, Sie werden kaum alle Stromkreise ständig mit Hochlast betreiben. Der mitt-lere Stromverbrauch liegt nämlich deutlich niedriger, und danach ist Ihr Stromanschluß normalerweise dimensioniert. In seltenen Momenten kommt es aber schon mal vor, daß Sie zuviele Geräte gleichzeitig am Laufen haben – dann fällt die Vorsicherung, obwohl kein Defekt vorliegt. Die Ursache kann natürlich auch an einem Kurzschluß im Sicherungskasten liegen, das ist aber höchst selten.

Rechenbeispiel

Sie wollen in den Urlaub fahren. Der Wäschetrockner läuft (12 A), die Spülmaschine läuft (15 A), ihr Sohn fönt sich die Haare (4 A), und Sie gehen noch schnell unter die Dusche. Plötzlich: Dunkelheit ... das Licht in der ganzen Wohnung ist weg. Der Thermostat des sich abkühlenden Boilers (18 A) tat seine Pflicht, und die 35 A starke Vorsicherung hat bald danach aufgegeben – ein völlig „normaler" Vorgang. Und wer einen kühlen Kopf hat, schaltet den Boiler aus, schraubt eine bereitliegende neue Vorsicherung ein und erwischt sogar noch sein Flugzeug.

2 Haushaltsmaschinen

In der zweiten Etappe unseres Rundgangs beschäftigen wir uns mit der methodischen Fehlersuche und Reparatur an elektrischen Haushaltsgeräten. Der Bereich ist überwältigend groß. Welcher Haushalt, allein schon welche Küche, ist nicht mit einem Maschinenpark ausgestattet, der von vorsintflutlichen bis hin zu modernsten Wasch-, Saug-, Heiz-, Kühl-, Schneid-, Rühr- und Mixvorrichtungen reicht – um nur einige zu nennen. Es ist unmöglich, detailliert auf jedes Einzelmodell der unzähligen Herstellerfirmen einzugehen. Dieses Kapitel zielt vielmehr zum einen auf ein Verständnis der Funktionsprinzipien, die den verschiedenen Maschinengattungen zugrundeliegen und zum anderen auf typische Fehler- und Ausfallserscheinungen, die damit im Zusammenhang stehen. Sind einmal die wesentlichen Funktionsprinzipien einer Maschine verstanden, dürfte es in den meisten Fällen dem Leser, der Leserin, nicht mehr allzu schwer fallen, vom konkreten Fehlerbild auf die Fehlerursache im vorliegenden Gerät zu schließen und den Verdacht auf bestimmte Teile der Maschine zu lenken. Davon ausgehend kann eine grobe Kosten/Nutzen-Analyse darüber entscheiden, in welchem Rahmen eine Reparatur noch sinnvoll durchzuführen ist.

Für die Ausführung einer Reparatur ist es mit einem Verständnis der elektrischen Wirkungsweise eines Elektrogerätes allein aber meist nicht getan. Unverzichtbar ist sowohl die Fähigkeit des sich Hineindenkens in den Aufbau und in die mechanischen sowie physikalischen Wirkungsprinzipien der Maschine. Nimmt man noch eine Prise Fingerspitzengefühl, Geduld, Hartnäckigkeit sowie Improvisations- und Organisationstalent hinzu, dann haben wir die wesentlichen Eigenschaften, die eine erfolgreiche Selbstreparatur garantieren. Halt, beinahe hätt' ich es vergessen. Sie sollten etwas von einer Sammlernatur haben, das heißt im Keller, auf dem Boden, im Hobbyraum oder in der Garage über einen kleinen, aber wohlsortierten Fundus an „potentiellen Ersatzteilen" – diversen Schrauben, Muttern, Federn, Stangen, Plastikteilen, Kabeln, Steckern etc. – verfügen. Schlachten Sie daher defekte Geräte aus, bevor Sie sie entsorgen, denn selbst die kleinste Schraube kann später einmal viel Weg ersparen.

Hinweis
Bevor Sie den Fehler im Elektrogerät suchen, sollten Sie sicherstellen, daß die Stromzuführung (Sicherung, Steckdose) intakt ist (zur Methode vgl. Seite 31).

2.1 Werkzeuge

Die erfolgreiche Reparatur einer Maschine lebt vom richtigen Werkzeug, will man
vermeiden, daß die Demontage defekter Teile zu weiteren, schlimmeren Defekten
führt. Sie sollten also über einen reichlich ausgestatteten Werkzeugkasten verfügen. (Der überlegte Zukauf neuen Qualitätswerkzeugs lohnt übrigens immer.)

2.1.1 Unbedingt ...

▨ Kompletter Satz **Schraubenschlüssel** (Gabelschlüsselsatz plus Ringschlüsselsatz
oder Ratschenkasten)

▨ **Schraubenzieher** (isoliert) in verschiedenen Größen (für Kreuz- und Schlitz-
schrauben)

▨ diverse **Zangen** (Flachzange, Spitzzange, Seitenschneider, Rohrzange)

▨ **Elektroniklötkolben** (40 bis 100 Watt) und **Elektroniklot**

▨ (Analoges) **Vielfachmeßgerät** mit Gleichspannungs-, Wechselspannungs- und
Ohmmeßbereichen.[1] Obwohl sich in vielen Fällen auch ein **Durchgangsprüfer**
bewähren wird, kann dieser das Meßgerät nicht ersetzen – im Gegenteil, er ver-
führt auf Grund seiner beschränkten Funktion nur zur Arbeit „unter Strom".

▨ Papier und Bleistift

2.1.2 Je nach Bedarf ...

▨ Handbohrmaschine mit HSS-Bohrersatz

▨ Feilen, Schmirgelpapier, Messer

▨ Lagerfett, Ölkännchen oder Ölspray, FCKW-freies **Elektronik-Kontaktspray**
(kein Kfz-Kontaktspray) und **Kältespray.** Im Gegensatz zum Kältespray leitet
Kontaktspray! Versprühen Sie es nur im stromlosen Gerät, und warten Sie mit
dem Einschalten, bis es völlig verflogen ist.

▨ **Kabelschuh-Klemmzange** und diverse **Kabelschuhe** (z.B. für Autobedarf)

---

[1]   Natürlich kann man auch mit digitalen Meßgeräten arbeiten. Meine Erfahrung zeigt allerdings, daß
      mit analogen Meßgeräten ein angenehmeres Arbeiten (vor allem im so gut wie ausschließlich benö-
      tigten Ohmbereich) möglich ist, da meist nur qualitative und selten quantitative Meßwerte eine
      Rolle spielen.

2.2   Sicherheitshinweise

Die in diesem Kapitel besprochenen Haushaltsmaschinen werden direkt am 220-Volt-Netz betrieben. Daher sind Sie herstellerseitig mit Vorkehrungen ausgerüstet, die gemäß den geltenden Bestimmungen einen genügenden Schutz gegen elektrische und mechanische Verletzungen bieten. Während einer Reparatur ist man oft gezwungen, die eine oder andere Schutzvorrichtung zu demontieren bzw. Geräte ohne schützende Abdeckungen zu betreiben. Der Arbeitsplatz ist daher nach VDE 100 als „elektrische Betriebsstätte" anzusehen, die gewissen Sicherheitsvorschriften zu genügen hat. Weiterhin dürfen solche Arbeiten nur von Personen durchgeführt werden, die sich der Gefahren und Verantwortung bewußt sind. Als Schutzmaßnahmen für elektrische Betriebsstätten gelten nach VDE 100:

- Isolationsschutz für Heizkörper, Rohre und metallische Gegenstände mit Erdpotential

- Schutzkontaktsteckdosen (dreiadrige Installation) mit intaktem Berührungsschutz durch FI-Schalter (vgl. Abschnitte 1.3.4 und 1.3.4.3)

- Gummimatte oder Gummibodenbelag zur Isolation gegen das Erdpotential.

- Trenntransformatoren[2] zur Potentialtrennung und zur Arbeit an unter Spannung stehenden Geräten sowie zum Betrieb dabei benötigter Meßgeräte und Werkzeuge.

Hinweis
Nicht alle Standorte von Elektrogeräten ermöglichen das Einhalten aller Sicherheitsvorschriften. In diesem Fall muß unbedingt spannungsfrei gearbeitet werden. Für den Testbetrieb sollte dagegen eine ausreichende Abschirmung gegen Berührungsspannung geschaffen werden.

Weiterhin lesen Sie bitte noch einmal die allgemeinen Sicherheitshinweise und Vorsichtsmaßnahmen unter Abschnitt 1.2 nach.

2.2.1 Der Schutzkontakt

Eine der schlimmsten Gefahrenquellen ist ein nicht vorhandener, nicht angeschlossener oder defekt gewordener Schutzleiter. Die Wirkungsweise und Funktion des Schutzleiters lesen Sie unter Abschnitt 1.3.4 nach.

---

2   Trenntransformatoren sind 220/220 Volt-Transformatoren, deren Sekundärwicklung erdpotentialfrei ist. Damit kann jeder der beiden Pole gefahrlos berührt werden – beide gleichzeitig natürlich nicht.

Hinweis

Geräte mit metallischen Gehäusen müssen über einen Schutzkontakt (gelbgrüne Ader) geerdet sein. Liegt für das Gehäuse dagegen herstellerseitig eine vollständige Schutzisolierung gegenüber allen spannungsführenden Teilen vor, darf keine Erdung erfolgen.

Ob ein Gerät mit oder ohne Schutzkontakt betrieben werden muß, erkennen Sie an der Bauart – im Gerät ist dann eine Anschlußklemme für den Schutzleiter vorgesehen – und oft auch am (originalen) Zuleitungskabel bzw. Stecker.

Sie müssen sich gewahr sein, daß ein Defekt die Schutzisolierung bzw. die Schutzerdung ihres Gerätes aufgehoben haben kann. Bevor Sie mit der Reparatur eines Gerätes beginnen, vergewissern Sie sich daher noch einmal, ob

- alle benötigten Steckdosen intakte Schutzkontakt-Steckdosen sind (Prüfverfahren: siehe Seite 31).

- alle Verlängerungen dreiadrig sind und einen intakten Schutzleiter aufweisen.

- der FI-Schalter (sofern vorhanden) funktioniert. FI-Schalter besitzen hierzu einen mit T gekennzeichneten Testknopf, durch den er sich versuchsweise auslösen läßt.

2.2.2 Während der Reparatur

Die meisten Fehlerdiagnosen lassen sich spannungsfrei und mit Hilfe eines Ohmmeßgerätes durchführen. Von dieser Möglichkeit sollten Sie so viel wie möglich Gebrauch machen. Es nützt nichts, eine Spannung in einem Gerät mit einem Phasenprüfer zu verfolgen, da Sie Durchgänge gefahrenfrei und meist sogar noch aussagekräftiger mit dem Meßgerät prüfen können – man denke etwa an hohe Übergangswiderstände von gealterten Kontakten.

Sichern Sie Ihren Arbeitsplatz für Dritte (insbesondere Kinder und Tiere), aber auch für sich selbst. Dazu gehört z.B. das vorübergehende Isolieren offenliegender Leitungen und Kontakte. Suchen Sie „verlorengegangene" Teile und Werkzeuge sofort, wenn Sie den Verlust bemerken, das vermindert die Gefahr durch ungewollte Überbrückungen, Kurzschlüsse und Blockaden.

Fertigen Sie grundsätzlich Zeichnungen an, bevor Sie Steckkontakte oder Stecker abziehen, die sich nicht eindeutig wieder anschließen lassen, oder bringen Sie Beschriftungen an. Das gilt übrigens auch für kompliziertere Demontagen von mechanischen Teilen, Federn, Schrauben etc.

2.2.3 Nach der Reparatur

Eine Reparatur ist nicht beendet, wenn das Gerät wieder läuft. Sie ist erst beendet, wenn alle demontierten Schutzvorkehrungen wieder vollständig in Funktion gesetzt wurden, das gilt insbesondere für abgezogene Erdungskabel von Gehäuseteilen, aber auch für demontierte Abdeckungen und Isolierungen.

Eine Reparatur ist keine Reparatur, wenn sie durch Überbrückung oder Außerkraftsetzung einer Schutzvorrichtung zustande kam.[3] Der Folgeschaden läßt dann meist nicht lange auf sich warten und wird sicher teurer.

Nach der Reparatur sollte das Gerät noch eine Weile beobachtet werden, um zu überprüfen, daß es in allen Funktionen korrekt arbeitet und die tatsächliche Ursache des Defektes beseitigt worden ist. Unterrichten Sie zusätzlich alle betroffenen Personen von der erfolgten Reparatur, damit auch diese ein wachsames Auge für eventuelle Anzeichen eines immer noch vorhandenen Defektes haben. Kennzeichnen oder beschriften Sie das Gerät entsprechend, wenn Sie Veränderungen vorgenommen haben – insbesondere die Bedienung betreffend.

2.3   Ersatzteile

Ersatzteile sind ein schwieriges Kapitel. Zunächst ist dazu zu sagen, daß es einem die Hersteller nicht gerade leicht machen. Vielfach lassen sich Originalersatzteile nur über Zwischenhändler oder Fachbetriebe beziehen, die ihrerseits enorme Lagerkosten in Rechnung stellen oder sich mit der Bestellung mehrere Wochen Zeit lassen. Nicht selten wird das Ersatzteil aber schon lange nicht mehr produziert, oder man ist schlicht ungewillt, dem Kunden die Selbstreparatur zu ermöglichen. Machen Sie sich auf alle Fälle auf eine Odyssee durch das Branchenbuch gefaßt.

Eine weitere Schwierigkeit besteht darin, die genaue Bezeichnung, Bestellnummer oder Seriennummer eines Bauteils herauszufinden, da die Händler mit den Anschlußwerten allein oft nichts anzufangen wissen. Am besten, Sie notieren sich alles, was auf dem Typenschild Ihres Gerätes steht, und bringen das defekte Teil zur Ansicht mit.

Solange Sie den „offiziellen Weg" gehen, müssen Sie von überhöhten Preisen, selbst oder gerade für harmlose Kleinteile ausgehen. Eine weitaus billigere Möglichkeit – hauptsächlich für nicht so gerätespezifische Bauteile – bieten „Fundgruben" in Elektronikhandlungen sowie die „Müllverwertung" bzw. das Ausschlach-

---

[3]   Beliebt ist z.B. das Überbrücken defekter Türschalter von Waschmaschinen oder Spülmaschinen. Wenn man bedenkt, wie teuer einem ein Wasserschaden zu stehen kommt, dann wäre sogar ein Neukauf noch die bessere Lösung gewesen.

ten anderer Geräte – nach der Devise „aus zwei mach eins". Gebrauchtmärkte, Flohmärkte, Sperrgutsammlungen und Schrotthändler, sowie die ortsüblichen Anzeigenblätter und Anzeigentafeln in Supermärkten sind ein gutes Forum. Sie werden sich wundern, wieviele Leute auf eine Anzeige etwa des folgenden Wortlautes antworten.

> **Staubsauger** der Marke Siemens Universal 63 zum Ausschlachten gesucht. Tel. 0815/4711

Sie können dann zwar nicht sicher davon ausgehen, daß das mühsam eroberte Bauteil auch seinen Dienst tut – schließlich kann das andere Geräte am gleichen Defekt gelitten haben – die Wahrscheinlichkeit dafür ist aber doch im allgemeinen recht hoch.

Oft ist ein defektes Bauteil sogar mit ein bißchen Geduld noch zu retten, wenn man es weiter demontiert. Das betrifft z.B. Kontakte von Schaltern, die sich leicht reinigen lassen, oder gebrochene Plastikteile, die sich mit einem Kontaktkleber kleben oder mit einem Lötkolben schweißen lassen. Sogar das Wickeln-lassen von durchgebrannten Motoren ist manchmal billiger als der Austausch. Ihrer Geduld, Ihrem Erfindungsreichtum und Ihrer Improvisationsgabe sind also keine Grenzen gesetzt, solange Sie davon ausgehen können, daß die Betriebssicherheit dadurch nicht beeinträchtigt wird.

2.4   Methodische Fehlersuche

Technische Geräte sind üblicherweise modular aufgebaut, d.h. ihr Innenleben besteht aus verschiedenen Funktionsgruppen, die – jede für sich – weitgehend abgeschlossene Teilfunktionen realisieren und eventuell weiter in Funktionsgruppen zerfallen. So unterscheiden wir z.B. bei einer Waschmaschine Strom- und Wasserzuführung, Steuerung, Wassereinlauf, Wasseraufheizung, Wasserumwälzung, Schleudern und Wasserablauf. Die Teilfunktionen sind weitgehend hierarchisch organisiert. Wir finden also Funktionen, die direkt, indirekt oder wechselseitig von anderen Funktionen abhängig sind, und Funktionen, die mit anderen Funktionen überhaupt nichts zu tun haben, wie z.B. die Wasseraufheizung mit der Wasserumwälzung. Solche Zusammenhänge bzw. das Fehlen solcher Zusammenhänge gilt es im Auge zu behalten, wenn von der Fehlerwirkung auf die Fehlerursache geschlossen werden soll. Abbildung 2.1 zeigt die Zusammenhänge in unserem Waschmaschinenbeispiel.

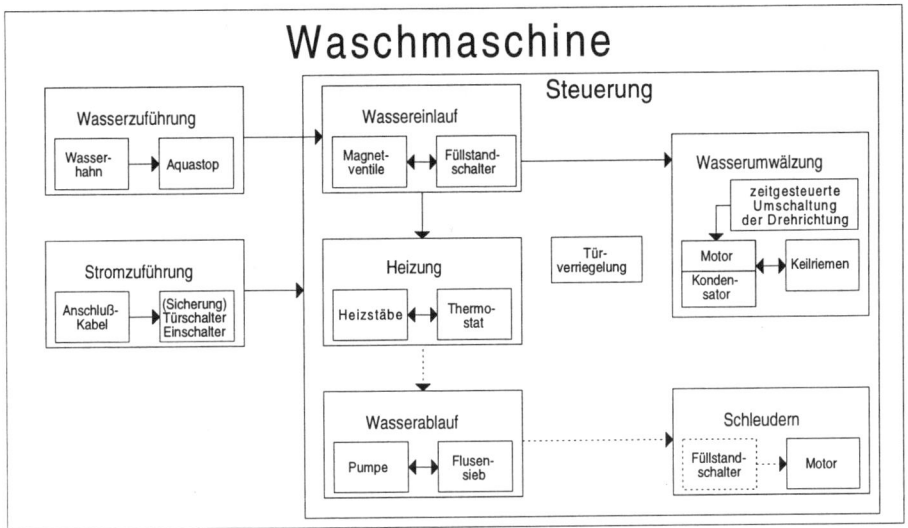

Abb. 2.1 Darstellung der Abhängigkeitsverhältnisse der einzelnen Funktionen für eine (Standard-)Waschmaschine. Verschachtelung steht für kausal-hierarchische Abhängigkeit, Pfeil für (evtl.) querliegenden Kausalzusammenhang.

2.4.1 Durch methodische Beobachtung zur Fehlerursache

Wichtig ist weiterhin eine gute Beobachtungsgabe. Ein Gerät verursacht während des Laufens verschiedene Geräusche, visuelle Eindrücke, Vibrationen und auch Gerüche. Wenn Sie das normale Verhalten des Gerätes kennen, liefern Ihnen Veränderungen dieser Eindrücke wichtige Informationen für die Fehlersuche. Recherchieren Sie auch die (jüngere) Geschichte des Gerätes bzw. welche Begleitumstande und -effekte mit dem Ausfall verbunden waren. Kurz gesagt, sammeln Sie so viele Fakten wie möglich, auch wenn manche vielleicht „nebensächlich" erscheinen mögen – Sie wissen ja, was einen guten Detektiv ausmacht.

Nun gilt es, den „Täter" zu finden. Stellen Sie fest, *was Sache ist*, stellen Sie *Hypothesen* auf, und führen Sie *Versuche* durch. Wir bleiben bei der Waschmaschine:

Festellung
Es tut sich überhaupt nichts

Wenn eine Waschmaschine „überhaupt nichts tut", so kann das viele Ursachen haben: Keine Wasser- oder Stromzuführung, defekter Türschalter, defektes Magnetventil, defekte Wasserstandsmessung, defekte Steuerung. In diesem Fall sind alle Funktionen zu überprüfen, die einen Totalausfall verursachen können. Kennt man den Programmablauf der Waschmaschine, gerät als erstes der Wassereinlauf in Verdacht, da alle anderen Funktionen kausal davon abhängig sind. Sie gehen nun die jeweiligen Kausalketten im Geiste durch und stellen Hypothesen auf, die Ihre Feststellungen und Fakten am besten erklären können.

Hypothese (und vernünftige Erklärung)
Angenommen der Aquastop hat ausgelöst, dann ist die Wasserzuführung unterbrochen. Die Steuerung schaltet zwar das Magnetventil ein, wartet dann aber „ewig", da der Wasserstandsmesser das Ende des Wassereinlaufs nicht meldet – es tut sich nichts mehr.

Um Ihre Hypothese zu testen, überlegen Sie sich einen „Versuch", der sie bestätigen oder zu Fall bringen könnte:

Versuch
Schließen Sie den Wasserhahn. Schrauben Sie den Schlauch für den Wasserzulauf ab. Drehen Sie nun den Wasserhahn ein wenig auf. Wenn Wasser kommt, ist ihre Hypothese falsch. (Bei elektronischem Aquastop ist die Maschine einzuschalten.)

Sie können auch das Magnetventil verdächtigen oder die Stromzuführung usw.

Natürlich muß man nicht immer von ganz von vorne anfangen. So wäre es z.B. sinnlos, beim Türschalter anzusetzen, wenn die Waschmaschine zwar wäscht, aber nicht abpumpt.

Dieses Beispiel sollte demonstrieren, wie man die Erklärung für einen Ausfall aus dem Funktionszusammenhang erschließen kann, und Sie sehen, wie wichtig es ist, sich durch Vorstellen der physikalischen Abläufe, gepaart mit Logik und guter Beobachtung in einen Funktionsablauf hineinzudenken.

Tip
Es ist höchst unwahrscheinlich, daß bei einem Gerät gleichzeitig zwei Defekte auftreten, die miteinander nichts zu tun haben. Man geht also prinzipiell von einer gemeinsamen Ursache – also mindestens einem dritten Defekt aus – oder vergewissert sich, daß der eine Defekt den anderen hundertprozentig bedingt haben kann.

2.4.2 Ursachen und nicht Wirkungen bekämpfen

Oft haben Ausfälle eine tiefergreifende Ursache als man zunächst ermitteln wird. Diese macht sich dann (indirekt) bemerkbar, wenn das schon bekannte und behobene Fehlerbild nach einiger Zeit erneut auftritt. So wird z.B. der Keilriemen einer Waschmaschine häufiger reißen, wenn das Trommellager schwergängig geworden ist. Gefährdet wäre in diesem Fall aber auch der Umwälz- bzw. Schleudermotor, der ja ständig gegen die erhöhte Reibung ankämpfen muß.

Hinweis

*Sie haben einen Defekt gefunden und repariert. Bevor Sie das Gerät wieder unein-
geschränkt in Betrieb nehmen, überlegen Sie sich gut, ob der Defekt wirklich ur-
sächlich für den Ausfall gewesen ist oder selbst nur Folgeerscheinung – etwa einer
mechanischen Abnutzung.*

2.5 Umgang mit dem Vielfachmeßgerät

Nicht alle werden mit ihrem Vielfachmeßgerät vertraut sein, daher möchte an dieser Stelle kurz auf die Handhabung eingehen.

Wir unterscheiden zwischen digitalen und analogen Meßgeräten. Erstere sind inzwischen billiger und handlicher und liefern ihre Meßwerte in Zahlenform. Sie
eignen sich daher gut für die exakte Messung von Widerständen, Spannungen und
Strömen,[4] weniger gut – bzw. überhaupt nicht – für das Messen von sich ändernden
Meßwerten und Durchmessen von Bauteilen wie Kondensatoren, Dioden, Transistoren etc. Meist sind diese Instrumente mit einem Durchgangspiepser ausgerüstet,
so daß eine angenehme akkustische Verfolgung von Kontakten und Verbindungen
möglich ist, ohne daß das Auge abgelenkt wird. Vorteilhaft kann auch die automatische Meßbereichseinstellung sein.

Analoge Meßgeräte besitzen ein Zeigermeßwerk, das proportional zur anliegenden
Größe ausschlägt. Sie eignen sich vor allem gut zum Messen von sich (nicht zu
schnell) ändernden Größen und von so gut wie allen elektronischen Bauteilen.

Bevor Sie mit der Messung beginnen können, müssen Sie die Meßkabel richtig ein-
stecken. Das schwarze Kabel kommt grundsätzlich in die mit (–) oder COM und das
rote Kabel normalerweise in die mit (+) gekennzeichnete Buchse. Je nach Modell
können aber für spezielle Meßbereiche (hohe Spannungen oder Ströme) weitere
Buchsen vorhanden sein. Ziehen Sie dann auf alle Fälle die Gebrauchsanleitung zu
Rate. Im zweiten Schritt wählen Sie über einen Dreh- oder Schiebeschalter den
richtigen Meßbereich – zunächst unterschieden nach den Grundbereichen Widerstand (Ω oder Ohm), Gleichspannung (DC oder DCV), Wechselspannung (AC oder
ACV und/oder rote Beschriftung) Gleichstrom (DC Ampere oder DCA) und
Wechselstrom (AC Ampere oder ACA). Abhängig von der Größe des zu erwartenden
Meßwertes erfolgt dann die eigentliche Meßbereichseinstellung. Für die uns vor
allem interessierende Widerstandsmessung können Sie z.B. zwischen Ω, $\times 100\Omega$,
$\times 1\text{K}\Omega$, und $\times 10\text{K}\Omega$ wählen. Eine Durchgangsprüfung erfordert immer den Meßbereich Ω. Bei der Auswertung des Meßergebnisses muß dann, je nach gewähltem

---

4   Wer sich mit diesen Begriffen noch unsicher fühlt, der lese die Einführung in Abschnitt 1.3.

Meßbereich, der Meßwert mit dem für den Meßbereich angegebenen Faktor multipliziert werden.

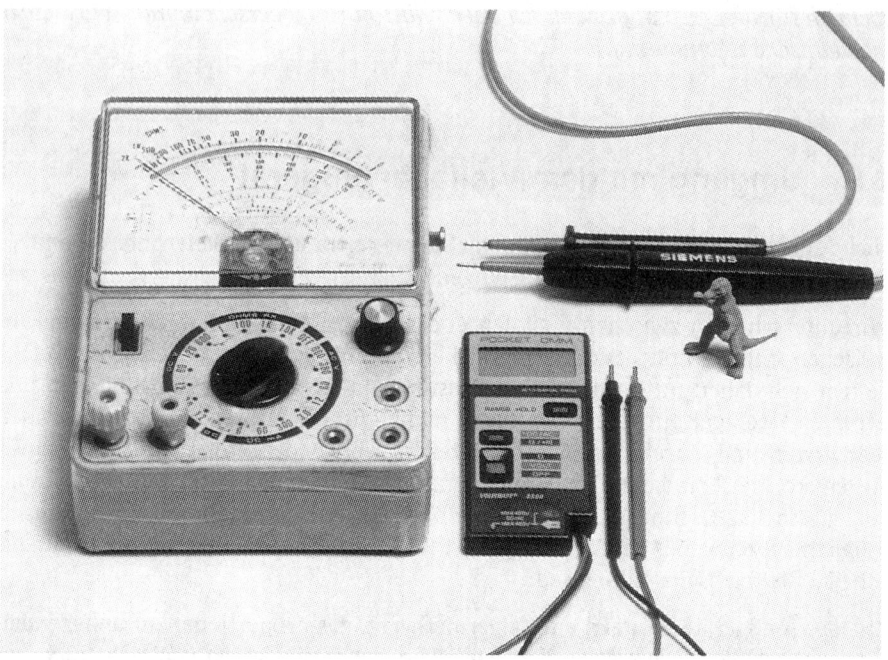

Abb. 2.2 *links* analoges Vielfachmeßgerät *mitte* digitales Vielfachmeßgerät *rechts* zweipoliger Spannungsprüfer für Wechsel- und Gleichspannungen bis 500 V

Vorsicht
Die Auswahl eines falschen Meßbereichs kann zur sofortigen Zerstörung des Meßgerätes führen. Insbesondere bei Verwendung eines falschen Grundbereichs.

Für die Widerstandsmeßbereiche (bei manchen Meßgeräten auch für die anderen Grundbereiche – dann aber mit genormten Meßsignalen) können Sie eine Eichung durchführen, indem Sie die beiden Meßspitzen aneinanderhalten. Stellen Sie das Gerät so ein, daß es exakt 0 Ω anzeigt.

Vorausgesetzt, Sie haben den Meßbereich Ω eingestellt, können Sie jetzt durch einfaches Ansetzen der Meßspitzen an einen Schalter oder eine (vermeintliche) Verbindung einen Durchgang nachweisen. Mehr noch, Sie können auch schlechte oder oxidierte Verbindungen erkennen – das Meßgerät zeigt dann einen höheren Widerstand als 0 Ω an (kleine Widerstände können übrigens auch durch den Eigenwiderstand sehr dünner oder langer Kupferdrähte entstehen und sind dann als normal zu betrachten).

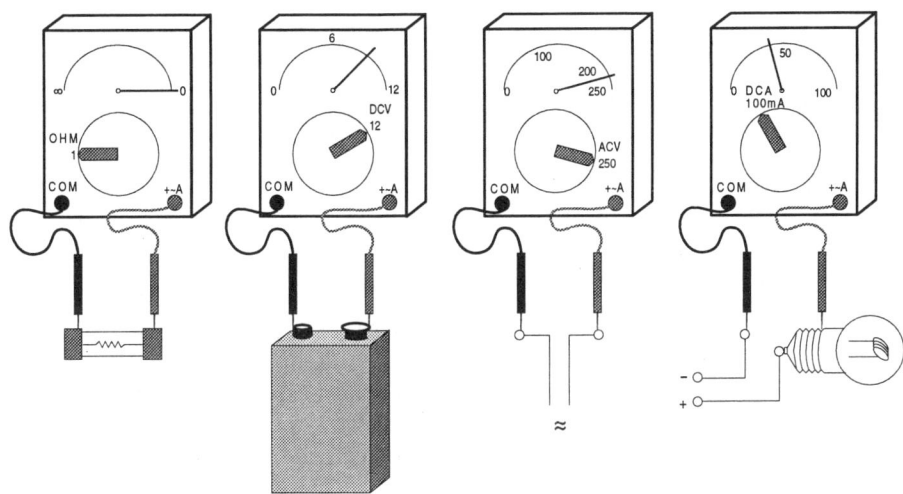

Abb. 2.3 Gebrauch eines Vielfachmeßgerätes – *von links nach rechts* Widerstands-, Gleichspannungs-, Wechselspannungs- und Gleichstrommessung

Praxistip
Wenn Sie Bauteile per Widerstandsmessung auf ihre Funktionsfähigkeit testen wollen, erreichen Sie ein sicheres Meßergebnis nur im ausgebauten Zustand. Dem Ausbau kann natürlich eine „Messung mit Vorbehalt" vorausgehen. „Verdächtige" Bauteile sollten Sie dann auf alle Fälle ausbauen und nochmal messen.

Die Spannungsmessung läuft analog. Hierbei sollten Sie aber Berührungen der Meßspitzen mit den Fingern sowie ungewollte Kurzschlüsse vermeiden. Bei der Strommessung muß dagegen der zu messende Stromkreis unterbrochen und über das Meßgerät geschlossen werden. Abbildung 2.3 zeigt die drei Meßanordnungen.

2.5.1 Überprüfung des Stromanschlusses

Geräte, die „gar nichts mehr tun", weisen sehr oft einen Defekt in der Stromzuführung auf – gebrochene Adern im Anschlußkabel, lose Anschlußkontakte und defekte Ein/Aus-Schalter. Solche Fehler lassen sich schnell und sicher mit Hilfe eines Vielfachmeßgerätes erkennen. Die Messung erfolgt im stromlosen Zustand und beginnt am Stecker.

▨ Bevor Sie die beiden Steckkontakte des Netzsteckers mit der Hand berühren, überbrücken Sie sie mit einem metallischen Gegenstand, denn es ist oft der Fall, daß ein (querliegender) Entstörkondensator im Gerät noch geladen ist.

Eine Entladung über ihre Hände ist zwar nicht schlimm, aber man erschrickt doch ganz schön.

▨ Stellen Sie den Widerstandsmeßbereich Ω ein und testen Sie durch kurzes Aneinanderhalten der Meßspitzen die Funktionsbereitschaft des Meßgerätes.

▨ Halten Sie die Meßspitzen an die beiden Steckkontakte. Bei ausgeschaltetem Gerät dürften Sie keinen Ausschlag feststellen. Wenn es trotzdem ausschlägt, unterbricht entweder der Schalter die Stromzuführung nicht, oder es liegt ein Kurzschluß in der Zuleitung vor.

▨ Nun schalten Sie das Gerät ein. Wenn Ihr Meßgerät daraufhin ausschlägt (der genaue Meßwert ist uninteressant), können Sie davon ausgehen, daß Schalter und Stromzuführung intakt sind und das Gerät prinzipiell Strom aufnimmt. Andernfalls müssen Sie das Gerät so öffnen, daß Sie an den Schalter und an die Anschlußkontakte des Stromkabels herankommen.

▨ Messen Sie nun den Schalter durch. Die meisten Schalter haben nur 2 oder 3 Kontakte und unterbrechen schlicht einen Pol der Stromzuführung. Die Kontakte müßten je nach Schalterstellung „Durchgang" oder „kein Durchgang" zeigen (bei 3 Kontakten muß der Durchgang abwechselnd sein). Bei Schaltern mit 4, 6 oder mehr Kontakten können Sie davon ausgehen, daß Sie mehrere Ein/Aus-Schalter mit 2 bzw. 3 Kontakten vor sich haben. Entsprechend müßten Ihre Meßergebnisse ausfallen. (Wenn Ihnen nicht klar ist, welcher Kontakt zu welchem gehört, versuchen Sie eben mehrere Kombinationen.)

▨ Ist der Schalter in Ordnung, messen Sie bei eingeschaltetem Schalter zwischen den Schalteranschlüssen und Netzstecker. Eine von beiden Möglichkeiten sollte einen Durchgang zeigen. (Bei zwei- oder mehrpoligen Ausschaltern müßten Sie – abgesehen vom Schutzleiter – für alle Adern einen Durchgang finden.)

▨ Zu guter Letzt messen Sie das Anschlußkabel adernweise durch.

▨ Wenn Sie überall da, wo es zu erwarten war, einen Durchgang feststellen konnten, fällt der Verdacht auf das Gerät selbst.

Fehlerbilder: Zuleitungen

Bei Kabelbrüchen kommt es oft vor, daß in bestimmten Lagen das Kabel meßtechnisch in Ordnung scheint. Bewegen Sie also das Kabel während der Messung, wenn der Verdacht eines Wackelkontaktes vorliegt. Das Meßgerät müßte dann entsprechend reagieren.

Anschlußkabel mit Adernbruch müssen Sie auswechseln oder entsprechend kürzen. Oft ist der Fehler aber auch in einem eingegossenen Stecker versteckt. Es rentiert sich dann, den Stecker abzuschneiden, das Kabel ein wenig abzuisolieren und die Messung zu wiederholen.

Wie Sie bei der Montage eines neuen Steckers oder Anschlußkabels vorgehen, lesen Sie unter Abschnitt 1.4.6. Achten Sie auf den richtigen Anschluß des gelbgrünen Schutzleiters. Er muß eine Verbindung zwischen dem metallischen Gehäuse (nur wenn nicht schutzisoliert) und den seitlichen Klammern des Schukosteckers herstellen.

2.5.1.1 Austausch von Schaltern

Der Austausch von Schaltern kann sich relativ schwierig gestalten, da ein Ersatz meist schlecht aufzutreiben ist. Vielfach muß man zu improvisierten Lösungen greifen bzw. einen „ähnlichen" Schalter verwenden.

Geben Sie sich also Mühe, zuerst theoretisch seine Schaltfunktion zu verstehen, und kennzeichnen Sie die Anschlußadern, bevor Sie sie abmachen. Meist ist hierzu ein Lötkolben erforderlich (Löten: vgl. Abschnitt 2.6.1). Bei komplizierteren Schaltern fertigen Sie am besten auf einem Blatt Papier eine Skizze (Schaltplan) an – das hilft beim Denken und schützt vor dem Vergessen.

Wenn Sie einen passenden Schalter aufgetrieben haben, sollten Sie ihn zuerst auf seine Funktionsfähigkeit hin durchmessen. Dabei können Sie gleich feststellen, über welche Kontakte die Schaltfunktionen realisiert sind. Bevor Sie die Kontakte dann schaltplangerecht anschließen (bzw. anlöten), stellen Sie sicher, daß er auch wirklich von der Schaltleistung her (max. Schaltspannung und Schaltstrom beachten) und von der Mechanik her paßt.

Fehlerbilder: Schalter
Korrodierte Schaltkontakte zeigen bei der Messung einen Widerstand von einigen Ohm. Meist liegen dem aber mechanische Veränderungen zugrunde, wie z.B. lahmgewordene Federn oder schlichter Verschleiß. Ein Kippschalter, der beim Schalten nicht richtig oder seltsam klickt, ist von vornherein verdächtig.

Tip
Bei Kleingeräten mit einfachen Ein/Aus-Schaltern besteht die Möglichkeit, einen handelsüblichen Standardschalter in das flexible Anschlußkabel einzubauen, wenn der Bedienkomfort darunter nicht allzusehr leidet. Der defekte Schalter wird dann im Gerät belassen und geeignet überbrückt.

2.5.2 Bauteile und deren Überprüfung

Mit einem Widerstandsmeßgerät können Sie alle elektrischen Bauteile auf ihre prinzipielle Funktiontüchtigkeit hin überprüfen. Mechanische Funktionen, etwa das tatsächliche Schalten von Relais oder die Laufeigenschaft eines Motors, natürlich nicht. Schwierig wird es auch bei Wärmedefekten (Kontaktunterbrechungen unter Wärmeeinwirkung) und Isolationsschäden, da diese meist erst unter voller Betriebsspannung und Belastung auftreten.

2.5.2.1 Glühlampen

Glühlampen enthalten eine Wendel aus Wolframdraht, die elektrisch gesehen einen Widerstand darstellt. Je nach Leistung und Betriebsspannung wird dieser zwischen wenigen Ω und mehreren hundert Ω liegen. Im Widerstandsmeßbereich Ω erzeugt eine Glühlampe einen deutlich sichtbaren Ausschlag, wenn sie intakt ist. Da Glühlampenwendeln sehr heiß werden, ist ihr Widerstand bei Arbeitstemperatur deutlich höher als im kalten Zustand. Lassen Sie sich dadurch nicht irritieren, wenn Sie versuchen sollten, den Widerstand theoretisch aus der Lampenleistung zu berechnen.

Fehlerbilder: Glühlampe
Defekte Glühlampen erkennt man rein visuell an einer unterbrochenen Wendel. Das häufig praktizierte Schütteln in Erwartung eines Klingelns liefert keine sichere Aussage und kann sogar zur Zerstörung der Glühwendel führen. Starke Schwärzung an der Innenseite des Glaskolbens verweist auf ein vorgerücktes Alter, aber auch auf eine unter Umständen zu hohe Betriebsspannung. Häufig sind übrigens hitzebedingte Korrosionen der Fassung Ursache eines Ausfalls.

Praxistip
Glühlampen, bei denen die Wendel sichtbar an einer Stelle unterbrochen ist, lassen sich oft vorübergehend „reparieren". Schrauben Sie die Lampe in eine gut zu bewegende Fassung und schwenken Sie diese (unter Spannung) so lange, bis die Wendel wieder Kontakt hat und leuchtet. Der zunächst hohe Übergangswiderstand wird dann dafür sorgen, daß die Wendel (teilweise) wieder zusammenschmilzt. Setzen Sie die so reparierte Birne dann keinen Erschütterungen mehr aus, da die „Schweißnaht" sehr empfindlich ist, und ersetzen Sie sie bei der nächsten Gelegenheit.

2.5.2.2 Widerstände

Widerstände setzen elektrische Energie ausschließlich in Wärme um. Sie werden in Ohm (Ω) gemessen und unterliegen sowohl im Wechsel- als auch im Gleichstrombetrieb dem Ohmschen Gesetz (vgl. Seite 19). Ihre Funktion in Haushaltsgeräten liegt nahezu ausschließlich in der Leistungsherabsetzung. Man spricht dann von Vorwiderständen (z.B. für Ankerwicklungen in Motoren mit mehreren Geschwindigkeiten). In Reihe mit dem Verbraucher geschaltet erniedrigen sie die am Verbraucher anliegende Spannung und damit dessen Leistung.

Die Messung geschieht im Ohmbereich und müßte dasselbe Ergebnis liefern wie die Aufschrift. Für den einfachen Funktionstest reicht es, wenn das Meßgerät irgendwie ausschlägt, denn eine Veränderung des Widerstandswertes kommt bei Widerständen so gut wie nie vor – und wenn doch, dann weisen sichtbare Verbrennungen oder Verfärbungen deutlich darauf hin.

Ein häufiges Problem beim Austausch defekt gewordener Widerstände ist allerdings die Feststellung seines Wertes. So tragen nur Widerstände größerer Leistung (typisch ab 2 Watt) eine Aufschrift, die aber unleserlich geworden sein kann (ich komme mit meinem Praxistip darauf zurück). Die Werte von Widerständen bis 2 Watt sind dagegen einheitlich durch Farbringe oder Punkte kodiert, die eine Übersetzung erforderlich machen. Kennt man den Kode, lüftet sich das Geheimnis schnell. Widerstände mit größerer Herstellungstoleranz (5 bis 20%) weisen 3 oder 4 Farbringe auf, Widerstände mit geringerer Toleranz 5 Farbringe. Dabei geben die ersten drei (bzw. vier) Aufschluß über den Widerstandswert und der letzte, falls vorhanden, über die Genauigkeit des Wertes. Die Lesrichtung wird eindeutig, wenn man weiß, daß der vierte in 99% der Fälle Gold oder Silber ist. (Bei 5 Ringen ist der letzte etwas abgesetzt). Die folgenden Formeln zeigen, wie Sie den Widerstand errechnen. Die Farbzuordnung für die einzelnen Stellen entnehmen Sie Tabelle 2.1.

4-Ring-Kodierung

Widerstand = (10 · 1. Ring + 2. Ring) · 3. Ring
Toleranz = 4. Ring (falls vorhanden, sonst 20%)

5-Ring-Kodierung

Widerstand = (100 · 1. Ring + 10 · 2. Ring + 3. Ring) · 4. Ring
Toleranz = 5. Ring (immer vorhanden)

Beispiel 1
Sie haben einen Widerstand mit 4-Ring-Kodierung vor sich und lesen die Farben *Rot-Rot-Gelb-Silber*. Die Dekodierung ergibt:

$$(10 \cdot 2 + 2) \cdot 10 \ K\Omega = 220 \ K\Omega \text{ bei 10\% Toleranz.}$$

Beispiel 2
Sie haben einen Widerstand mit 5-Ring-Kodierung vor sich und lesen die Farben *Braun-Schwarz-Schwarz-Gold Rot*. Die Dekodierung ergibt:

$$(100 \cdot 1 + 10 \cdot 0 + 0) \cdot 0{,}1 \ \Omega = 10 \ \Omega \text{ bei 2\% Toleranz.}$$

Tab. 2.1 Farbtabelle zur Ermittlung von Widerstandswerten

Farbe	1. Ring (1. Ring)[5]	2. Ring (2. und 3. Ring)	3. Ring (4. Ring)	4. Ring (5. Ring)
Schwarz	-	0	1 Ω	-
Braun	1	1	10 Ω	1%
Rot	2	2	100 Ω	2%
Orange	3	3	1 KΩ	-
Gelb	4	4	10 KΩ	-
Grün	5	5	100 KΩ	-
Blau	6	6	1 MΩ	-
Violett	7	7	10 MΩ	-
Grau	8	8	-	-
Weiß	9	9	-	-
Silber	-	-	0,01 Ω	10%
Gold	-	-	0,1 Ω	5%

Die zweite, für die Lebensdauer eines Widerstands enorm wichtige Größe ist seine Leistung. Sie gibt an, wieviel Wärme der Widerstand bei Dauerbelastung und normaler Temperatur abgeben kann. Die Standardausführungen liegen zwischen 0,25 und 20 Watt, wobei die typische Größe etwas differieren kann, je nachdem, ob Sie es mit einem Kohleschichtwiderstand, Metallfilmwiderstand oder Drahtwiderstand zu tun haben. Dennoch läßt sich von der Baugröße recht gut auf die Leistung schließen, wenn man einen Vergleich hat. Widerstände ab 2 Watt besitzen meist einen Aufdruck, der die maximale Leistung angibt.

Fehlerbilder: Widerstand
In 80% der Fälle werden Sie einen defekt gewordenen Widerstand an einer deutlich sichtbaren Verbrennung oder Verfärbung erkennen – aber eben nur zu 80%. Eine Messung liefert (im ausgebauten Zustand) hundertprozentige Gewißheit. Heißwerdende Widerstände neigen dazu, ihre Lötstellen „erkalten" zu lassen (siehe Seite 127).

Hinweis für den Austausch
Ersetzen Sie Widerstände grundsätzlich durch solche, die den gleichen Ohmwert und mindestens die gleiche Belastbarkeit (Watt) haben.

In der Praxis werden Sie in Ihrer Bastelkiste oft keinen Widerstand mit den gewünschten Werten finden. In manchen Fällen kann man sich dann mit „Tricks" be-

---

5 Diese Zeile gilt bei 5-Ring-Kodierung.

helfen – nämlich mit der Parallelschaltung bzw. Reihenschaltung (Serienschaltung) mehrerer Widerstände. Abbildung 2.4 zeigt mehrere Anordnungen für einen Gesamtwiderstand von 50 Ω.

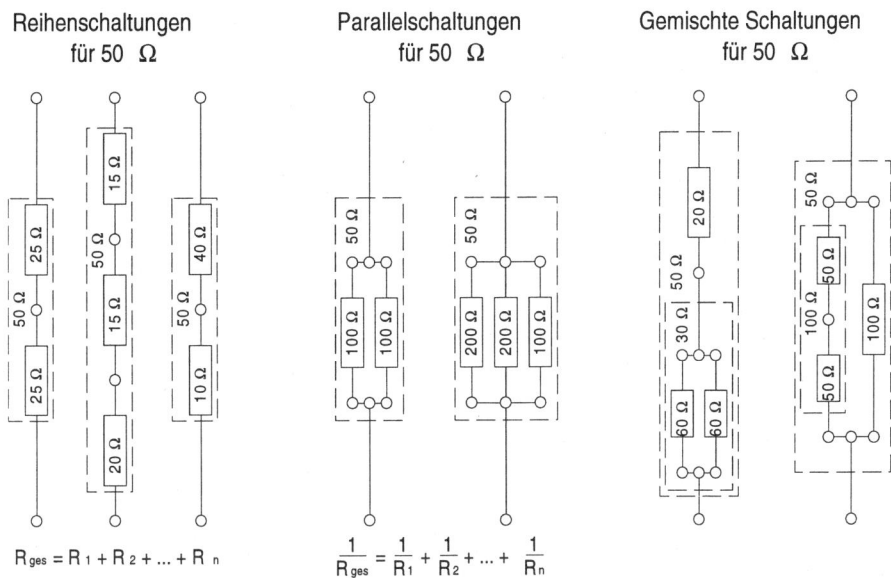

$$R_{ges} = R_1 + R_2 + ... + R_n \qquad \frac{1}{R_{ges}} = \frac{1}{R_1} + \frac{1}{R_2} + ... + \frac{1}{R_n}$$

Abb. 2.4   Verschiedene Ersatzschaltungen für einen Gesamtwiderstand von 50 Ω – die Formeln unter den Schaltbildern ermöglichen die allgemeine Berechnung.

Ersatzschaltungen müssen aber auch in bezug auf die Verlustleistung richtig dimensioniert sein. Bei der Auswahl der Teilwiderstände muß daher auf mehrere Punkte geachtet werden.

1. Die Summe der maximalen Verlustleistungen aller Widerstände muß mindestens der geforderten Verlustleistung entsprechen.

$$P_{ges} = P_1 + P_2 + ... + P_n$$

2. Bei der Reihenschaltung erfolgt die Aufteilung der anteiligen Verlustleistung direkt proportional zum Widerstand.

$$\frac{R_i}{R_{ges}} = \frac{P_i}{P_{ges}}$$

3. Bei der Parallelschaltung erfolgt die Aufteilung der anteiligen Verlustleistung indirekt proportional zum Widerstand.

$$\frac{R_i}{R_{ges}} = \frac{P_{ges}}{P_i}$$

Wie bereits bemerkt, wird es schwierig, wenn der Aufdruck eines vom Wert her unbekannten und durchgebrannten Widerstandes nicht mehr lesbar ist. Normalerweise hilft da nur noch ein Schaltplan weiter.

Praxistip: Wert eines durchgebrannten Widerstands ermitteln

In vielen Fällen läßt sich der Wert eines durchgebrannten Draht- oder Metallfilmwiderstandes aber dennoch ermitteln. Sie können davon ausgehen, daß die Widerstandsbahn an einer Stelle unterbrochen ist – suchen Sie diese, etwa durch vorsichtiges Abkratzen der Lackisolation bzw. durch Ausbau des Widerstands aus seiner Keramikfassung. Legen Sie die Widerstandsbahn so weit frei, daß eine Messung möglich ist. Messen Sie nun so exakt wie möglich von beiden Seiten aus zwischen den Anschlußdrähten und der Unterbrechung. Addieren Sie die beiden Meßwerte – voilà. Manchmal kann es nötig sein, ein paar Prozent auf den empirisch ermittelten Meßwert aufzuschlagen, wenn die Brandstelle recht groß ist.

Praxistip: Drahtwiderstände reparieren

Widerstände höherer Leistung sind meist Drahtwiderstände. Oft lassen sich durchgebrannte Drahtwiderstände noch weiter verwenden, wenn die Unterbrechung beseitigt wird. Wickeln Sie dazu auf jeder Seite der Unterbrechung eine halbe Windung ab und verdrehen Sie die beiden Drähte gut miteinander. Sie verlieren dadurch zwar etwas vom Widerstandswert, das ist aber in den meisten Fällen nicht tragisch. Es ist natürlich müßig zu erwähnen, daß diese improvisierte Lösung eine Ausnahme bleiben und der Widerstand bei Gelegenheit ausgetauscht werden sollte.

Bedenken Sie, daß ein Widerstand selten „einfach so" defekt wird. Meist wird eine Überlastung durch ein mit dem Widerstand in Reihe geschaltetes Bauteil – etwa eine Wicklung mit Windungsschluß – die eigentliche Ursache des Ausfalls sein.

2.5.2.3 Heizdrähte und Heizelemente

Auch Heizdrähte und Heizelemente sind „Ohmsche Widerstände". Sie bestehen aus oxidationsbeständigen Metallen mit oder ohne Isolierkörper. Die Messung erfolgt im Bereich Ω. Der zu erwartende Widerstand läßt sich zum Vergleich gut nach dem Ohmschen Gesetz (siehe Seite 19) berechnen, wenn die Leistung bekannt ist. Tabelle 2.2 gibt Anhaltspunkte.

Tab. 2.2 Durchgangswiderstände von ohmschen Widerständen für 220 Volt bei verschiedenen Leistungen

Leistung	Widerstand[6] (ungefähr)
1 Watt	50 KΩ
5 Watt	10 KΩ
100 Watt	500 Ω
200 Watt	250 Ω
400 Watt	125 Ω
500 Watt	100 Ω
1000 Watt	50 Ω
2500 Watt	20 Ω

Fehlerbilder: Heizelemente
Die Hauptursachen für defekte Heizelemente (in Spülmaschinen, Waschmaschinen oder Boilern) liegen in der Verkalkung. Eine Kalkschicht um den Heizkörper vermindert die Wärmeabgabe, führt zur Überhitzung und schließlich zum Durchschmelzen des Heizdrahtes. Meist ist am Heizelement dann eine Verbrennung oder Verfärbung zu sehen. (Vorsicht! Im Zusammenspiel mit Wasser kann dadurch das gesamte Gerät unter Spannung geraten. Nur eine intakte Schutzleiterinstallation löst in diesem Fall die Sicherung oder den FI-Schalter aus). Bei kombinierten Heizelementen wie Herdplatten ist meist Dauerbetrieb unter Vollast die Ursache dafür, daß ein Element ausfällt. Der Herd wird dann in bestimmten Heizstufen gar nicht oder mit verminderter Heizleistung arbeiten. Der Grund für den Ausfall von Heizelementen kann aber auch ein defekt gewordener Schalter oder Thermostat sein.

2.5.2.4 Spulen, Wicklungen

Spulen bzw. Wicklungen von Motoren, Drosseln, Relais und Transformatoren sind nichts anderes als lange, um einen magnetisch aktiven Kern gewickelte isolierte Kupferdrähte mit zwei oder mehr Anschlüssen.[7] Werden Spulen von Strom durchflossen, bauen sie im Kern ein magnetisches Feld auf, dessen Polung sich bei Wechselstrom ständig ändert. Dieses Magnetfeld wird von Motoren in Bewegung umgesetzt, von Relais in Schaltvorgänge, und bei Drosseln bewirkt es im Zusammenhang

---

6   Dieser Wert gilt nicht generell für elektrische Verbraucher am 220 Volt-Netz!
7   Bei mehreren Anschlüssen ein und derselben Wicklung spricht man von „Anzapfungen". Formal gesehen hat man dann mehrere in Serie geschaltete Spulen vor sich.

mit der Änderung der Stromflußrichtung bei Wechselstrom die Bildung eines frequenzabhängigen Blindwiderstandes, der zwar wie ein Widerstand wirkt, aber keine Verlustwärme freisetzt. Spulen sind für hohe Frequenzen schlecht „durchlässig" und für niedrige gut.

Aus der Sicht eines Gleichstroms – und diese ist für die Widerstandsmessung relevant – verhält sich eine Spule wie ein „Ohmscher Widerstand", d.h. sie weist einen Durchgangswiderstand auf, der von der Länge und Dicke des verwendeten Wicklungsdrahtes abhängt. Sie läßt sich damit wie ein normaler Widerstand durchmessen. Wicklungen stärkerer Motoren zeigen Meßwerte von wenigen Ω, Transformatoren im Primärkreis (220 Volt-Seite) je nach Leistung etwa 20 bis 200 Ω und im Sekundärkreis erheblich weniger. Auch Relaisspulen sind noch im Widerstandsmeßbereich Ω gut durchzumessen.

Fehlerbilder
Da Motoren und Transformatoren (vgl. Abbildung 1.30) aus mehreren getrennten Wicklungen bestehen können, ist die Messung manchmal schwierig oder nicht so aussagekräftig. Hinweise für einen Defekt sind auf alle Fälle aus der Wicklung herausgeführte Spulendrähte, die gegen keinen anderen Spulenanschluß einen Durchgang zeigen. Wicklungsschlüsse lassen sich dagegen nur diagnostizieren, wenn die Wicklung wider Erwarten durch einen zu geringen Widerstand auffällt (z.B. durch Vergleich mit anderen, gleichartigen Wicklungen).

Relais weisen oft mechanische Defekte oder Kontaktschwächen auf. Nach Entfernen der Staubschutzvorrichtung kann die Mechanik sowie das Schließen und Öffnen der Kontakte durch leichten Druck auf den Relaisanker beobachtet werden. Die Schalteigenschaft läßt sich auf diese Weise gut simulieren und durchmessen. Ob ein Relais aber wirklich anzieht, ist nur feststellbar, wenn die richtige Betriebspannung an die Ankerspule angelegt wird. Das Relais müßte dann ein deutlich vernehmbares Klicken von sich geben, sobald der Anker schließt.

2.5.2.5 Thermostaten, Bimetallschalter, Druckschalter

Thermostaten und Bimetallschalter lassen sich prinzipiell wie normale Schalter auf Durchgang prüfen. Dabei muß berücksichtigt werden, daß der Schaltvorgang temperaturabhängig stattfindet. Zur Simulation einer Temperaturänderung können Sie bei warmen bis heißen Schaltpunkten einen Fön oder auch (vorsichtig) einen Lötkolben benutzen. Liegt der Schaltpunkt dagegen eher im Kalten (z.B. bei Kühlschrank-Thermostaten), tut es meist eine Prise Kältespray oder ein Eiswürfel. Oft lassen sich die Schaltpunkte von solchen Schaltern durch eine Schraube in gewissen Grenzen justieren. (Dabei ist aber Vorsicht geboten, damit der Ansprechpunkt des Schalters nicht außerhalb des Regelbereichs zu liegen kommt.)

Bei Druckschaltern (etwa Füllstandsmesser von Spül- und Waschmaschinen) geschieht die Simulation des Schaltvorgangs durch Anlegen eines geeigneten Drucks. Bei geringeren Druckpunkten (etwa bis 1 Bar) reicht meist die Puste aus. Andernfalls kann man z.B. auf eine Luftpumpe oder auf Preßluft zurückgreifen. Flüssigkeitsdruck dürfen Sie nur bei Schaltern verwenden, die Flüssigkeitsdruck und nicht Luftdruck messen.

Fehlerbilder
Kontaktschwächen sind meist auch visuell erkennbar – die Kontakte weisen dann Verbrennungen auf oder schließen aufgrund nachlassender Federwirkung nicht mehr richtig. Hinweis auf einen schwachen Kontakt ist auch ein Meßergebnis, das im Bereich von mehreren Ohm liegt.

Kontakte lassen sich mit einem Streifen Schmirgelpapier gut reinigen. Bei schwach korrodierten oder nicht zugänglichen Kontakten hilft auch ein guter Schuß Kontaktspray.

2.5.2.6 Kondensatoren

Kondensatoren bestehen im Prinzip aus zwei dicht aneinanderliegenden, relativ großen voneinander isolierten Leiterflächen. Legt man eine Gleichspannung an einen Kondensator an, so sammeln sich an der mit Minus verbundenen Fläche Elektronen, und von der anderen Fläche werden sie abgezogen. Durch die Elektronendifferenz entsteht zwischen den Flächen ein elektrisches Feld, das umso größer ist, je näher sich die Flächen sind. Je größer die Kapazität eines Kondensators, desto mehr Elektronen kann seine mit Minus verbundene Fläche aufnehmen. Im ungeladenen Zustand (dieser Zustand stellt sich früher oder später von selbst ein) wird daher beim Anlegen einer Gleichspannung ein Strom fließen, bis sich die für die gegebene Spannung maximal mögliche Elektronendifferenz oder Ladung aufgebaut hat.

Den Ladevorgang kann man im hochohmigen Widerstandsmeßbereich gut „beobachten". Die Spannung kommt dabei übrigens von der Batterie des Meßgerätes und muß nicht eigens angelegt werden. Sie werden sofort nach dem Anlegen der Meßspitzen an die beiden Anschlußkontakte des Kondensators einen schnell ansteigenden und dann wieder zügig abfallenden Zeigerausschlag beobachten können. Wenn Sie die Meßspitzen dann schnell umpolen, ist der gleiche Effekt – diesmal mit etwa doppeltem Ausschlag zu beobachten. Der Effekt ist umso stärker, je höher die Kapazität des Kondensators ist. Man bekommt mit diesem einfachen Meßaufbau natürlich keine Aussage über die tatsächliche Kapazität des Kondensators – aufschlußreich kann aber eine Vergleichsmessung an einem intakten Kondensator gleicher Kapazität sein (die Spannungsfestigkeit ist dabei gleichgültig).

Fehlerbilder

Fehlt dagegen ein solcher Ausschlag, oder ergibt sich beim ausgebauten Kondensator ein Durchgang von wenigen Ohm, ist er defekt. In seltenen Fällen machen sich Isolationsschäden erst bei höheren Spannungen bemerkbar – dies kann dann z.B. die Ursache für eine aus obskuren Gründen defekt gewordene Sicherung sein.

Ältere Kondensatoren zeigen oft in beiden Richtungen einen gut meßbaren, aber hochohmigen Durchgangswiderstand. Meist geht damit ein Kapazitätsverlust einher. Man spricht dann von „zu hohem Leckstrom", und es ist ratsam, ihn durch einen neuen zu ersetzen, da die Gefahr eines baldigen Plattenschlusses besteht.

Kondensatoren älterer Bauart enthalten PCB, ein nicht abbaubares und gefährliches Umweltgift, und müssen speziell entsorgt werden. Ihr örtliches Müllunternehmen nimmt sie kostenlos entgegen.

Man unterscheidet grob zwei Bauarten von Kondensatoren: gepolte (z.B. Elektrolytkondensatoren) und ungepolte (z.B. Folienkondensatoren). Gepolte Kondensatoren haben einen deutlich gekennzeichneten Plus- und/oder Minusanschluß und dürfen nur im Zusammenhang mit Gleichstrompotentialen verwendet werden. Eine falsche Polung zerstört den gepolten Kondensator nach einer Weile und bringt ihn regelrecht zum Platzen. Ungepolte Kondensatoren dürfen dagegen auch mit Wechselstrompotentialen betrieben werden, haben aber oft trotzdem eine Kennzeichnung des Minuspols, die bei Gleichstrombetrieb eingehalten werden muß. Abbildung 2.5 zeigt die Schaltbilder und die häufigsten Ausführungen.

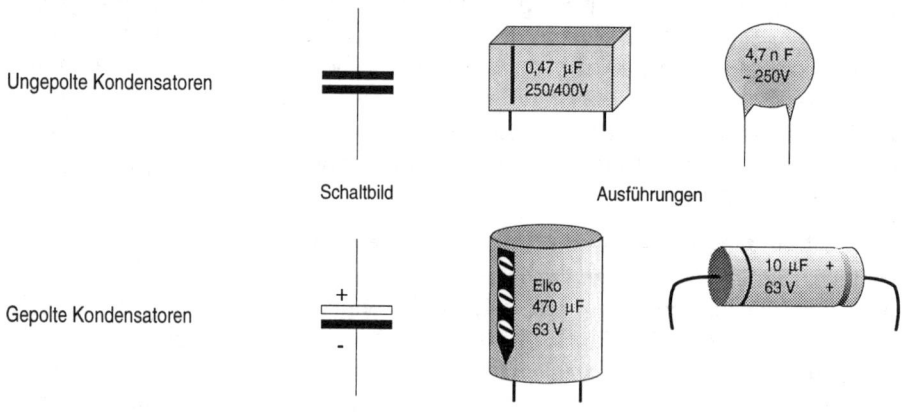

Abb. 2.5   Kondensatoren

Hinweis

Elektrolytkondensatoren werden beim Durchmessen in einer der beiden möglichen Polungen einen Durchgangswiderstand von einigen kΩ zeigen, das ist normal.

Die Kapazität eines Kondensators wird in Farad (F) gemessen. Da die Einheit Farad sehr groß ist, liegen die gängigen Werte im Bereich von Picofarad (pF), Nanofarad (nF) und Mikrofarad (μF).
Es gilt:

$$0{,}001\ F = 1\ mF = 1000\ \mu F$$
$$1\ \mu F = 1000\ nF = 1\,000\,000\ pF$$

Wichtig ist weiterhin die maximale Spannungsbelastbarkeit eines Kondensators. Sie ist grundsätzlich durch eine Aufschrift gekennzeichnet. Tabelle 2.3 gibt typische Aufschriften von verschiedenen Kondensatoren wieder.

Tab. 2.3 Typische Aufschriften von Kondensatoren und ihre Verwendung in Haushaltsmaschinen. ~ steht für reinen Wechselstrombetrieb und = für reinen Gleichstrombetrieb

Aufschrift	Typische Verwendung als
2 mF 40 V (Elko)	Siebkondensator in Netzgeräten z.b. für Verstärker
16 μF ~350 V – 450 V	Motoranlaufkapazität in Waschmaschinen und Spülmaschinen
4 μF ~380 V – 500 V	Blindstromkompensation oder kapazitive Kopplung in Leuchtstofflampen
47 nF ~250 V	Funkenlöschkondensator für Schaltkontakte
1800 pF ~400	Funkentstörkondensator

Wie sieht ein Kondensator aus? Die Bauformen sind recht unterschiedlich (vgl. auch Abbildung 3.3). Kondensatoren mit größeren Kapazitäten befinden sich in Aluminiumzylindern mit 2 (manchmal auch mehr, z.B. bei Mehrfachkondensatoren) Anschlüssen. Kleinere Kondensatoren werden meist wurst- oder linsenförmig sein. Die Aufschrift bringt dann weitere Klarheit. Weiterhin gilt die Faustregel: Ungepolte Kondensatoren haben bei gleicher Größe eine etwa um den Faktor 100 geringere Kapazität als gepolte.

2.5.2.7 Elektromotoren

Elektromotoren gibt es in den verschiedensten Ausführungen, und ihre Bauart hängt im allgemeinen von der geforderten Leistung und ihrer Verwendungsart ab.

Wechselstrom-Reihenschlußmotor (Universalmotor)   Spaltpolmotor

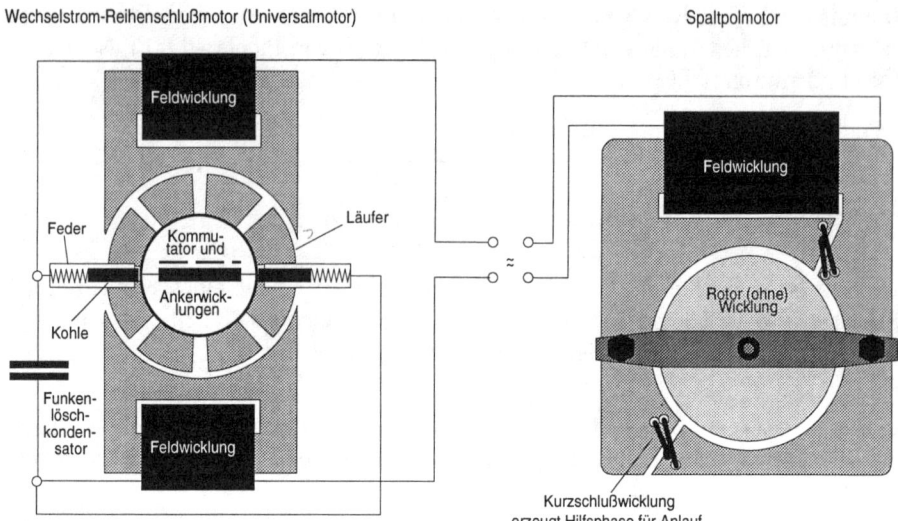

Abb. 2.6 Universalmotor (hohe Drehzahl und hoher Wirkungsgrad) und Spaltpolmotor (3000 Upm und ca. 10% Wirkungsgrad)

Kleinere Haushaltsmaschinen – vom Quirl über die Bohrmaschine zum Staubsauger enthalten nahezu ausschließlich sog. Universalmotoren (in der Fachsprache: Wechselstrom-Reihenschlußmotoren), bestehend aus einer statischen Feldwicklung (äußere Wicklung) und mehreren auf dem „Läufer" (Rotor) befindlichen Ankerwicklungen. Die Stromeinspeisung für die Ankerwicklungen erfolgt durch zwei um 180° versetzte Kohlen, die auf einen segmentweise unterteilten Schleifring (in der Fachsprache: Kommutator) drücken. Parallel zu den Kohlen liegt ein Kondensator, der die Aufgabe hat, die bei der Drehung entstehende Funkenbildung zu dämpfen. Beim uns interessierenden Reihenschlußmotor (vgl. Abbildung 2.6 links) sind Feld- und Ankerwicklungen in Serie geschaltet – dadurch ergibt sich unter Belastung ein höheres Drehmoment, das sich wiederum drehzahlstabilisierend auswirkt. Die Drehrichtung des Motors hängt von der Polung der Ankerwicklungen relativ zur Feldwicklung ab. Ein Vertauschen der Anschlußdrähte für die Kohlen ändert somit die Drehrichtung. Bei Bohrmaschinen mit Rechtslauf und Linkslauf geschieht dies z.B. durch einen Kreuzschalter (vgl. z.B. Kapitel 1.4.5.3).

Universalmotoren erreichen hohe Drehzahlen und haben ein gutes Größe/Leistungs-Verhältnis. Sie sind aber recht laut und nicht verschleißfrei, da sich die Kohlen (in der Fachsprache: Bürsten) bei Dauerbetrieb schnell abnutzen. Für weniger leistungsintensive Anwendungen setzen die Hersteller daher gerne Spaltpolmotoren mit Kurzschlußläufer ein, die sich durch spezielle Maßnahmen auch am einphasigen Wechselstromnetz betreiben lassen. Abbildung 2.6 (rechts) zeigt den Aufbau eines Pumpenmotors, wie er in jeder Wasch- und Spülmaschine Verwendung findet. Aufgrund seiner Bauart ist er relativ unempfindlich gegen Rotorblockaden. Für den sicheren Anlauf besitzt er kurzgeschlossene Sekundärwicklungen, die eine Art Drehfeld erzeugen. Als typischer Asynchronmotor „hinkt" er ein wenig hinter der Netzfrequenz her und erreicht so die für Asynchronmotoren ohne Kommutator typische Umdrehungszahl 60 · 50 = 3000 Umdrehungen pro Minute.

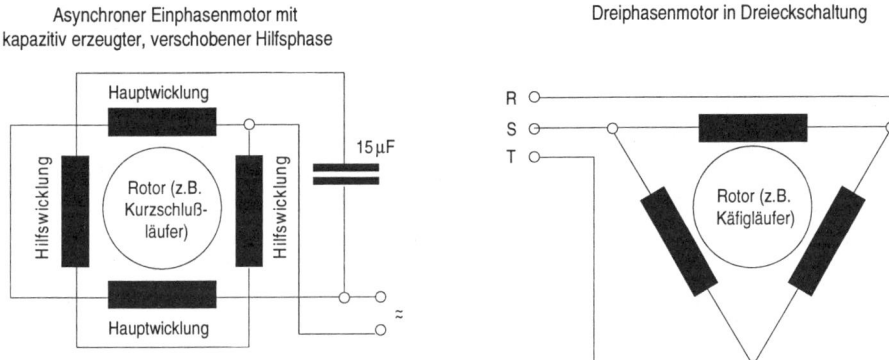

Abb. 2.7 *links* asynchroner Zweiphasenmotor mit kapazitiv verschobener Hilfsphase für Einphasenbetrieb *rechts* Drehstrommmotor in Dreieckschaltung

Sollen Motoren mit größerer Leistung betrieben werden, benötigen sie mindestens zwei, am besten drei Phasen, die gegeneinander verschoben sind (vgl. Abschnitt 1.3.5, „Drehstrom"), damit sie ein starkes magnetisches Drehfeld aufbauen können. Der Drehstromanschluß liefert dieses Drehfeld sozusagen „frei Haus". Bei drehstrombetriebenen Asychronmotoren hat man es daher mit 3 (6 oder 9) statischen Feldwicklungen zu tun, die kreisförmig um den Rotor angeordnet sind. Der Rotor trägt ebenfalls mehrere, intern „kurzgeschlossene" Wicklungen (meist nicht nach außen geführt) mit wenigen Windungen, die durch den induzierten Strom ein gegenpoliges Magnetfeld erzeugen, welches dann dem Drehfeld „hinterherläuft". Abbildung 2.7 (rechts) zeigt den einfachen Aufbau und Anschluß eines Drehstrommotors mit Kurzschlußläufer in Dreieckschaltung (vgl. auch die Abschnitte 1.3.5.1 und 1.3.5.2).

Die Hauptantriebsmotoren von Waschmaschinen und Spülmaschinen sind dagegen auf das einphasige Wechselstromnetz angewiesen. Sie erzeugen, wie Abbildung 2.7 (links) zeigt, mit Hilfe eines externen Kondensators eine um 90° verschobene Hilfsphase, die einen gesicherten Anlauf garantiert. Je nach Polung der Hilfswicklungen läßt sich dann ein Rechts- oder ein Linksanlauf verwirklichen.

Ein eigenes Kapitel ist die Drehzahlregelung von Motoren. Es reicht von verschiedenen Anzapfungen der Feldspulen über Vorwiderstände, Vorschaltdioden bis hin zur elektronischen Regelung durch Phasenanschnittsteuerung (vgl. Dimmer, Abschnitt 1.4.5.5). Während die zuerst genannten Maßnahmen daraufhin abzielen, den Strom durch Feld- und/oder Ankerwicklungen stufenweise zu regulieren, ermöglicht die vor allem bei Werkzeugmaschinen zu findende Phasenanschnittsteuerung eine stufenlose Regulierung vom Stillstand bis zur Maximaldrehzahl. Die frequenzabhängigen Synchronmotoren werden sinnvollerweise durch elektronische Frequenzanpassung reguliert – ihr Einsatzgebiet im Haushaltsbereich liegt aber eher in der Unterhaltungselektronik (Kassettenrecorder, Plattenspieler, Videorecorder etc.).

Fehlerbilder: Universalmotoren

Die „schwächsten" Elemente eines Universalmotors sind seine Kohlen. Sie können verschlissen oder gebrochen sein, oder ihre Andruckfedern können nachgelassen haben. Am Kommutator neigt der laufende Motor dann zu überstarker Funkenbildung (ein wenig ist normal). Das Fehlerbild macht sich primär natürlich durch einen unruhigen, von Brandgeräuschen begleiteten, kraftlosen Lauf bemerkbar. Beim Öffnen eines Gerätes mit Universalmotor sollten Sie daher zuerst den Zustand der Kohlen begutachten. Ist eine Kohle zerbrochen, oder ist die Länge unter 0,5 cm, dann sollten beide Kohlen ausgetauscht werden.[8] (Der Ausbau geschieht meist durch einfaches Aufbiegen der Halterung.) Schwache Federn können Sie durch einfaches Dehnen wieder kräftigen.

Häufig ist der Leistungsabfall eines Motors aber auch auf eine oder mehrere defekte Ankerwicklungen zurückzuführen. Sowohl Unterbrechungen als auch Windungsschlüsse in der Ankerwicklung erhöhen die Funkenbildung am Kommutator. In den meisten Fällen wird sich eine Reparatur durch „Wickeln lassen" nicht mehr lohnen. Ein solcher Defekt läßt sich leicht durch Messen der Wicklungswiderstände nachweisen – messen Sie an den Kohlen und drehen Sie den Rotor langsam mit der Hand. Kein Fehler liegt vor, wenn jede Wicklung den gleichen Widerstand zeigt.

Starkes Feuern am Kommutator, jedoch ohne merkbaren Leistungsverlust, verweist auf einen defekten Funkenlöschkondensator. Er sollte einer Messung unterzogen werden, denn wenn er seine Kapazität verloren hat, verschleißen Kohlen und Kommutator übermäßig schnell. Hat er dagegen einen Kurzschluß – der Motor steht dann und brummt stark – ist die außen liegende Feldwicklung in Gefahr.

Feldwicklungen gehen seltener kaputt. Sie lassen sich einfach auf Durchgang testen. Einen Wicklungsschluß erkennt man meist visuell an einer Dunkelfärbung des Wicklungsdrahtes. Der Motor erhitzt sich dann auch bei geringer Belastung sehr stark.

---

8   Sie sind im Handel in den verschiedensten Ausführungen erhältlich.

Natürlich kommen auch mechanische Ursachen für die meisten der genannten Defekte in Betracht – zu starke Belastung, Blockierung, schwergängige Lager. Zur Prüfung der Motorlager kann man den mechanisch entkuppelten Rotor mit der Hand in Schwung versetzen. Wenn alles in Ordnung ist, müßte er einige Umdrehungen nachlaufen. Ein präventives Nachfetten der Lager (keine zu dünnen Öle verwenden) wird keinesfalls schaden.

Fehlerbilder: sonstige Motoren

Spaltpolmotoren wie in Abbildung 2.6 (rechts) besitzen nur eine Wicklung. Ein Defekt ist aller Wahrscheinlichkeit nach mechanischer Natur – selten wird die Wicklung eine Unterbrechung zeigen, eine starke Verfärbung der Wicklung durch Überhitzung kann allerdings darauf hinweisen.

Der einphasige Asynchronmotor mit Hilfswicklung wird bei einem Ausfall eines seiner Bestandteile schlicht nicht mehr anlaufen und stark brummen. Ist die Hilfswicklung oder der Kondensator defekt, kann der Motor durch manuelles Anschubsen in irgendeiner Drehrichtung langsam auf Touren kommen. Messen Sie einfach alle Bestandteile durch und prüfen Sie auch auf mechanischen Verschleiß der Lager.

Drehstrommotoren laufen sicher an, auch wenn eine Phase fehlt oder eine Wicklung defekt ist. Der Ausfall einer Phase bzw. Wicklung macht sich durch Leistungsabfall, begleitet von einem „überanstrengten Brummen" bemerkbar. Wenn vorhanden, wird nach kurzer Laufzeit die Motorschutzschaltung (Bimetallschalter) aufgrund des erhöhten Stromflusses ansprechen. Sind zwei Phasen bzw. Wicklungen ausgefallen, läuft der Motor nicht mehr an (ein bereits laufender Motor läuft aber unter starkem Brummen kraftlos weiter). Prüfen Sie zuerst mit dem Phasenprüfer, ob alle drei Phasen auch am Motor ankommen, wenn ja, wird eine Wicklung defekt sein. Alle Wicklungen müssen den gleichen Widerstand – meist nur wenige Ω – aufweisen.

2.6 Reparaturanleitungen

Im nun folgenden praktischen Teil finden Sie gerätespezifische Funktionsbeschreibungen und Reparaturanleitungen, die auf die Beseitigung typischer Fehlerbilder bezogen sind. In Kombination mit den eingangs erwähnten Sicherheitsvorschriften und spannungslosen Meßverfahren für die verschiedenen Bauteile werden sie in den meisten Fällen eine schnelle und gefahrlose Fehlerdiagnose ermöglichen. Für die Fehlerbeseitigung noch einige allgemeine Tips.

Tips

▓ Arbeiten Sie ruhig, konsequent und nicht unter Zeitdruck

▨ Prüfen Sie Ersatzteile vor dem Einbau nach den unter Abschnitt 2.4 beschriebenen Meßverfahren.

▨ Fertigen Sie Zeichnungen an und sammeln Sie alle ausgebauten Teile (Schrauben, Unterlegscheiben, Federn, Plastikteile etc.) in einem Gefäß, das erspart nervenaufreibende Suche und gibt Ihnen einen Überblick, was Sie noch nicht wieder eingebaut haben.

▨ Zerlegen Sie nicht voreilig komplizierte Mechaniken. Selbst der Wiederzusammenbau eines einfachen Schalters kann schell zum Geduldsspiel ausarten.

2.6.1 Richtig Löten

Nicht alle elektrischen Verbindungen in einem Gerät sind gesteckt. So werden Sie sicher des öfteren zum Lötkolben greifen müssen. Die Kunst des Lötens ist gar nicht so schwer, wenn Sie einige Grundregeln dabei beachten:

▨ *Löten Sie grundsätzlich nur am ausgesteckten, stromlosen Gerät.*

▨ Verwenden Sie nur Elektroniklot. Es ist bereits mit Flußmittel versetzt und fließt sparsam und gut, da es recht dünn ist. Das Flußmittel befreit das Metall während des Lötens von Korrosionen und ist Voraussetzung für eine gute (elektrische) Verbindung.

▨ Löten Sie nur mit gut vorgeheiztem Lötkolben. Die Lötspitze sollte verzinnt sein (notfalls mechanisch reinigen).

▨ Der Lötvorgang selbst sollte 1 bis 3 Sekunden dauern, damit umliegende Plastikteile, Isolierungen und die Bauteile selbst (das gilt vor allem für elektronische Bauteile wie Dioden und Transistoren) nicht zerstört werden. Bei dickeren Metallen wird es etwas länger dauern, bis sie auf die Schmelztemperatur des Lötzinns aufgeheizt sind. Lötkolben kleinerer Leistung sind zwar handlicher im Umgang, resignieren aber, wenn das zu lötende Metall die Wärme zu schnell abführt.

▨ Verzinnen Sie zunächst einzeln alle zu verlötenden Anschlüsse mit neuem Lot. Dazu erhitzen Sie sie ca. 1 Sekunde mit der verzinnten Stelle des Lötkolbens und geben dann etwas Lötzinn hinzu. Es sollte gut und schnell fließen. Falls die Anschlüsse oxidiert sind, reinigen Sie sie mechanisch mit einer kleinen Feile oder etwas Schmirgelpapier. Auch bei älteren Lötstellen tut eine Reinigung und etwas zusätzliches Lötzinn (vor allem das darin enthaltene Flußmittel) Not.

▨ Halten Sie nun alle vorverzinnten Anschlüsse aneinander und erhitzen Sie sie gleichzeitig unter Zugabe von weiterem Lötzinn.

▓ Bewegen Sie die Lötstelle erst, wenn das Lötzinn erstarrt ist (ca. 2 bis 5 Sekunden).

Lötbar ist eigentlich alles, was metallisch ist – außer Aluminium. Allerdings ist die mechanische und thermische Beanspruchbarkeit von Lötstellen nicht sehr groß. Es macht also insbesondere wenig Sinn, gebrochene Federn oder Kontaktzungen per Lötkolben zu reparieren – die Lötstelle hält sicher nicht lange. Auch das Verlöten von Heizdrähten oder Leistungswiderständen ist nur bedingt möglich. Sie müssen dann dafür Sorge tragen (z.B. durch lange Anschlußdrähte oder übergesteckte Kupferhülsen), daß die Wärme gut abgestrahlt wird, bevor sie an die Lötstelle gelangt – ständig heiße Lötstellen oxidieren stark und werden zu „kalten Lötstellen".

Fehlerbilder durch „kalte Lötstellen"

„Kalte Lötstellen" sind fein gerissene Lötstellen, die an der Rißstelle korrodiert sind und damit einen hohen Übergangswiderstand aufweisen. Erkennbar durch eine matte, manchmal fast kristalline Lichtreflexion oder durch einen kreisrunden Riß im Lötbett der Verbindung sind sie Ursache der meisten Defekte in Geräten. Ihr Auge sollte darum jede Lötstelle bei guter und direkter Beleuchtung kritisch mustern, ob sie in Ordnung ist. Besonders gefährdet sind Lötstellen an Widerständen oder heißwerdenden Bauelementen sowie an mechanisch schwingenden Bauteilen. Wann immer Ihnen eine Lötstelle nicht ganz koscher erscheint, messen Sie sie zuerst nach, und frischen Sie sie dann ggf. mit etwas neuem Lötzinn auf. Die Messung sollte nicht unterbleiben, denn Sie wollen ja wissen, ob Sie die Ursache des Ausfalls gefunden haben.

2.6.2 Kleingeräte

Die Vielfalt der handelsüblichen und -unüblichen Kleingeräte mit 220 Volt-Anschluß ist unüberschaubar. Funktional gesehen unterscheiden sie sich hauptsächlich durch die Mechanik. Die elektrisch „interessanten" (also für eine Störung potentiell verantwortlichen) Bauteile sind im wesentlichen Zuleitungen mit Schaltern, Universalmotoren, Heizwicklungen und Thermostaten. Neuere Geräte werden vielleicht zusätzlich über eine elektronische Leistungsregelung (meist in Kombination mit dem Schalter) verfügen.

Moderne transportable Kleingeräte arbeiten mit Akkus, die in einer Station nachgeladen werden, oder mit separaten Netzgeräten. In diesem Fall haben wir es eigentlich mit 2 Geräten zu tun: Stromversorgung mit 220 Volt-Anschluß (vgl. Abschnitt 3.5.2.1) und Niedervoltgerät.

Meine Fehlerstatistik zeigt mit abnehmender Wahrscheinlichkeit folgende Fehlerursachen:

▦ Mechanische Defekte: Brüche an Plastikteilen, Lagerschäden in Getrieben

▦ Kabelbruch in der Zuleitung, schlechte Kontakte, Unterbrechungen der Verdrahtung oder kalte Lötstellen im Gerät (oft als Wackelkontakt bemerkbar).

▦ Schalter oder Thermostat defekt

▦ Motor defekt (nach dauerhafter Überlastung oder Blockade): Kohlen abgenutzt (meist), Ankerwicklung teilweise durchgebrannt (häufig), Feldwicklung durchgebrannt (selten)

▦ Heizwicklung defekt (nach Dauerbetrieb)

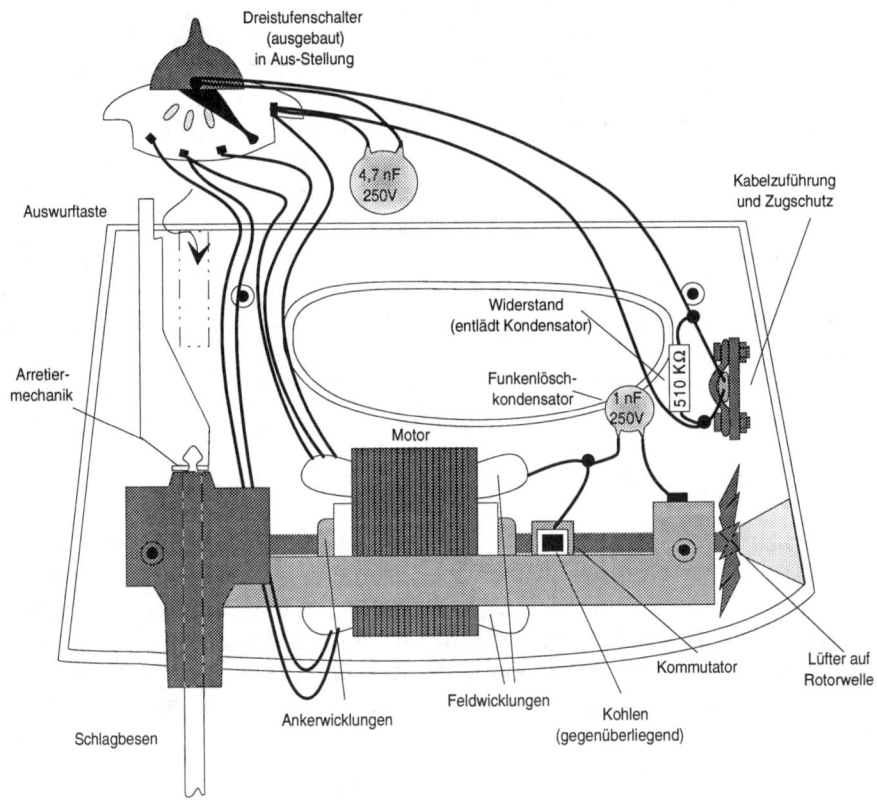

Abb. 2.8 Schemazeichnung eines Handquirls Krups 390

2.6.2.1 Küchenmaschinen

Die in diesem Abschnitt gegebenen exemplarischen Reparaturanleitungen können Sie nahezu eins zu eins auch auf nicht besprochene Geräte übertragen.

Quirl (Krups 390)
Das Öffnen des Quirls geschieht durch Lösen der Gehäuseschrauben (oben) und der Motorbefestigungsschrauben mit Plastikkopf auf der gegenüberliegenden Seite. Drehen Sie das Gerät wie in der Zeichnung 2.8 dargestellt, und heben Sie die oben-liegende Gehäusehälfte ab. Oben links sehen Sie den Schalter mit seinen 4 Stellungen (Aus, I, II, III). Da alle Kontakte offenliegen, können sie gut begutachtet werden. Verbrannte Kontakte reinigen Sie. Drehen Sie nun den Motor mit der Hand. Ist er schwergängig, liegt ein mechanischer Fehler (meist Getriebe) zugrunde, oder es ist schlicht etwas Fett (kein Öl) nötig. Überprüfen Sie dann den Universalmotor (vgl. Abschnitt 2.5.2.7), speziell den Zustand seiner Kohlen. Bei defekter Auswurfmechanik überprüfen Sie die Wirksamkeit des Auswurfmechanismus.

Tab. 2.4 Fehlertabelle Quirl

Fehlerbild	mögliche Defekte	Abhilfe
Keine Funktion	Kabel ist gebrochen	Kürzen oder austauschen
	Schalterkontakt ist oxidiert	Säubern
	Kohlen sind aufgebraucht	Austauschen
	Feldwicklung ist defekt	Reparatur lohnt meist nicht
Verminderte Leistung *Kommutator feuert*	Kohlen aufgebraucht	Austauschen
	Ankerwicklungen defekt	Reparatur lohnt meist nicht
Geschwindigkeitsstufe ausgefallen	Schalter defekt	Reinigen evtl. Austausch
	Feldwicklung teilweise defekt	Evtl. belassen, Reparatur lohnt meist nicht
Sicherung für Stromkreis gefallen	Kabelbruch in Zuleitung oder Kurzschluß in Verkabelung	Austauschen oder kürzen
	Schalter-Kondensator durchgeschlagen	Austausch
Motor brummt (läuft nicht an)	Getriebeschaden	Evtl. Reinigen und fetten
	Beide Funkenlöschkondensatoren durchgeschlagen	Austauschen
	Ankerwicklungen defekt	Reparatur lohnt meist nicht

Fehlerbild	mögliche Defekte	Abhilfe
Auswurf defekt	Feder gebrochen	Austauschen
	Mechanik abgenutzt	Evtl. improvisieren, Reparatur lohnt oft nicht.

Kaffeemaschinen

Kaffeemaschinen bestehen aus Zuleitung, Schalter mit Glimmlampe, Thermostat, (evtl. Übertemperaturschutz) und Heizschlange. Alle Elemente lassen sich mit einem Durchgangsprüfer auf Funktion testen. Der Aufheizvorgang des Wassers läuft wie folgt ab: Ein Teil des Wassers gelangt schwerkraftbedingt in die Heizschlange. Dort erhitzt es sich bis zum Siedepunkt. Da ein Rückschlagventil (oder ein druckdichter Tank) den Rückfluß in den Tank verhindert, drückt der entstehende Dampfdruck das Wasser in das zum Filter führende Rohr. Neues Wasser aus dem Tank fließt nach usw., bis der Tank leer ist. Der Thermostat verhindert eine Überhitzung des Heizstabes – speziell, wenn der Tank leer ist und nur noch die Warmhalteplatte beheizt werden muß. Edlere Geräte besitzen zur weiteren Sicherheit noch einen kleinen Übertemperaturschutzschalter, der in Serie mit dem Heizstromkreis geschaltet ist.

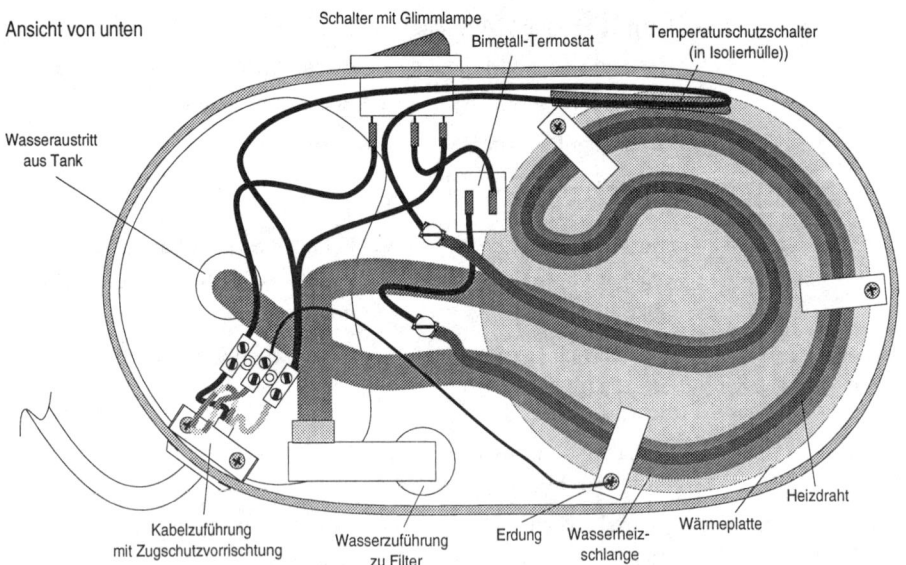

Abb. 2.9 Schemazeichnung einer Kaffeemaschine der Marke Siemens

Tab. 2.5 Fehlertabelle Kaffeemaschine

Fehlerbild	mögliche Defekte	Abhilfe
Kaffee läuft zu langsam durch	Verkalkung der Wasserwege	Entkalken mit Essig, Zitronensaft oder speziellem Entkalker
Keine Funktion	Zuleitung oder Schalter defekt (Glimmlampe leuchtet nicht)	Austausch oder Reparatur
	Thermostat defekt	Wenn möglich, Schalt-kontakte säubern, sonst austauschen
	Temperaturschutzschalter defekt (selten)	Meist ist zusätzlich der Thermostat defekt, falls nicht, kann bei alten Geräten der Schutzschalter notfalls überbrückt werden – besser ist natürlich der Austausch.
	Heizstab defekt	Reparatur lohnt meist nicht.
Gerät riecht „elektrisch" und „schmort" oder FI-Schalter spricht häufig an	Wasserführung undicht	Abdichten, Kriechstromstelle suchen und neu isolieren, betroffene Schaltdrähte austauschen

Kaffeemaschine PICCO

Eine besondere Kaffeemaschine ist die Espressomaschine der Marke Picco. Sie arbeitet als Zentrifuge. Ein Universalmotor versetzt nach beendetem Aufheizvorgang den leicht konischen Filtereinsatz mit dem Kaffepulver in schnelle Drehung, der dann das Wasser von unten ansaugt, durch den Kaffee preßt und oben seitlich wieder herausspritzt. Rundherum aufgefangen gelangt der gefilterte Kaffee in zwei Auslaßrohre.

Hinweis

Die Maschine kann nur eine begrenzte Menge Wasser aufnehmen (ca. 1,5 Tassen), der Rest läuft „über" – teilweise sogar in die Maschine. Für den „Standard-Tod" dieser Maschinen sind aber irreparable Unterbrechungen in den Ankerwicklungen verantwortlich. Er kündigt sich durch einen unruhigen, kraftlosen Lauf mit Startschwierigkeiten an.

Sie öffnen das Gerät, indem Sie die Schrauben im Boden der Maschine entfernen. Die weitere Demontage geschieht durch Lösen der Plastikarretierungen.

Tab. 2.6   Fehlertabelle Kaffeemaschine Picco

Fehlerbild	mögliche Defekte	Abhilfe
Kaffee läuft zu lang-sam durch	Falscher Kaffee	Gröber gemahlenen Kaffee kaufen
	Einige Ankerwicklungen des Motors sind durchgebrannt oder die Kohlen sind abnutzt	Kohlen lassen sich leicht austauschen, eine weitergehende Reparatur lohnt nicht
Motor dreht nicht	Deckel nicht richtig ge-schlossen, Schalter bzw. Deckelschalter defekt	Deckel richtig aufdrehen, Schaltersitz nachjustieren oder Schalter austauschen
Keine Heizfunktion	Zuleitung oder Schalter de-fekt (Glimmlampe leuchtet nicht)	Austausch oder Reparatur
	Thermostat defekt	Wenn möglich, Schalt-kontakte säubern, sonst austauschen.
	Heizteller defekt	Reparatur lohnt meist nicht.

Praxistip
Lästig bei Picco-Maschinen ist, daß die Schalterstellung für die Kaffeezentrifuge als Taster ausgeführt ist. Abhilfe ist schnell gegeben, wenn die kleine Feder im Schalter entfernt wird.

Elektrischer Heißwasserkessel

Heißwasserkessel sind recht einfache Geräte. Sie bestehen aus einer Heizschlange und einem Schalter, der oft direkt mechanisch mit dem Thermostaten gekoppelt ist. Der Thermostat schaltet dauerhaft ab, wenn eine Temperatur von 100°C erreicht ist. Aufgrund des Wasserkontaktes und des meist metallischen Gehäuses ist vor dem Betrieb für eine funktionierende Schutzerdung zu sorgen.

Tab. 2.7   Fehlertabelle Elektrischer Heizkessel

Fehlerbild	mögliche Defekte	Abhilfe
Gerät heizt nicht	Thermostat, Schalter	Durchmessen und ggf. austauschen
	Heizschlange defekt	Durchmessen – Reparatur lohnt nicht
	Zuleitung defekt oder Kontakte unterbrochen	Reparatur bzw. Kontakte säubern

Fehlerbild	mögliche Defekte	Abhilfe
Gerät schaltet zu früh oder überhaupt nicht ab	Thermostat hat Defekt oder verschobenen Schaltpunkt	Manche Thermostaten besitzen eine Einstellschraube zur Justierung des Schaltpunktes – andernfalls Austausch
Gerät elektrisiert bei Berührung	Kriechstrom durch Feuchtigkeit und Schutzerdung nicht vorhanden; evtl. hat das Heizelement einen Isolationsschaden	Gerät trocknen und Funktionsfähigkeit des Schutzleiters unbedingt wieder herstellen

2.6.2.2 Bügeleisen

Bügeleisen – vor allem Dampfbügeleisen – unterscheiden sich aus der Sicht der Elektrik nicht sehr von den in Abschnitt 2.6.2.1 besprochenen Heißwasserkesseln. Speziell ist aber der Bimetall-Thermostat – er hält die Temperatur der Bügelsohle nach einer kurzen Aufheizzeit durch Ein- und Ausschalten des Heizstroms konstant (Strompausen-Steuerung). Die Temperaturvorgabe geschieht durch einen Temperaturregelknopf, der die Federkraft des Bimetallkontaktes (und damit den Schaltpunkt) verändert. Eine zum Heizelemement parallel geschaltete Glimmlampe zeigt an, ob das Heizelement Spannung hat (normalerweise also heizt), dadurch läßt sich feststellen, ob die voreingestellte Temperatur erreicht wurde. Alle anderen Funktionen und Bedienelemente sind mechanischer Natur und ermöglichen die Dampf- oder Wasserabgabe an das Bügelgut.

Eine eher häufig durchzuführende Servicearbeit am Bügeleisen ist der Austausch des Anschlußkabels, da es durch die Eigenhitze des Gerätes besonders gefährdet ist.

Bei den meisten Bügeleisenmodellen läßt sich für diese schnell erledigte Arbeit die „Heckklappe" durch Lösen einer Schraube öffnen. Die Anschlußklemmen sind dann leicht zugänglich. Machen Sie sich eine Anschlußskizze, entfernen Sie das alte Kabel und führen Sie das neue mit übergestülptem Knickschutz in die Zugschutzvorrichtung ein. Nach Befestigung des Zugschutzes können Sie den Anschluß vornehmen (vgl. sinngemäß Abbildung 2.10).

Der Zugang zum Thermostat erfordert das Lösen weiterer Schrauben, die meist durch den Temperaturregler getarnt sind. Der Knopf läßt sich einfach abziehen oder wird durch eine Klemmschraube gehalten.

Hinweis

Verwenden Sie als Kabelersatz nur dreiadrige, stoffummantelte Gummischlauch-leitungen, da die PVC-Isolisierung der üblichen Kabel für flexiblen Anschluß bei Hitze schmelzen und das blanke Kupfer freigeben. Der Schutzleiter ist unbedingt richtig anzuschließen und auf Funktionsfähigkeit zu überprüfen.

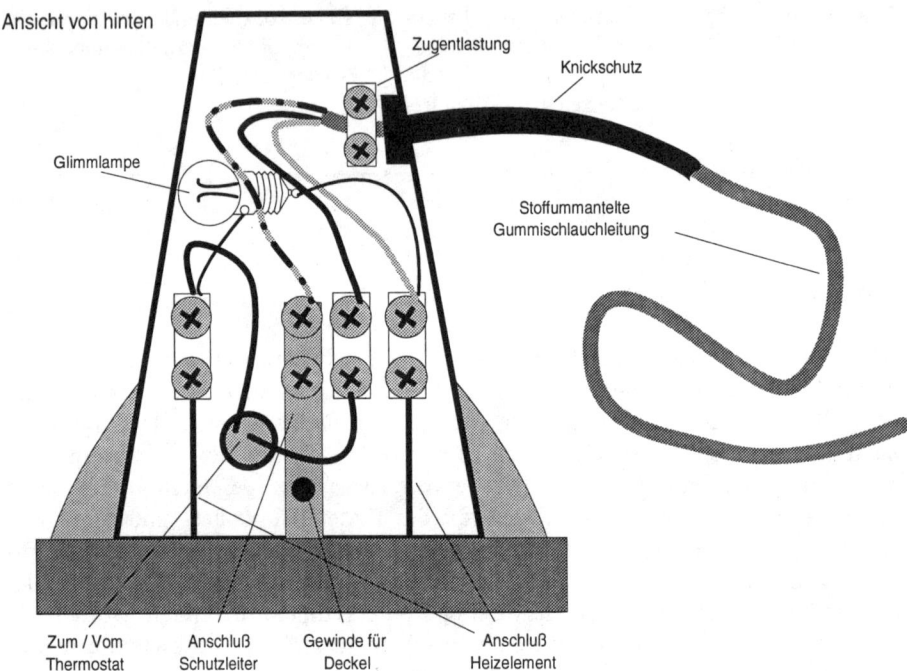

Abb. 2.10 Schemazeichnung eines Bügeleisens von hinten (Anschlußseite)

Tab. 2.8 Fehlertabelle Bügeleisen (weitere Fehler entnehmen Sie Tabelle 2.7)

Fehlerbild	mögliche Defekte	Abhilfe
Glimmlampe leuchtet, Eisen bleibt kalt	Zuleitung zu Heizelement unterbrochen	Unterbrechung beseitigen
	Heizelement defekt	Reparatur lohnt meist nicht
Temperatur läßt sich nicht regeln	Regelknopf nicht richtig aufgesetzt oder mechanischer Defekt	Mechanik überprüfen

Fehlerbild	mögliche Defekte	Abhilfe
Kein Dampf	Verkalkung oder Verschmutzung des Dampfwegs	Entkalker versuchen bei höchster Heizleistung oder Dampfweg mechanisch reinigen (meist aufwendig)
Glimmlampe leuchtet nicht, Gerät heizt aber	Glimmlampe defekt	Austausch oder mit dem Fehler leben

2.6.2.3 Rasierapparate

Rasierapparate sind technisch recht „einfache" Geräte mit Schalter und Motor. In vielen Modellen besteht der Motor nur aus einem offenen Stator mit zwei Wicklungen und einem federnd gelagerten Schwinganker, dessen Eigenfrequenz bei ca. 50 Hz liegt und der im Rhythmus der Netzfrequenz angestoßen wird. Die für den 220 Volt-Betrieb in Serie geschalteten Wicklungen lassen sich für den 110-Volt-Betrieb über einfache Drehkontakte parallel schalten. Eine Demontage lohnt sich auf alle Fälle, denn die Fehlersuche wird in 95% der Fälle eine Verunreinigung des Einschalters, Drehschalters, der Steckkontakte oder eine Kontaktunterbrechung aufgrund von eingedrungenem Haarstaub und Vibrationen zu Tage fördern. Von einem Wicklungsdefekt ist nur bei erfolgtem 220-Volt-Betrieb in 110-Volt-Stellung auszugehen. Der Wiederzusammenbau der Mechanik nach dem Säubern kann allerdings einiges an Gefühl und Geduld erfordern.

Praxistip
Bei hartnäckigen Kontaktschwachen des Schalters empfehle ich als Radikalkur eine Überbrückung des Schalters per Lötkolben. Das Ein- und Ausschalten erfolgt danach direkt per Stecker – für Rasierapparate eine gangbare Lösung.

2.6.2.4 Staubsauger

Der Staubsauger ist die Hauptwaffe eines Haushalts gegen Verschmutzungen[9], Staub, Fusseln und Werkstoffreste aller Art. Das Prinzip ist einfach. Ein hochtouriger Universalmotor (ca. 20 000 Umdrehungen per Minute) treibt ein Flügelrad mit 8 bis 10 Flügeln an, das einen kräftigen Sog am Saugaufsatz erzeugt. Je nach Mo-

---

[9] Manche Menschen zählen hierzu auch Spinnen und Ungeziefer aller Art – und leben mit der Ungewißheit ihres „come back" aus dem Saugrohr.

dell sitzt der luft- aber nicht staubdurchlässige Staubbeutel im Luftweg vor (Boden-staubsauger) oder hinter (Handstaubsauger) dem Flügelrad. Im letzteren Fall muß das Sauggut das Flügelrad passieren, was sich bei größeren Objekten durch unangenehme Aufprallgeräusche an den Flügeln bemerkbar macht. Bei Handstaub-saugern sind zur Steigerung der Saugleistung Klopfbürsten-Saugvorsätze mit eigenem Bürstenmotor üblich, die sich durch wenige Handgriffe gegen einen anderen Saugaufsatz austauschen lassen. Bei reinen Klopfsaugern ist die Klopfbürste dagegen integraler Bestandteil der Saugapparatur und wird direkt über die Achse des Gebläsemotors angetrieben (vgl. Abbildung 2.11).

Bodenstaubsauger mit starkem Gebläse (um 1000 Watt) ermöglichen meist eine Regulierung der Saugleistung per Stufenschalter oder per Phasenanschnittsteuerung (vgl. Dimmer, Abschnitt 1.4.5.5)

Die größte Gefahr für den Staubsauger ist die Überschätzung seiner Saugleistung in bezug auf die Partikelgröße und Haar- bzw. Fadenlänge. Die meisten Fehlerbilder lassen sich daher auf „unsachgemäßen" Gebrauch und nicht erkannte Verstopfungen oder Blockaden zurückführen. Große, harte Saugobjekte, wie Metall- oder Holzteile zerschleißen das Flügelrad, wenn es im Saugweg angebracht ist. „Gestutzte" Flügel sind dann aber nicht das Hauptproblem, sondern die dadurch bedingte Unwucht des Rotors. Sie schadet den Motorlagern und erzeugt schädliche Vibrationen.

Besonders anfällig für Verstopfungen sind Sauger mit Klopfbürsten-Saugvorsatz. Sie bedürfen einer routinemäßigen Säuberung und „Enthaarung". Zu diesem Zweck lösen Sie (z.B. mit einem Geldstück) am Saugfuß 2 bis 3 Schrauben und öffnen das Bürstengehäuse. Nachdem Sie den gröberen Schmutz entfernt haben, nehmen Sie sich noch eine Minute Zeit, um den Zustand des Antriebsgummis zu begutachten. Ist er porös, oder weist er Verbrennungen auf, sollten Sie vorsorglich Ersatz beschaffen (der Einbau ist problemlos). Weiterhin untersuchen Sie, ob die Lager der Bürste nicht durch aufgespulte Haare oder Fäden schwergängig geworden sind, denn das führt zu einem vorzeitigen Verschleiß des Antriebsgummis und zu den erwähnten Verbrennungen.

Wichtigstes Indiz für eine nicht ordnungsgemäße Funktion des Staubsaugers ist ein verändertes Sauggeräusch. Normalerweise wird es zusammen mit einer verminderten Saugleistung auf Verstopfungen im Saugweg oder auf einen vollen Saugbeutel hinweisen – einige Modelle besitzen für diesen Fall eine auf Unterdruck reagierende Anzeige. Schrille Geräusche sind dagegen ein Indiz für einen Lagerschaden des Motors oder abgenutzte Kohlen. Hörbar, aber weniger auffällig, ist auch ein Ausfall des Bürstenmotors (wenn vorhanden). Das Motorgeräusch klingt dann irgendwie reiner. Meist hat sich nur der externe Stecker des Aufsatzes aus seiner Steckdose herausvibriert.

Wenn ein Totalausfall vorliegt oder eine Reinigung des Saugwegs das Fehlerbild nicht beseitigen konnte, hilft nur noch der Griff zum Schraubenzieher weiter. Das Öffnen des Gebläsemotorgehäuses erfordert in vielen Fällen einiges an Intelligenz und Gefühl. Da gibt es Schnapp-Arretierungen aus Plastik, die schnell brechen, und Schrauben, die sich unter Blenden oder Gummi verstecken. Manchmal fällt einem der Motor sofort entgegen, manchmal ist auch eine totale Demontage des Klopf-bürsten-Saugvorsatzes erforderlich. Beim Zusammenbau achten Sie darauf, daß eventuell vorhandene Schaumgummi-Einsätze für die Geräuschdämmung nicht den Lauf des Motors beeinflussen und daß die Staubwege wieder dicht verschlossen sind.

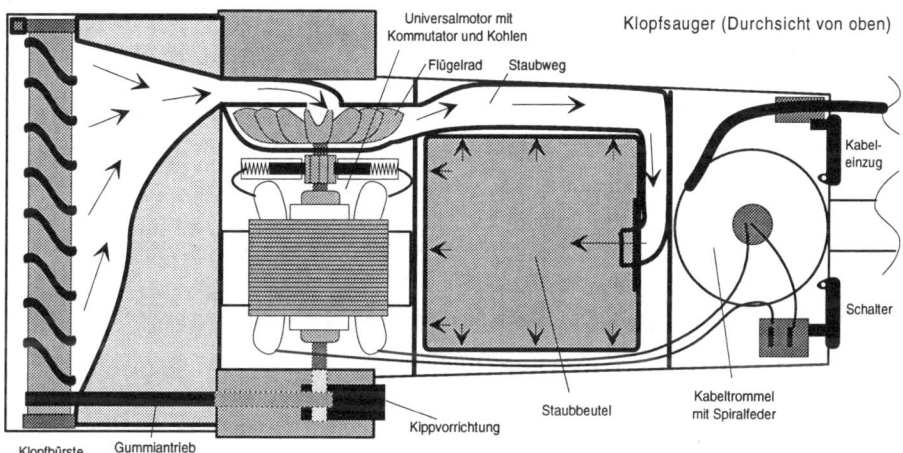

Abb. 2.11 Schemazeichnung eines Klopfsaugers der Marke Siemens Universal 63

Elektrisch gesehen sind Staubsauger simple Maschinen. Sie bestehen aus flexibler Zuleitung, Schalter (auch Stufenschalter oder Regelelektronik) und Gebläsemotor bzw. zusätzlichem Bürstenmotor, der über eine Steckvorrichtung gekoppelt ist. Geräte mit automatischer Kabeleinzugsvorrichtung verfügen weiterhin über eine Kabeltrommel mit Spiralfeder und Schleifkontakten.

Tab. 2.9 Fehlertabelle Staubsauger

Fehlerbild	mögliche Defekte	Abhilfe
Keine Funktion	Kabel hat Aderbruch	Kürzen bzw. austauschen
	Unterbrechung in der Stromzuführung (z.B. Schleifkontakte der Kabeltrommel) oder Schalter defekt	Durchmessen und ggf. Kontakte reinigen
	Motor defekt	Motor durchmessen und ggf. austauschen
Unruhiger Lauf des Gebläsemotors	Kohlen abgenutzt, einige Ankerwicklungen durchgebrannt	Kohlen austauschen und Ankerwicklungen am Kommutator durchmessen. Austausch des Motors lohnt meist nicht
Saugergebnis unbefriedigend	Verstopfung	Säubern
	Bei Klopfsauger: Antriebsgummi für Bürste gerissen, ölig oder Bürste fest	Erneuern, mit Spiritus reinigen oder Bürstenlager reinigen
	Stecker für Bürstenmotor hat keinen Kontakt	Steckverbindung prüfen
	Bürstenmotor defekt (selten)	Motor prüfen
Ungewöhnliche Nebengeräusche	Motorlager defekt	Motor austauschen
	Größeres Objekt im Gebläse verfangen	Gebläse öffnen und reinigen
Gerät läuft manchmal nicht	Wackelkontakt in der Zuleitung oder Schalter defekt	Kürzen oder austauschen bzw. Schaltkontakte evtl. reinigen

2.6.2.5 Handbohrmaschinen

Handbohrmaschinen gibt es mit Motorleistungen zwischen 300 und 1000 Watt. Neuere Modelle sind mit wahlweisem Rechts- und Linkslauf ausgerüstet, der entweder per Getriebe oder durch Umpolung des Universalmotors realisiert ist. Als Schalter haben sich inzwischen stufenlose Drehzahlregler (vgl. Abschnitt, 1.4.5.5, „Dimmer") durchgesetzt. Abbildung 2.12 zeigt das Innenleben einer Bohrmaschine in Seitenansicht.

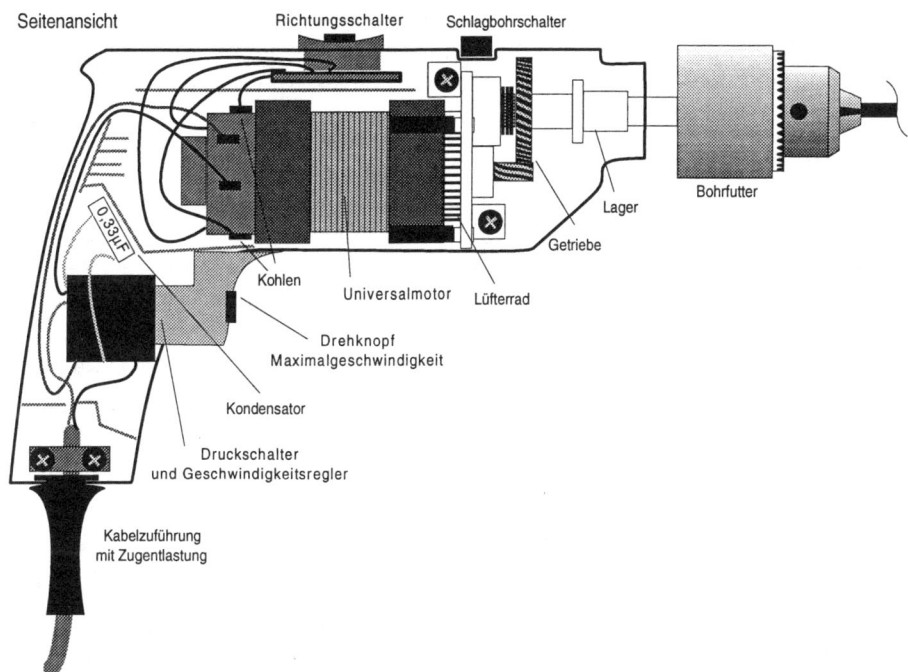

Abb. 2.12 Komponenten einer Bohrmaschine (Black&Decker BD154R 570 Watt)

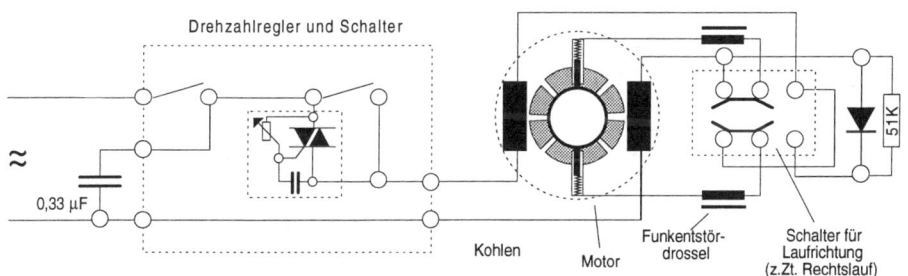

Abb. 2.13 Schaltplan einer Bohrmaschine (Black&Decker BD154R 570 Watt)

Aus elektrischer Sicht besteht die Bohrmaschine aus Zuleitung, (stufenlosem) Schalter, Universalmotor und evtl. einem Rechts/Linkslaufschalter. Abbildung 2.13 zeigt den Schaltplan einer Maschine des Typs „Black&Decker". Die stufenlose Drehzahlregelung beruht auf dem Prinzip der Phasenanschnittsteuerung. Der dafür benötigte Kondensator ist außerhalb des kompakten Reglers angebracht. Für die

Umschaltung zwischen Rechts- und Linkslauf ist ein Kreuzschalter vorgesehen, der im wesentlichen die Polung der Ankerwicklung vertauscht. Diode und Widerstand sind schaltungstechnische Maßnahmen, um den Linkslauf etwas zu unterstützen.

Tab. 2.10 Fehlertabelle Bohrmaschine

Fehlerbild	mögliche Defekte	Abhilfe
Keine Funktion	Zuleitung oder Verkabelung unterbrochen	Nachmessen und ggf. austauschen
	Schalter oder Regler defekt	Kontakte prüfen, austauschen
	Feldwicklung des Motors defekt	Motoraustausch lohnt meist nicht
Gerät läuft in manchen Stellungen nicht an und/oder feuert stark am Kommutator	Eine oder mehrere Ankerwicklungen defekt	Motoraustausch lohnt meist nicht
	Kohlen abgenutzt	Kohlen ausbauen, Federkraft erhöhen oder erneuern
	Lager oder Getriebe schadhaft	Austausch, evtl. nachfetten
Drehzahlregelung funktioniert nicht	Regler oder Kondensator defekt	Austausch
Nur Rechts- bzw. nur Linkslauf möglich	Umschalter defekt	Evtl. Kontakte reinigen, sonst Austausch
Kein Schlagbohren möglich	Schlagbohrmechanik defekt	Mechanik überprüfen, evtl. fetten
Sicherung ist gefallen	meist Kabelbruch mit Kurzschluß in Zuleitung oder Verdrahtung	Durchmessen und austauschen

2.6.2.6 Werkzeugmaschinen

So gut wie alle im Haushalt verwendeten Werkzeugmaschinen sind mit Universalmotoren ausgerüstet (Ausnahmen bilden z.B. manche Kreissägen, Standbohrmaschinen oder Drehbänke). Obwohl diese Maschinen äußerlich recht verschieden sein können und je nach Bestimmung mechanische Besonderheiten aufweisen, entspricht das elektrische Innenleben dem der Handbohrmaschine oder einer Vereinfachung davon – etwa nur Rechtslauf oder keine Drehzahlregelung. Die Bestandteile – Zuleitung, Schalter, Entstörkondensator, Universalmotor – lassen sich einfach mit dem Meßgerät überprüfen (vgl. Abschnitt 2.5), und die Fehlerbilder decken sich mit Tabelle 2.10.

2.6.3 Großgeräte

Großgeräte bedürfen im Gegensatz zu Kleingeräten der routinemäßigen Wartung – Reinigung von Sieben und Filtern, Nachfüllen von Betriebsstoffen, Säubern von Türdichtungen und Innenräumen. Eine Beschreibung dieser an sich problemlosen Wartungsvorgänge entnehmen Sie der Betriebsanleitung. Generell läßt sich sagen, daß die Mehrzahl der Ausfälle auf eine unzureichende Routinewartung zurückführen sind und die Lebendauer eines regelmäßig gewarteten Gerätes deutlich höher liegt.

Gleichzeitig lassen sich viele Defekte durch einfaches „Reinigen", z.B. der Zu- und Abflußwege des Wassers, beheben und es lohnt, Gummidichtungen und Schläuche öfter auf Porösität zu überprüfen und gegebenenfalls auszutauschen.

2.6.3.1 Spülmaschinen

Spülmaschinen haben sich in den letzten Jahren in so gut wie jeden Haushalt eingeschlichen, wo sie im Schnitt einmal pro Tag ihren Dienst tun. Die meisten Modelle stellen 3 Spülprogramme zur Verfügung (Vorspülen, Spülen von stark verschmutztem Geschirr und Spülen von leicht verschmutztem Geschirr), die sich entweder über einen Programm-Drehschalter oder über mehrere Tasten-Wahlschalter aktivieren lassen. Für die sich nur in Energie- und Wasserverbrauch unterscheidenden Hauptspülgänge sind 4 Phasen zu unterscheiden: heißes Hauptspülen unter Zusatz von Reinigungsmittel, kaltes Zwischenspülen mit klarem Wasser, heißes Klarspülen unter Zugabe von Klarspülmittel und abschließendes Trocknen.

Funktionsablauf
Der Reinigungsvorgang lebt von einer Umwälzpumpe, die das Spülwasser mit hohem Druck in zwei drehbare Sprüharme mit mehreren Düsenöffnungen drückt. Die Rotation der Sprüharme ergibt sich automatisch nach dem Rückstoßprinzip, da einige Düsenöffnungen seitlich angebracht sind. Damit das Spülwasser eine gleichmäßige Verteilung in der Maschine erfährt, sollten Sie die Düsen der leicht auszubauenden Sprüharme regelmäßig reinigen. Das Fehlerbild „Ungenügend gespültes

Geschirr" hat daher seine Ursache häufig in verstopften Düsen (vor allem Rück-
stoßdüsen).

Für die automatische Spülmittelzugabe befindet sich in der Tür ein kleiner Behälter mit Deckel, der sich – meist über eine mit dem Programmschaltwerk gekoppelte Mechanik – während des Spülgangs öffnet. Ebenfalls in der Tür ist ein ca. alle
30 Spülgänge nachzufüllender Behälter für das Klarspülmittel untergebracht. Die
Dosierung des Klarspülmittels hängt mit der örtlichen Wasserhärte zusammen und
läßt sich einstellen: je härter das Wasser, desto höher wird dosiert – meist wird aber
eine mittlere Einstellung ausreichen.

Kalkablagerungen am Geschirr, aber auch in der Maschine (Heizstab) werden wirksam durch eine mit 2 kg Salz gefüllte Wasserenthärtungsanlage verhindert. Was-
serflecken bzw. Kalkflecken am gespülten Geschirr verweisen damit auf einen lee-
ren Klarspülmittelbehälter bzw. Salzbehälter oder einen zu niedrig gewählten Här-
tegrad. Wenn gespülte Gläser beim Anfassen „quietschen", ist dagegen der Härte-
grad zu hoch eingestellt.

Aufstellen und Anschluß
Der Anschluß einer Spülmaschine geschieht von drei Seiten aus: Stromzufuhr,
Wasserzufluß und Wasserabfluß.

Für den *elektrischen Anschluß* ist es empfehlenswert, einen eigenen, mit 16 A abgesicherten Stromkreis vorzusehen. Die Geräte sind mit handelsüblichen Schukosteckern versehen, die den Anschluß an jeder Schukosteckdose erlauben. Vor der
ersten Inbetriebnahme der Maschine müssen Sie das Vorhandensein und die Funktionstüchtigkeit des Schutzleiters sicherstellen (vgl. Seite 31).

Der *Wasserzulauf* darf nur über spezielle Druckschläuche erfolgen. Ein Druckschlauch besitzt an beiden Enden ein 3/4 Zoll messendes Innengewinde und sitzt
zwischen dem Magnetventil der Maschine und dem Wasserhahn. Die über die Wasserrohrinstallation oft weit hörbaren Schaltvorgänge der Magnetventile lassen sich
durch ein zwischengeschraubtes Rückschlagventil mit Rückflußverhinderung wirksam unterbinden. Empfehlenswert ist zudem ein zwischengeschraubtes Überdruckschutzventil, das auf ein Platzen des Druckschlauches anspricht. Außer bei Geräten
mit elektronischer Aquastopvorrichtung sollte der Wasserhahn nur während des
Spülvorgangs offen sein – mit Wasserschäden ist nicht zu spaßen.

Der *Wasserablauf* erfolgt über einen handelsüblichen Ablauf- oder Laugenschlauch,
der direkt mit Hilfe einer Schlauchklemme an den Wasserablauf eines Waschbek-
kens angeschlossen wird. Die Siphoneinheit besitzt für diesen Zweck meist einen
oder zwei Anschlüsse – wenn nicht, muß sie ausgewechselt werden. Bevor Sie den
Schlauch fest anklemmen, müssen Sie unbedingt die evtl. noch vorhandene Verschlußscheibe im Anschluß entfernen. Hierzu lösen Sie kurz die Überwurfmutter,
nehmen die Scheibe heraus und verschrauben das Teil wieder (Dichtung nicht vergessen).

Beim Aufstellen des Gerätes ist zu beachten, daß es gleichmäßigen Bodenkontakt hat und einigermaßen waagrecht steht. Alle Geräte besitzen für die Austarierung höhenverstellbare Füßchen, die durch eine Kontermutter fixierbar sind. Stellen Sie sicher, daß weder Schläuche noch Kabel geknickt oder beschädigt werden.

Programmablauf
Als Programmeinheiten für Spülmaschinen finden hochkomplexe Schaltaggregate mit synchronmotorgetriebenem Schaltwerk Verwendung, die 20 und mehr Schaltzustände kennen. Die Abfolge der Zustände ist zum einen durch das Schaltwerk zeitgesteuert, zum anderen ist der Motor des Schaltwerks selbst aber wieder über Füllstandsschalter und Thermostate gesteuert. Aus diesem Zusammenspiel heraus ergibt sich der in mehreren Etappen ablaufende Spülvorgang.

Vorspülen
1. Kurzes Abpumpen evtl. noch stehenden Wassers (ca. 30 Sekunden, zeitgesteuert)

2. Wasserzulauf über Magnetventil (ca. 1 Minute, füllstandgesteuert)

3. Wasserumwälzung (ca. 5 Minuten)

4. Abpumpen (ca. 1 Minute)

5. Stop

Hauptspülen
Startpunkt: Großer Hauptspülgang

1. Kurzes Abpumpen evtl. noch stehenden Wassers (ca. 30 Sekunden, zeitgesteuert)

2. Wasserzulauf über Magnetventil (ca. 1 Minute, füllstandgesteuert)

3. Wasserumwälzung, evtl. mit geringer Erwärmung (ca.7 Minuten, zeitgesteuert)

4. Abpumpen (ca. 1 Minute, zeitgesteuert)

Startpunkt: Kleiner Hauptspülgang

5. Wasserzulauf über Magnetventil (ca. 1 Minute, füllstandgesteuert)

6. Reinigungsmittelzugabe und Wasserumwälzung bei gleichzeitiger Aufheizung auf 65°C (ca. 30 Minuten, zeit- und thermostatgesteuert)

7. Abpumpen (ca. 1 Minute, zeitgesteuert)

8. Ein oder mehrmaliges Spülen mit Frischwasser – zwischendurch Abpumpen (ca. 10 Minuten, zeitgesteuert)

9. Zulauf enthärteten Wassers, Zugabe von Klarspülmittel und Wasserumwälzung mit Aufheizen (ca. 80°C und 10 Minuten, zeit- und thermostatgesteuert)

10. Abpumpen (ca. 2 Minuten, zeitgesteuert)

11. Trocknen durch Heißluft (ca. 5 Minuten, zeitgesteuert)

12. Stop

Hält man sich den Programmablauf vor Augen, kann in vielen Fällen direkt durch Beobachtung auf die eine oder andere Fehlerquelle geschlossen werden. Achten Sie auf folgende Eindrücke: Wassereinlauf, Abpumpen (Motor und Wasserabflußgeräusch), Klacken (Spülmittelzugabe), Umwälzen, Ticken des Programmschaltwerks (kann während des Heizvorgangs aufhören), Wärme. Abbildung 2.14 zeigt den kausalen Zusammenhang der einzelnen Komponenten. Die gestrichelte Linie deutet an, daß je nach Programmphase ein Zusammenhang zwischen Wasseraufheizung und nachfolgendem Abpumpen bestehen kann, aber nicht muß. Die Steuerung mancher, vor allem älterer Geräte sieht z.B. vor, daß der Spülvorgang ohne Zeitsteuerung arbeitet, bis die Solltemperatur des Spülwassers erreicht ist. Erst dann läuft die reguläre Zeitsteuerung weiter. Auf diese Weise kann es bei defektem Heizstab zu endlosen Spülvorgängen kommen.

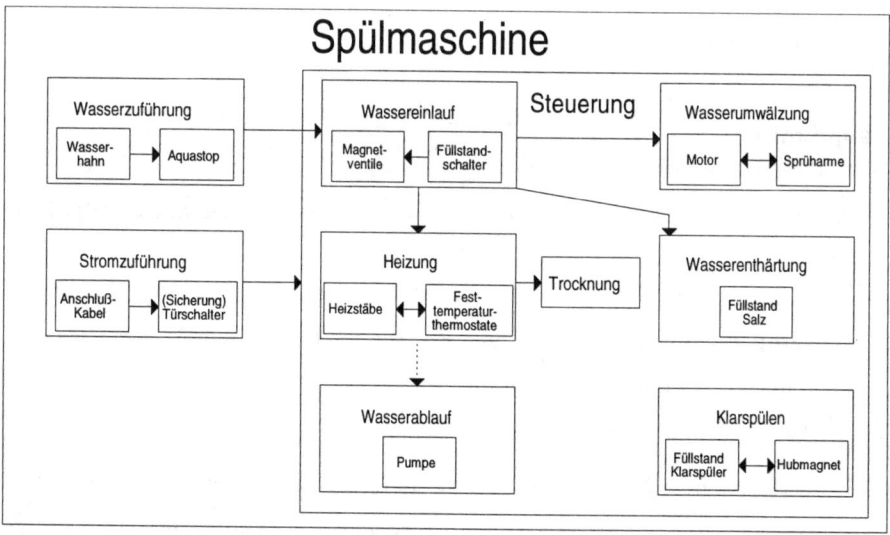

Abb. 2.14 Darstellung der Abhängigkeitsverhältnisse der einzelnen Funktionen für eine (Standard-)Spülmaschine. Verschachtelung steht für kausal-hierarchische Abhängigkeit, Pfeile für querliegende Kausalzusammenhänge.

Öffnen des Gerätes

Für die genauere Fehleranalyse müssen Sie das Gerät zugänglich (evtl. herausziehen) und völlig stromlos machen.[10] Einige Bauteile können nach Abnahme der Frontverblendung unterhalb der Tür begutachtet werden. Meist wird aber ein Kippen des Gerätes unumgänglich sein. Kippen Sie es nicht weiter als 45° (sonst Wasseraustritt), und achten Sie auf guten mechanischen Halt, bevor Sie darunterkriechen. Eine Abnahme des Deckels wird bei den meisten Geräten nur den Türschalter zum Vorschein bringen – er kann übrigens leicht durch vorsichtiges Verbiegen der Befestigung „nachjustiert" werden.

Programmschaltwerk und Klarspülerdosiermechanismus sitzen üblicherweise in der Tür des Maschine. Bei der nicht gerade einfachen Demontage achten Sie darauf, daß Sie Gestänge und Hebelmechaniken heile lassen – oft sind zusätzlich Programmwahlknöpfe und Tasten abzuziehen (auf Verschraubung achten).

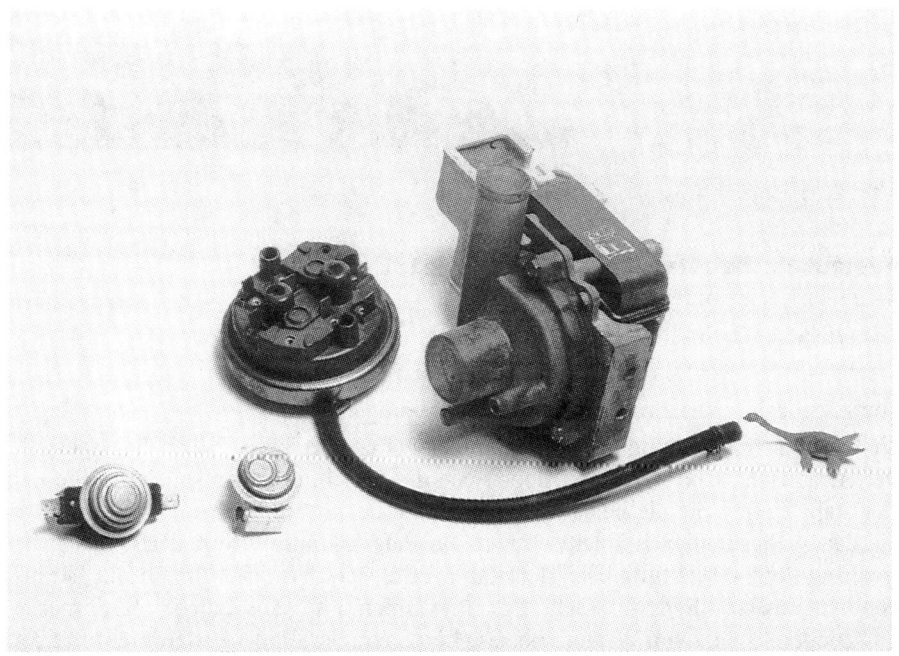

Abb. 2.15 Pumpe, Festtemperaturthermostaten und Druckschalter für Spülmaschinen

---

[10] Der Betrieb des offenen Gerätes ist nur unter Einhaltung der eingangs erwähnten Sicherheitsmaßnahmen zulässig!

Abb. 2.16 Heizstab

Austausch: Heizstab (vgl. Abbildung 2.16)
Neupreis: unter 80 DM

Zeitaufwand: unter 30 Minuten

Ersatzteil: möglichst Original verwenden

Anmerkung: meist nur bei starker Verkalkung defekt

Sie haben durch Messung oder Sichtkontrolle einen Defekt im Heizstab festgestellt. Der Austausch ist problemlos. Kippen Sie die Maschine und lokalisieren Sie den Heizstab. Ziehen Sie die beiden Steckkontakte der Stromzuführung ab und lösen Sie den gelbgrünen Schutzleiter sowie die Befestigungsmuttern der Quetschvorrichtung für die Dichtung. Der Heizstab müßte sich dann nach innen hin herausnehmen lassen. Evtl. müssen Sie im Innenraum zusätzliche Klammerbefestigungen lösen. Beim Wiedereinbau gehen Sie in der umgekehrten Richtung vor, nachdem Sie den Dichtungsbereich gut gereinigt haben. Achten Sie auf einen gleichmäßigen, festen Sitz der Dichtung und vergessen Sie keinesfalls, den Schutzleiter wieder anzuschließen.

Austausch: Magnetventile (vgl. Abbildung 2.20)
Neupreis: unter 80 DM

Zeitaufwand: unter 20 Minuten

| Ersatzteil: | weitgehend standardisiert, daher auch gebraucht verwendbar – jedoch auf Winkel, Auslaßreduzierung und Befestigung achten |
| Anmerkung: | häufig defekt, Reinigung bei Verkalkung möglich |

Der Austausch der Magnetventileinheit wird komplett vorgenommen. Vor der Demontage kennzeichnen Sie die Anschlußkabel sowie die Schläuche eindeutig, um eine logische Vertauschung der Ventile auszuschließen. Entfernen Sie den Druckschlauch, und ziehen Sie dann alle Steckkontakte ab. Die abgehenden Schläuche lösen Sie, indem Sie mit Hilfe einer Flachzange die Federenden der Schlauchklemmen zusammendrücken und gleichzeitig am Schlauch drehen und ziehen. Machen Sie sich zusätzlich Notizen über bestehende Auslaßreduzierungen am defekten Magnetventil. Danach können Sie die beiden Befestigungschrauben lösen und den Wiedereinbau in umgekehrter Reihenfolge vornehmen. Verzichten Sie keinesfalls auf die Schlauchklemmen, und achten Sie beim Wiederanschluß des Druckschlauches auf den korrekten Sitz der Dichtung in der Überwurfmutter. Bei gebrauchten Magnetventilen sollten Sie das in der Wasserzuführung befindliche Sieb reinigen.

Austausch: Pumpe (vgl. Abbildung 2.15)

Neupreis:	meist unter 100 DM
Zeitaufwand:	unter 20 Minuten
Ersatzteil:	da Pumpen weitgehend standardisiert sind, muß eigentlich nur auf Befestigung und Durchmesser der Schlauchanschlüsse geachtet werden
Anmerkung:	Häufig verstopft, mechanisch schwergängige Pumpen lassen sich evtl. überholen

Ziehen Sie die beiden Anschlußkabel ab, und lösen Sie die Schrauben der Halterung. Die abgehenden Schläuche entfernen Sie, indem Sie mit Hilfe einer Flachzange die Federenden der Schlauchklemmen zusammendrücken und die Pumpe gleichzeitig unter Zug ein wenig hin- und herdrehen. Der Einbau ist ebenso problemlos. Achten Sie darauf, daß sich das Lüfterrad frei drehen kann.

Austausch: Festtemperaturthermostat (vgl. Abbildung 2.15)

Neupreis:	meist unter 15 DM
Zeitaufwand:	unter 10 Minuten
Ersatzteil:	weitgehend standardisiert, wenn kein Temperaturaufdruck, Schalttemperatur des Originalersatzteils in Erfahrung bringen
Anmerkung:	Schaltleistung sollte 10 A betragen

Festtemperaturthermostate (Bimetallschalter, vgl. Abschnitt 2.5.2.5) stecken meist ohne eigene Verschraubung im Boden der Spülwanne – gehalten durch eine engsitzende Dichtung. Vor dem Ausbau von Mehrfachthermostaten müssen Sie die Anschlußkabel bezeichnen. Für den Wiedereinbau sollten Sie die Dichtung reinigen und auf einen festen Sitz achten.

Austausch: Türgummi

Neupreis: meist unter 50 DM

Zeitaufwand: unter 60 Minuten

Ersatzteil: möglichst Originalersatzteil besorgen

Anmerkung: Zweiteilig, meist ist nur das untere, an der Tür befestigte Gummi
                   verschlissen. Oft hilft auch Reinigung – Kalkablagerungen mit Es-
                   sig entfernen.

Das Gummi ist durch mehrere Schrauben und Konterschienen an der Tür bzw. am
Rahmen befestigt. Vor dem Einbau sind alle Kontaktflächen gründlich zu reinigen.

Austausch: Umwälzmotor

Neupreis: meist unter 250 DM

Zeitaufwand: unterschiedlich

Ersatzteil: möglichst Originalersatzteil besorgen (Kompatibilität des An-
                   schlußsteckers muß gewährleistet sein), falls vorhanden, auch
                   neue Dichtung

Anmerkung: selten defekt, Austausch lohnt oft nicht, Wartung ist aber möglich.
                   Zuerst Kondensator prüfen!

Der Austausch ist je nach Gerätetyp unterschiedlich. Nach dem Abziehen des Anschlußsteckers lösen Sie die Schlauchverbindungen sowie alle Befestigungsschrauben. Beim Wiedereinbau ist auf den richtigen Sitz evtl. notwendiger Dichtungen zu
achten.

Austausch: Druckschalter (vgl. Abbildung 2.15)

Neupreis: meist unter 50 DM

Zeitaufwand: unter 10 Minuten

Ersatzteil: Möglichst Originalersatzteil besorgen, da Schaltpunkte unter-
                   schiedlich sind

Anmerkung: selten defekt, Schaltpunkteinstellung über Justierschrauben mög-
                   lich, jedoch nicht sinnvoll

Vor dem Ausbau unbedingt Anschlußkabel bezeichnen, dann Befestigung und
Druckschlauch lösen. Einbau analog.

Austausch: Programmschaltwerk

Neupreis: nicht unter 200 DM

Zeitaufwand: über 1 Stunde

Ersatzteil: Nur Originalersatzteil

Anmerkung: Lohnt meist nicht, sehr schwierig

Vom Selbsteinbau eines neuen Programmschaltwerks ist eher abzuraten, von der
Demontage erst recht. Wer sich dennoch rantraut, der erstelle sich eine genaue
Zeichnung *aller* Kabelanschlüsse und bezeichne die Kabel, wenn die Farbgebung
mehrdeutig ist. Evtl. müssen Lötbrücken hergestellt werden. Wenn der elektrische

Teil erledigt ist, bleibt noch die Ankopplung der mechanischen Elemente. Für die Wiederinbetriebnahme muß der korrekte Funktionsablauf des Gerätes kritisch überprüft werden.

Reparaturhinweis
Programmschaltwerke mit kleineren Wackelkontakten können unter Umständen durch einen kräftigen Schuß Kontaktspray wieder funktionstüchtig gemacht werden, dabei sollte der Programmschalter mehrmals manuell gedreht werden. Vor der Wiederinbetriebnahme müssen Sie eine gute halbe Stunde warten, bis das leitende Kontaktspray vollständig verflogen ist. Diese „Reparatur" hält aber meist nicht sehr lange. Besser – aber oft diffizil oder nicht durchführbar – ist eine begleitende mechanische Reinigung der Kontakte.

Abb. 2.17 Hinteransicht einer Spülmaschine mit Wasserschaden – Durch nicht festgezogene Schrauben konnte Spülwasser durch die Befestigungslöcher (hintere Abdeckung) austreten. Die gesamte Elektrik wurde durch das aggressive Spülmittel in Mitleidenschaft gezogen – insbesondere das Magnetventil

Tab. 2.11 Fehlertabelle Spülmaschine

Fehlerbild	mögliche Defekte	Abhilfe
Gerät elektrisiert bei Berührung	Kriechstrom durch Feuchtigkeit und Schutzerdung nicht vorhanden; evtl. hat das Heizelement einen Isolationsschaden	Gerät trocknen und Funktionsfähigkeit des Schutzleiters unbedingt wieder herstellen, Heizstab überprüfen und ggf. auswechseln
Keine Funktion *Evtl. zuerst kurzes Abpumpen, Anzeige leuchtet und Magnetventil summt leise*	Kein Wasserzulauf	Wasserdruck, Wasserhahn, Überdruckabschaltventil prüfen
	Sieb am Magnetventil verstopft, Magnetventil schaltet nicht oder verstopft (mechanischer Defekt)	Auf leises Klicken achten. Wenn Wasserdruck o.k., Sieb reinigen oder Ventil austauschen (bei Doppelventil auf richtige Anschlußfolge achten)
Evtl. zuerst kurzes Abpumpen, Anzeige leuchtet, jedoch keine weiteren Geräusche	Aquastop (falls vorhanden) hat auf Feuchtigkeit reagiert (meist) oder ist defekt (selten)	Druckschlauch überprüfen, ggf. Einheit austauschen
	Magnetventil schaltet nicht (elektrischer Defekt)	Wicklung durchmessen, Kabelzuführung überprüfen und ggf. austauschen (bei Doppelventil auf richtige Anschlußfolge achten)
Anzeige leuchtet nicht (falls defekt, siehe oben) und absolut keine Funktion	Stromzuführung ist unterbrochen, meist mechanischer Fehler am Türschalter. Sonst: Türschalter, Zuleitung, Einschalter, Sicherung, evtl. Gerätesicherung	Stromversorgung überprüfen. Türschalter „per Hand" auslösen (keinesfalls dauerhaft überbrükken!!!) und ggf. justieren. Strompfade und Schalter durchmessen und ggf. reinigen oder ersetzen. (Programmwahlschalter kosten ab 200 DM aufwärts, Austausch durch Fachbetrieb, lohnt also meist nicht)
Wasser ist eingelaufen, *Kein Motorgeräusch*	Programmschalter hängt oder hat Kontaktfehler	Austausch durch Fachbetrieb (lohnt aber meist nicht)
	Motor defekt	Motor überprüfen (vgl. Abschnitt 2.5.2.7)

⇒

Fehlerbild	mögliche Defekte	Abhilfe
Motor brummt stark, wälzt aber nicht um	Kondensator defekt	Durchmessen und ggf. austauschen
	Verstopfung des Wasserwegs oder Lagerschaden (oft nach Glasbruch, bei löchrigem oder vergessenem Sieb)	Verstopfung beseitigen, Lager überprüfen, ggf. Motor austauschen
Wasser wird umge-wälzt Spülvorgang „nor-mal" oder endlos, Geschirr bleibt schmutzig	Heizstab defekt	Heizstab auf Verkalkung untersuchen, durchmessen und ggf. austauschen
	Ein Festtemperaturthermostat ist defekt	Alle Thermostaten überprüfen, defekten ggf. austauschen
	Wasserablauf verstopft oder Pumpe arbeitet nicht	Wasserablauf überprüfen, Pumpenfunktion sicherstellen. Pumpe evtl. demontieren und reinigen oder austauschen
Geschirr hat Flecken	Kein Verdacht auf Fehlfunktion unmittelbar nach Auffüllen des Salzbehälters	Salz nicht in der Maschine verstreuen
	Keine oder zu wenig Klarspülerabgabe, da Vorrat erschöpft, Wasserhärtegrad zu gering eingestellt oder Klarspülerdosierung defekt	Härtegradeinstellung überprüfen, Füllgrad sicherstellen, Funktion des Dosiermechanismus in der Fronttür überprüfen, evtl. Hubmagnet erneuern
	Wasserenthärtungsanlage arbeitet nicht oder nur eingeschränkt, da kein Salz eingefüllt ist oder das Salz nach längerer Standphase zu einem Klumpen kristallisiert ist	Salzgehalt überprüfen, Salzklumpen durchweichen lassen und vorsichtig mechanisch zerkleinern
Geschirr quietscht beim Anfassen	Wasserhärtegrad ist zu hoch eingestellt	Härtegradeinstellung überprüfen
	Dosiermechanismus verschließt nicht vollständig (Klarspülerverbrauch ist erhöht und Geruch auffallend)	Dosiermechanismus überprüfen und ggf. reinigen oder Dichtung ersetzen

➧

Fehlerbild	mögliche Defekte	Abhilfe
Gerät dampft nach 20 Minuten Betriebsdauer	Thermostat schaltet die Heizung nicht ab, das Spülwasser kocht	Alle Thermostaten testen, defekten austauschen
Wasserzulauf findet kein Ende (nach einiger Zeit Wasseraustritt durch die Tür)	Magnetventil mechanisch defekt (verkalkt, verstopft oder Dichtung porös)	Vorsorglich immer austauschen, da Wiederholungsgefahr besteht (bei Doppelventil auf richtige Anschlußfolge achten). Wartung ist nur sinnvoll, wenn Fehler klar erkannt werden konnte
	Füllstandschalter ist defekt oder Druckwasserzuführung lose	Funktion meßtechnisch überprüfen und ggf. austauschen
Gerät verliert Wasser während des Spülvorgangs	Türgummi ist verschmutzt, porös oder beschädigt (meist Kippdichtung)	Reinigen und ggf. austauschen
	Schlauch, Schlauchverbindung oder Dichtung ist schadhaft (oft auch Pumpendichtung)	Leck suchen z.B. anhand von Kalkspuren. Bei defekter Pumpendichtung wird meist eine neue Pumpe fällig
Programmablauf gestört z.B. *Spülvorgang wird nicht beendet, Maschine steht oder Weiterdrehen des Programmschalters „per Hand" hilft*	Evtl. zweites Magnetventil defekt oder Türschalter dejustiert	Funktion beider Ventile sicherstellen und ggf. austauschen (bei Doppelventil auf richtige Anschlußfolge achten)
	Kabelbruch (z.B. am besonders gefährdeten Übergang Tür/Chassis)	Sichtkontrolle, Durchmessen und ggf. Reparatur
	Meist ist der Programmschalter defekt	Austausch durch Fachbetrieb (lohnt aber meist nicht)

2.6.3.2 Waschmaschinen

Waschmaschinen gibt es in den unterschiedlichsten Ausführungen. Die älteren Halbwaschautomaten dürften inzwischen endgültig das Zeitliche gesegnet haben, darum behandle ich hier nur den Vollwaschautomaten in Standardausführung. Geräte mit Trocken- und Bügelfunktion[11] sind etwas komplexer, weil sie zusätzliche Komponenten und Funktionen besitzen, die Fehlerbilder stimmen aber überein.

Funktionsablauf

Von der Bauform her müssen wir zwischen Toplader und Frontlader unterscheiden, die elektrischen und mechanischen Komponenten sind aber im wesentlichen dieselben. Selbst einfache Maschinen besitzen bereits Programme für Normalwäsche mit oder ohne Vorwäsche bei 95°, Normalwäsche mit Schleudern bei 60°, 40°, 30° und kalt sowie Schonwäsche ohne Schleudern bei 40°, 30° und kalt. Zusätzlich stehen für die einzelnen Waschphasen mehrere Waschmittelkammern sowie eine Weichspülerkammer zur Verfügung. Die Einstellung der Programme erfolgt mittels eines Programmwahl-Drehschalters, der mechanisch direkt mit dem Programmschaltwerk gekoppelt ist, oder per Tastenaggregat mit Starttaste. Manche Maschinen besitzen einen separaten Temperaturwahlknopf für die stufenlose Einstellung der Waschtemperatur. Bessere Geräte haben zusätzlich noch Schonwasch-, Bio- und Energiespartasten, die haupsächlich auf die verwendete Wassermenge, die Waschzeit und die Umwälzgeschwindigkeit der Wäsche Einfluß haben.

Für die automatische Waschmittelzugabe wird das zulaufende Wasser durch eine Waschmittelkammer geleitet, bevor es in die Trommel gelangt. Die Auswahl der für die jeweilige Waschphase zuständigen Waschmittelkammer erfolgt entweder durch einen mechanisch mit dem Programmschaltwerk gekoppelten Schwenkarm oder durch verschiedene Magnetventile. Der eigentliche Waschvorgang findet in einer drehbaren, horizontal gelagerten Waschtrommel statt, die von einer Wanne umschlossen ist und durch einen starken Motor über Keilriemen angetrieben wird. Durch die Drehung wird die mit Wasser vollgesogene Wäsche mitgenommen, fällt aber schwerkraftbedingt auf halbem Wege wieder nach unten. Zur besseren Umwälzung und Wasserdurchflutung der Wäsche sorgt ein am Programmschaltwerk sitzender Umschalter zusätzlich dafür, daß sich der Drehsinn des Motors – und damit der Trommel – ca. alle 30 Sekunden umkehrt. Die Dauer der Hauptwaschphase wird wesentlich durch die Aufheizung der Waschlauge auf die voreingestellte Temperatur bestimmt. Während der unterhalb der Trommel sitzende Heizstab (auch mehrere) aktiv ist, steht das Programmschaltwerk still und aktiviert sich erst wieder, wenn der Thermostat die Solltemperatur „gemeldet" hat.

Gegen Ende der einzelnen Waschphasen (in der Spülphase öfter) tritt die Laugenpumpe in Aktion. Sie saugt das Wasser durch das regelmäßig zu säubernde Flusensieb an und pumpt es in den Ablaufschlauch. Sobald die Wanne genügend entleert ist, reagiert der Füllstandschalter (oft auch reine Zeitsteuerung) und leitet normalerweise zusätzlich einen kurzen Schleudergang ein . Die dabei wirkende Zentrifugalkraft preßt das Wasser aus der nassen Wäsche. Am Ende des gesamten Waschvorgangs findet ein längerer Schleudergang mit gleichzeitigem Abpumpen statt, der eine gute Vortrocknung der Wäsche ermöglicht. Zur Kompensation von

---

[11] Hier schmunzelt der Autor.

Unwuchten während des Schleudergangs aufgrund schlecht verteilter Wäsche ist die Trommel über Federn und Gelenke im Chassis verankert, und ein oder mehrere Stoßdämpfer beruhigen die auftretenden Schwingungen.

Als Trommelantriebs- und Schleudermotoren finden bei Waschmaschinen überwiegend Asynchronmotoren mit Hilfswicklung und Phasenverschieber (Kondensator) Verwendung, da diese Modelle verschleißarm und recht leistungsstark sind (vgl. Abschnitt 2.5.2.7). Aus physikalischen Gründen können solche Motoren aber bei 50 Hz-Netzstrombetrieb keine Drehzahlen höher als 3000 Upm erreichen, was bei der zusätzlich notwendigen Kraftübersetzung zu eher mäßigen Schleuderleistungen führt (typisch 500 Upm). Maschinen mit höheren Schleuderdrehzahlen müssen deshalb einen Kommutatormotor in Kauf nehmen, dessen Kohlebürsten einem gewissen Verschleiß unterliegen.

Aufstellen und Anschluß

Der Anschluß einer Waschmaschine geschieht von drei Seiten aus: Stromzufuhr, Wasserzufluß und Wasserabfluß.

Für den *elektrischen Anschluß* ist es empfehlenswert, einen eigenen, mit 16 A abgesicherten Stromkreis vorzusehen. Die Geräte sind mit handelsüblichen Schukosteckern versehen und lassen sich prinzipiell an jeder Schukosteckdose betreiben, die mit 16 A abgesichert ist. Vor der ersten Inbetriebnahme der Maschine müssen Sie das Vorhandensein und die Funktionstüchtigkeit des Schutzleiters sicherstellen (vgl. Seite 31).

Der *Wasserzulauf* darf nur über spezielle Druckschläuche erfolgen. Ein Druckschlauch besitzt an beiden Enden ein 3/4 Zoll messendes Innengewinde und sitzt zwischen dem Magnetventil der Maschine und dem Wasserhahn. Die über die Wasserrohrinstallation oft weit hörbaren Schaltvorgänge der Magnetventile lassen sich durch ein zwischengeschrautes Rückschlagventil mit Rückflußverhinderung wirksam unterbinden. Empfehlenswert ist zudem ein zwischengeschrautes Überdruckschutzventil, das auf ein Platzen des Druckschlauches anspricht. Außer bei Geräten mit elektronischer Aquastopvorrichtung sollte der Wasserhahn nur während des Waschvorgangs offen sein, das vermindert die Gefahr von Wasserschäden.

Der *Wasserablauf* erfolgt über einen handelsüblichen Ablauf- oder Laugenschlauch, der direkt mit Hilfe einer Schlauchklemme an den Wasserablauf eines Waschbeckens angeschlossen wird. Die Siphoneinheit besitzt für diesen Zweck meist einen oder zwei Anschlüsse, wenn nicht, muß sie ausgewechselt werden. Bevor Sie den Schlauch fest anklemmen, müssen Sie unbedingt die evtl. noch vorhandene Verschlußscheibe im Anschluß entfernen. Hierzu lösen Sie kurz die Überwurfmutter, nehmen die Scheibe heraus und verschrauben das Teil wieder (Dichtung nicht vergessen). Vielfach wird der Ablaufschlauch auch einfach in ein Waschbecken, die Toilettenschüssel oder die Badewanne geklemmt. Diese zwar weniger schöne – aber durchaus praktikable – Lösung ist mit einem hohen Überschwemmungsrisiko behaftet. Bedenkenlos sollte sie nur in Feuchträumen mit Bodenabfluß angewendet werden.

Beim Aufstellen des Gerätes ist zu beachten, daß es gleichmäßigen Bodenkontakt hat und exakt waagrecht steht, damit es beim Schleudern nicht wandert. Die meisten Geräte besitzen für die Austarierung höhenverstellbare Füßchen, die durch eine Kontermutter fixierbar sind. Stellen Sie sicher, daß weder Schläuche noch Kabel geknickt oder beschädigt werden.

Programmablauf
Als Programmeinheiten für Waschmaschinen finden hochkomplexe Schaltaggregate mit synchronmotorgetriebenem Schaltwerk Verwendung, die 20 und mehr Schaltzustände kennen. (Neuerdings sind sogar elektronische Steuerungen mit Microcomputer im Einsatz.) Die Abfolge der Zustände ist zum einen durch das Schaltwerk zeitgesteuert, zum anderen ist der Motor des Schaltwerks selbst aber wieder über Füllstandschalter (Druckschalter) und Thermostate gesteuert. Aus diesem Zusammenspiel heraus ergibt sich der in mehreren Etappen ablaufende Waschvorgang.

Normalwaschgang
Startpunkt: Vorwaschen (meist nur bei 95°- oder 60°-Waschgängen möglich)

1. Wasserzulauf über Magnetventil mit Waschmittelzugabe über Kammer I

2. Wasserumwälzung ca. 10 Minuten, meist mit Aufheizung auf 30°

3. Abpumpen der Lauge über Flusensieb

Startpunkt: Hauptwaschen (alle Temperaturen)

4. Wasserzulauf über Magnetventil mit Waschmittelzugabe über Kammer II

5. Wasserumwälzung ca. 30 bis 60 Minuten mit Aufheizung auf vorgewählte Temperatur – Programmschaltwerk steht, bis der Thermostat die Solltemperatur „meldet"[12], danach zeitgesteuert ca. 10 Minuten weitere Wasserumwälzung

6. Abpumpen der Lauge über Flusensieb

Startpunkt: Spülen

7. Mehrmalig Wasserzulauf über Kammer II, zeitgesteuertes Umwälzen und Abpumpen mit kurzem Zwischenschleudern

Startpunkt: Weichspülen

8. Wasserzulauf über Weichspülerkammer, zeitgesteuertes Umwälzen und Abpumpen; evtl. weiterer Spülgang

---

12 Manche Maschinen realisieren die Wasseraufheizung auch über eine reine Zeitsteuerung.

9. Vollständiges Abpumpen und abschließendes Dauerschleudern

10. Stop

Schonwaschgang

Prinzipieller Ablauf wie Normalwaschgang, jedoch mit mehr Wasser und ohne Schleudern; evtl. langsameres oder nicht so häufiges Umwälzen; Wasser bleibt stehen, und Pumpvorgang muß manuell eingeleitet werden.

Hält man sich den Programmablauf vor Augen, kann in vielen Fällen direkt durch Beobachtung auf die eine oder andere Fehlerquelle geschlossen werden. Achten Sie auf folgende Eindrücke: Wassereinlauf, Abpumpen (Motor und Wasserabflußgeräusch), leichtes Siedegeräusch beim Aufheizen (zwischen den Umwälzphasen gut hörbar), Umwälzen, Ticken des Programmschaltwerks (kann während des Heizvorgangs aufhören), Wärme, Schleudergeräusch. Abbildung 2.18 zeigt den kausalen Zusammenhang der einzelnen Komponenten. Die gestrichelte Linie deutet an, daß je nach Programmphase ein Zusammenhang zwischen Wasseraufheizung und nachfolgendem Abpumpen bestehen kann. Die Steuerung der meisten Geräte sieht vor, daß der Aufheizvorgang ohne Zeitsteuerung arbeitet, bis die Solltemperatur der Lauge erreicht ist. Für diesen Zweck verfügt die Maschine entweder über mehrere Festtemperaturthermostate oder über einen Einstellthermostaten. Erst dann läuft die reguläre Zeitsteuerung weiter. Auf diese Weise kann es bei defektem Heizstab zu endlosen Vor- und Hauptwaschgängen und bei defektem Thermostat zu unerwünscht endloser „Kochwäsche" kommen.

Häufige Fehlerquellen sind Türschalter und Türverriegelungen. Der Türschalter unterbricht die Stromzuführung der Maschine, wenn das Waschfenster (Frontlader) bzw. der Deckel (Toplader) nicht geschlossen sind. Diese wichtige Sicherheitsfunktion schützt vor Überschwemmungskatastophen und vor Verletzungen. Modernere Maschinen besitzten zusätzlich eine Türverriegelung, die ein Öffnen des Gerätes während des Waschvorgang wirksam verhindert. Gängig sind Arretierungen, die über ein Gestänge mechanisch vom Programmschaltwerk verriegelt werden, elektrische Entriegelungs-Hubmagneten und Thermoverriegelungen (Bimetalle mit Heizwicklung). Elektrische Türverriegelungen lassen sich bei allen Maschinen zur Entnahme der Wäsche im Notfall auch manuell über einen Seilzug[13] oder versteckten Hebel entriegeln.

Ein weiteres Sorgenkind ist die Laugenpumpe. Sie korrodiert leicht nach Wasseraustritt oder längeren Stillstandsperioden und ist dann oft nicht mehr zu retten. Das Wasser stammt meist aus dem Pumpengehäuse, wenn die Achsendichtung am Pumpengehäuse porös, verkalkt oder ausgeleiert ist. Problemlos lassen sich dagegen mechanische Verstopfungen durch Flusen, Geldstücke oder Knöpfe beheben – ein Wicklungsdefekt ist nur nach langer Überlastung durch Blockade zu befürchten (vgl. „Spaltpolmotor" unter Abschnitt 2.5.2.7).

---

[13]   Das Seilende befindet sich z.B. hinter der Flusensiebklappe.

Schwieriger kann die Reparatur bei sehr modernen Maschinen werden, wenn die Programmsteuerung oder ein Teil davon elektronischer Natur ist und der Verdacht ausgerechnet darauf fällt. Dem Einführungsteil von Kapitel 3 (und auch dieses Kapitels) entnehmen Sie, wie Sie die einzelnen Komponenten auf der Platine erkennen und durchmessen. Viele Reparaturen z.b. am Netzteil oder der Austausch von Relais können auch ohne elektronisches Vorwissen vorgenommen werden. Natürlich hilft auch der – meist problemlose – Austausch des gesamten Moduls. Der Anschaffungspreis des Gerätes wird die nicht unerheblichen Kosten dafür sicher rechtfertigen. Die Wiederinbetriebnahme der Maschine mit dem neuen Modul sollte aber nicht ohne Ursachendiagnose des defekten Moduls (evtl. durch eine Fachkraft) stattfinden, um auszuschließen, daß ein vielleicht noch vorhandener Kurzschluß das neue Modul sofort wieder knackt.

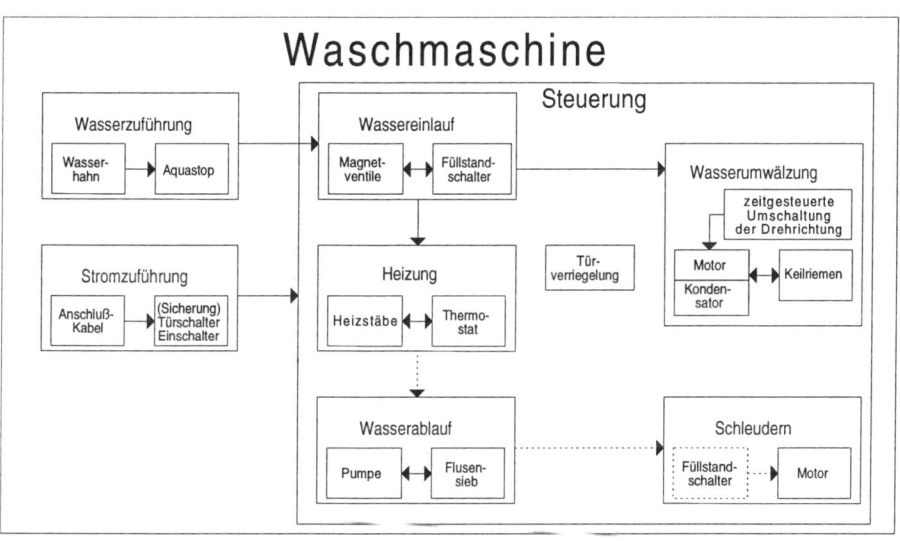

Abb. 2.18 Darstellung der Abhängigkeitsverhältnisse der einzelnen Funktionen für eine (Standard-)Waschmaschine. Verschachtelung steht für kausal-hierarchische Abhängigkeit, Pfeile für querliegende Kausalzusammenhänge

Öffnen des Gerätes
Für die genauere Fehleranalyse, die über eine Reinigung des Flusensiebs hinausgeht, müssen Sie das Gerät zugänglich (evtl. herausziehen) und durch Ziehen des Netzsteckers völlig stromlos machen.[14]

---

14 Der Betrieb des offenen Gerätes ist nur unter Einhaltung der in Abschnitt 2.2 erwähnten Sicherheitsmaßnahmen zulässig!

Hinweis

*Aus Sicherheitsgründen sind alle metallischen Gehäuseteile über eine eigene Ader mit dem Schutzleiteranschluß der Maschine verbunden. Diese Verbindungen sind beim Zusammenbau **unbedingt** wieder herzustellen, da sonst kein ausreichender Berührungsschutz mehr gewährleistet ist.*

Der Zugang zum Innenleben kann je nach Modell von verschiedenen Seiten aus erfolgen und ist individuell zu klären. Im folgenden einige Anhaltspunkte.

Zugang: Pumpe

Die Pumpe bildet meist eine Einheit mit den Flusensieb. Einige Geräte ermögli-chen den Zugang zur Pumpe direkt von vorne, durch Abnehmen der unteren Frontverblendung. Das gilt uneingeschränkt für Frontlader ohne eigenes Flu-sensieb. Bei solchen Geräten ist eine turnusmäßige Reinigung des Pumpengehäu-ses erforderlich, welches sich mittels eines einfachen Schnappverschlusses öffnen läßt. Bei allen anderen Frontladern und hohen Topladern erfolgt der Zugang zur Pumpe von unten (Gerät ca. 45° nach hinten kippen und fixieren) oder von hinten (Rückwand abnehmen).

Bei niedrigen, standortflexiblen Topladern muß eine der Seitenwände abgenommen werden. Falls diese Geräte nicht mit einem üblichen, von der Seite herausnehmba-ren Flusensieb ausgestattet sind, befindet sich das Sieb meist im Wannenboden (evtl. Abnehmen der oberen Abdeckung und Ausbau der Trommel). Einige Modelle dieser Bauart (z.B. SIWAMAT) besitzen aber auch (evtl. zusätzlich) einen direkt an der Pumpe befindlichen, kastenförmigen Filter, der nach dem Zyklenprinzip arbeitet und nur selten (ca. alle 2 bis 4 Jahre) einer Reinigung bedarf.

Zugang: Steuerung

Der Zugang zu den Steuerungseinheiten erfolgt von oben. Dazu muß die Ab-deckeinheit des Gerätes vollständig oder (bei einigen Topladern) in Teilen entfernt werden. Bei Topladern müssen meist die Drehknöpfe (auf evtl. Verschraubung ach-ten) abgezogen werden.

Zugang: Keilriemen und Motor

Bei Frontladern sind Keilriemen und Motor nach (evtl. nur teilweiser) Abnahme der Rückwand zugänglich – bei Topladern entsprechend von einer der beiden Sei-ten, wo sich die Trommellager befinden.

Austausch: Heizstab (vgl. Abbildung 2.19)

Neupreis:	unter 80 DM
Zeitaufwand:	gut 30 Minuten
Ersatzteil:	möglichst Original verwenden oder auf Baugröße, Dichtungs-größe und Leistung achten
Anmerkung:	meist nur bei starker Verkalkung defekt

Sie haben durch Messung einen Defekt im Heizstab festgestellt. Öffnen Sie die Ma-schine von hinten (Frontlader) bzw. von der Seite (Toplader), und lokalisieren Sie im unteren Teil der Wanne den Heizstab (evtl. mehrere). Ziehen Sie die beiden Steckkontakte der Stromzuführung ab, und lösen Sie den gelbgrünen Schutzleiter sowie die Befestigungsmuttern der Quetschvorrichtung für die Dichtung. Der Heizstab müßte sich dann samt Dichtung nach außen hin herausnehmen lassen. (Nicht verzweifeln! Wahrscheinlich müssen Sie die Dichtung separat durch vorsichtiges Zusammendrücken mit einer Rohrzange herausheibeln.) Beim Wiedereinbau gehen Sie in der umgekehrten Richtung vor, nachdem Sie den Dichtungsbereich gut gereinigt haben. Führen Sie zuerst den Heizstab wieder richtig ein, und schieben Sie dann die Dichtung vorsichtig darüber, so daß ihre Nut gleichmäßig im Loch einrastet (vgl. Abbildung 2.19). Danach ziehen Sie die Quetschvorrichtung gut fest und schließen die Stromzuführung wieder an. Vergessen Sie dabei keinesfalls, den Schutzleiter wieder anzuschließen.

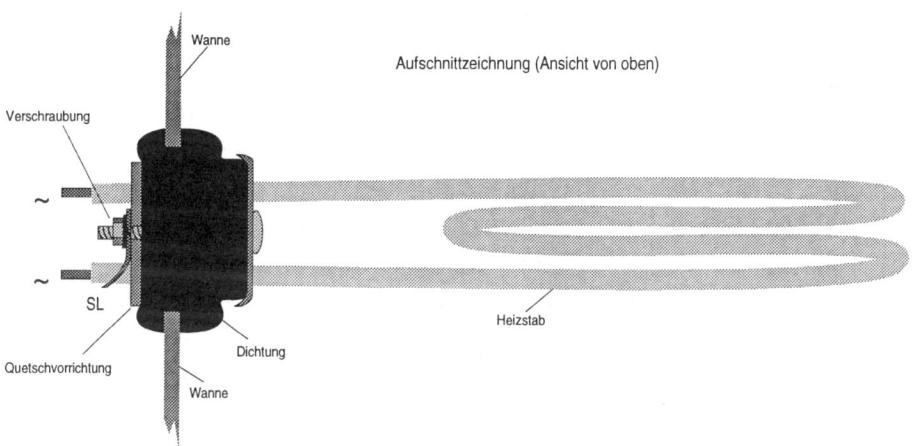

Abb. 2.19 Befestigung und Anschluß eines Waschmaschinenheizstabes

Austausch: Magnetventile (vgl. Abbildung 2.20)

Neupreis:	unter 80 DM
Zeitaufwand:	unter 20 Minuten
Ersatzteil:	weitgehend standardisiert, daher auch gebraucht verwendbar, jedoch auf Winkel, Durchflußreduzierung und Befestigung achten
Anmerkung:	häufig defekt, Reinigung bei Verkalkung möglich

Der Austausch der Magnetventileinheit wird komplett vorgenommen. Vor der Demontage kennzeichnen Sie die Anschlußkabel sowie die Schläuche eindeutig, um eine logische Vertauschung der Ventile auszuschließen. Entfernen Sie den Druckschlauch, und ziehen Sie dann alle Steckkontakte ab. Die abgehenden Schläuche lösen Sie, indem Sie mit Hilfe einer Flachzange die Federenden der Schlauchklemmen zusammendrücken und gleichzeitig am Schlauch drehen und ziehen. Danach können Sie die beiden Befestigungschrauben lösen und den Wiedereinbau in umgekehrter Reihenfolge vornehmen. Verzichten Sie keinesfalls auf die Schlauchklemmen, und achten Sie beim Wiederanschluß des Druckschlauches auf den korrekten Sitz der Dichtung in der Überwurfmutter. Bei gebrauchten Magnetventilen sollten Sie das in der Wasserzuführung befindliche Sieb reinigen.

Austausch: Pumpe (vgl. Abbildung 2.20)

Neupreis:	meist unter 100 DM
Zeitaufwand:	unter 20 Minuten
Ersatzteil:	möglichst Original – die Pumpen sind zwar standardisiert, aber die Flusensiebaufsätze nicht
Anmerkung:	Häufig verstopft oder schwergängig, Überholung möglich

Ziehen Sie die beiden Anschlußkabel ab, und lösen Sie die Schrauben der Halterung. Die abgehenden Schläuche entfernen Sie, indem Sie mit Hilfe einer Flachzange die Federenden der Schlauchklemmen zusammendrücken und die Pumpe gleichzeitig unter Zug ein wenig hin- und herdrehen. Der Einbau ist ebenso problemlos. Achten Sie darauf, daß sich das Lüfterrad frei drehen kann.

Pumpen lassen sich gut warten, da ein Öffnen des Pumpengehäuses problemlos ist. Kennzeichnen Sie aber zuvor mit einem Stift die Position des Gehäusedeckels, um eine Verdrehung beim Wiederzusammenbau zu vermeiden.

Problematisch sind leckende Dichtungen und defekte Feldwicklungen, da ein Ersatz schwierig aufzutreiben ist. Da hilft meist nur noch „aus zwei mach eins" oder eine passende Ersatzpumpe.

Austausch: Festtemperaturthermostat (vgl. Abbildung 2.15)

Neupreis:	meist unter 15 DM
Zeitaufwand:	unter 10 Minuten
Ersatzteil:	weitgehend standardisiert, wenn kein Temperaturaufdruck, Schalttemperatur des Originalersatzteils in Erfahrung bringen
Anmerkung:	Schaltleistung sollte 10 A betragen

Festtemperaturthermostate (Bimetallschalter, vgl. Abschnitt 2.5.2.5) stecken meist ohne eigene Verschraubung im Boden der Wanne – gehalten durch eine engsitzende Dichtung. Wenn ein Mehrfachthermostat vorliegt, müssen Sie vor dem Ausbau die Anschlußkabel bezeichnen. Für den Wiedereinbau Dichtung gut von Kalkrückständen reinigen und auf festen Sitz achten.

Austausch: Einstellthermostat

Neupreis:	meist unter 80 DM
Zeitaufwand:	unter 30 Minuten
Ersatzteil:	am besten Originalersatzteil, (obwohl weitgehend standardisiert) auf Drahtlänge des Meßfühlers achten

Anmerkung: Schaltleistung sollte 10 A betragen

Einstellthermostaten bestehen aus Einstellmechanismus und Meßfühler mit längerem Kapillardraht. Der Einstellmechanismus mit den Schaltkontakten sitzt direkt unter dem Temperatureinstellknopf, gehalten durch 2 oder 3 Schrauben, der Meßfühler dagegen im unteren Teil der Wanne – in der Nähe des Heizstabs. Er läßt sich normalerweise einfach aus der Dichtung herausziehen. Ein häufiger Defekt neben evtl. behebbaren Kontaktschwächen des Schalters ist eine Unterbrechung des Kapillardrahtes, ausgelöst durch heftige Bewegungen der Waschtrommel beim Schleudern. Bezeichnen Sie vor dem Abziehen der Steckkontakte die Anschlußdrähte. Beim Wiedereinbau achten Sie auf eine spiralige Führung des Meßdrahtes, damit er auch starke Schwingungen der Trommel gut ausgleichen kann.

Abb. 2.20 Magnetventil und Waschmaschinenpumpe, kombiniert mit Flusensieb

Austausch: Hauptmotor

Neupreis: meist unter 350 DM

Zeitaufwand: unterschiedlich

Ersatzteil: möglichst Originalersatzteil besorgen (Kompatibilität des Anschlußsteckers und der Befestigung muß gewährleistet sein),

Anmerkung: Austausch lohnt oft nicht, Überholung ist aber möglich. Zuerst
                 Kondensator bzw. Kohlen prüfen, falls vorhanden

Nach dem Abziehen des Anschlußsteckers, lockern Sie die Spannvorrichtung für
den Keilriemen und nehmen diesen ab. Danach können Sie alle Befestigungsschrauben des Motors entfernen und ihn herausnehmen. Der Einbau geschieht in
umgekehrter Reihenfolge. Als letztes sollte der Keilriemen angebracht und gut
gespannt werden (vgl. nächster Abschnitt).

Austausch: Keilriemen

Neupreis: meist unter 20 DM

Zeitaufwand: unter 10 Minuten

Ersatzteil: Bezeichnung auf altem Keilriemen aufgedruckt, auf Länge achten

Anmerkung: Vor Neueinbau prüfen, ob Trommellager leichtgängig sind

Meist wird der alte Keilriemen gerissen sein. Vor dem Einbau des neuen Keilrie-
mens lockern Sie die Spannvorrichtung am Hauptmotor. Der Keilriemen läßt sich
leicht aufziehen, wenn der Motor etwas angehoben wird. Sobald er gleichmäßig in
seiner Führung sitzt, können Sie die Spannvorrichtung wieder gut befestigen. Die
Keilriemenspannung ist richtig, wenn Sie den Keilriemen mit einer Hand zwischen
ein und zwei Zentimetern zusammendrücken können. Zu starke Spannung führt
zu schnellem Wiederverschleiß.

Austausch: Druckschalter (vgl. Abbildung 2.15)

Neupreis: meist unter 50 DM

Zeitaufwand: unter 10 Minuten

Ersatzteil: möglichst Originalersatzteil besorgen, da Schaltpunkte unter-
                 schiedlich sind

Anmerkung: selten defekt, Schaltpunkteinstellung über Justierschrauben mög-
                 lich, jedoch nicht sinnvoll

Vor dem Ausbau unbedingt Anschlußkabel bezeichnen, dann Befestigung und
Druckschlauch lösen. Einbau analog.

Austausch: Türgummi bei Frontladern

Neupreis: meist unter 40 DM

Zeitaufwand: ca. 30 Minuten

Ersatzteil: am besten Originalersatzteil

Türgummis bei Frontladern altern und bekommen dann leicht Risse aufgrund von
Porosität. Der Ausbau geschieht in zwei Schritten. Zuerst lösen Sie den äußeren
Befestigungsring, dann haben Sie Zugang zum inneren Befestigungsring. Vor dem
Wiedereinbau säubern Sie die innere Kontaktfläche gut. Die äußere Kontaktfläche
bedarf keiner Reinigung. Dann setzen Sie das Gummi korrekt ein, ziehen den in-
neren Befestigungsring wieder fest und dann den äußeren.

Austausch: Programmschaltwerk

Neupreis:	nicht unter 200 DM
Zeitaufwand:	über 1 Stunde
Ersatzteil:	Nur Originalersatzteil
Anmerkung:	Lohnt meist nicht, Einbau sehr schwierig

Vom Selbsteinbau eines neuen mechanischen Programmschaltwerks ist eher abzuraten, von der Demontage erst recht. Wer sich dennoch rantraut, der erstelle sich eine genaue Zeichnung *aller* Kabelanschlüsse und bezeichne die Kabel, wenn die Farbgebung mehrdeutig ist. Teilweise müssen Lötbrücken hergestellt werden. Wenn der elektrische Teil erledigt ist, bleibt noch die Ankopplung der mechanischen Elemente. Für die Wiederinbetriebnahme muß der korrekte Funktionsablauf des Gerätes kritisch überprüft werden.

Programmschaltwerke mit kleineren Wackelkontakten können unter Umständen durch einen kräftigen Schuß Kontaktspray wieder funktionstüchtig gemacht werden. Dabei sollte der Programmschalter mehrmals manuell gedreht werden. Vor der Wiederinbetriebnahme müssen Sie eine gute halbe Stunde warten, bis das leitende Kontaktspray vollständig verflogen ist. Diese „Reparatur" hält aber meist nicht sehr lange. Besser – aber oft diffizil oder unmöglich – ist eine begleitende mechanische Reinigung der Kontakte.

Elektronische Programmsteuerungen sind dagegen über eindeutige Sammelstecker oder Steckerleisten mit den peripheren elektrischen Komponenten verbunden. Der Austausch ist nicht so schwierig.

Tab. 2.12 Fehlertabelle Waschmaschine

Fehlerbild	mögliche Defekte	Abhilfe
Gerät elektrisiert bei Berührung	Kriechstrom durch Feuchtigkeit und Schutzerdung nicht vorhanden; evtl. hat das Heizelement einen Isolationsschaden	Gerät trocknen und Funktionsfähigkeit des Schutzleiters unbedingt wieder herstellen, Heizstab und Elektrik überprüfen und ggf. auswechseln
Keine Funktion *Anzeige leuchtet, Magnetventil summt leise*	Kein Wasserzulauf Sieb am Magnetventil verstopft, Magnetventil schaltet nicht oder verstopft (mechanischer Defekt)	Wasserdruck, Wasserhahn, Überdruckabschaltventil prüfen Auf leises Klicken achten. Wenn Wasserdruck o.k., Sieb reinigen oder Ventil austauschen (bei Mehrfachventil auf richtige Anschlußfolge achten) ⟶

Fehlerbild	mögliche Defekte	Abhilfe
Anzeige leuchtet, jedoch keine weiteren Geräusche	Aquastop (falls vorhanden) hat auf Feuchtigkeit reagiert (meist) oder ist defekt (selten)	Druckschlauch überprüfen, ggf. Einheit austauschen
	Magnetventil schaltet nicht (elektrischer Defekt)	Wicklung durchmessen, Kabelzuführung überprüfen und ggf. austauschen (bei Mehrfachventil auf richtige Anschlußfolge achten)
Anzeige leuchtet nicht (falls defekt, siehe oben) und absolut keine Funktion	Stromzuführung ist unterbrochen, meist mechanischer Fehler am Türschalter. Sonst: Türschalter, Zuleitung, Einschalter, Sicherung, evtl. Gerätesicherung	Stromversorgung überprüfen. Türschalter „per Hand" auslösen (keinesfalls dauerhaft überbrükken!!!) und ggf. justieren. Strompfade und Schalter durchmessen und ggf. reinigen oder ersetzen. (Programmwahlschalter kosten ab 250 DM aufwärts. Austausch durch Fachbetrieb, lohnt also meist nicht)
Wasser ist eingelaufen, *Kein Motorgeräusch*	Programmschalter hängt oder hat Kontaktfehler	Austausch durch Fachbetrieb (lohnt aber meist nicht)
Wasser wird geheizt, evtl. tickt Programmschaltwerk	Umschalter für Motorlaufrichtung ist mechanisch defekt oder hat Kontaktschwäche	Wartung, ggf. Austausch
	Motor defekt	Motor überprüfen (vgl. Abschnitt 2.5.2.7).
Motor hat Laufgeräusch, Trommel dreht nicht oder nur wenig, evtl. quietschendes Geräusch.	Keilriemen gerissen oder zu locker	Keilriemen überprüfen und nachspannen, ggf. austauschen. Trommellager überprüfen
Motor brummt stark, wälzt aber nicht um	Kleidungsstück zwischen Trommel und Wanne gerutscht	Kleidungsstück z.B. mit Taschenlampe lokalisieren und mit Stricknadel o.ä. durch Trommellöcher stechen und schrittweise herausschieben. Falls das nicht möglich ist, Heizstab entfernen und das Hindernis durch Montageöffnung mit gebogenem Draht herausholen
	Kondensator defekt	Durchmessen

Fehlerbild	mögliche Defekte	Abhilfe
	Motorlager defekt (selten)	Lager überprüfen, ggf. Motor austauschen
Trommel dreht nur in eine Richtung	Umschalter für Motorlaufrichtung ist mechanisch defekt oder hat Kontaktschwäche	Wartung, ggf. Austausch
Trommel dreht sich, *Waschvorgang ist endlos, Wäsche wird nicht richtig sauber.*	Heizstab defekt	Heizstab durchmessen und ggf. austauschen
	Ein Festtemperaturthermostat ist defekt	Alle Thermostaten überprüfen und bei Defekt austauschen
	Wasserablauf ist verstopft oder Pumpe arbeitet nicht	Wasserablauf überprüfen, Pumpenfunktion sicherstellen. Pumpe evtl. demontieren und reinigen oder austauschen
Gerät dampft nach 20 Minuten Betriebsdauer stark, Waschwasser siedet (evtl. bei nur bei bestimmten Programmen) und Waschvorgang ist endlos	Thermostat schaltet die Heizung nicht ab	Alle Thermostaten testen und bei Defekt austauschen
Wasserzulauf findet kein Ende (nach einiger Zeit Wasseraustritt über Waschmittelkammer)	Magnetventil ist mechanisch defekt (meist verkalkt oder Dichtung porös)	Vorsorglich immer austauschen, da Wiederholungsgefahr besteht (bei Mehrfachventil auf richtige Anschlußfolge achten). Wartung ist nur sinnvoll, wenn Fehler (z.B. Verkalkung) klar erkannt werden konnte
	Füllstandschalter defekt oder Druckwasserzuführung lose	Funktion meßtechnisch überprüfen und Bauteil ggf. austauschen
Gerät verliert Wasser während des Waschvorgangs	Verhärtete Waschmittelreste in Waschmittelkammer stauen zulaufendes Wasser, oder Wasser spritzt wegen Verkalkung des Zulaufweges daneben	Wasserzulaufweg überprüfen (Wasserspur läßt sich durch Sichtkontrolle gut verfolgen, auf Waschmittelreste achten)
	Türgummi verschmutzt, porös oder beschädigt	Reinigen und ggf. austauschen

Fehlerbild	mögliche Defekte	Abhilfe
	Schlauch, Schlauchverbindung oder Dichtung schadhaft (oft auch Pumpendichtung)	Leck suchen z.B. anhand von Kalkspuren. Bei defekter Pumpendichtung wird meist eine neue Pumpe fällig
Funktion gestört z.B.Waschvorgang wird nicht beendet, Maschine steht, Weiterdrehen des Programmschalters „per Hand" hilft oder eine Waschmittelkammer wird nicht geleert	Evtl. zweites bzw. drittes Magnetventil defekt oder Türschalter dejustiert	Funktion aller Ventile sicherstellen und Ventile ggf. austauschen (bei Mehrfachventil auf richtige Anschlußfolge achten)
	Meist Programmschalter defekt	Austausch durch Fachbetrieb (lohnt aber meist nicht)
Gerät wandert beim Schleudern oder rumpelt stark Wasser wird nicht richtig abgepumpt	Flusensieb verstopft, Pumpe fest oder Ablaufschlauch geknickt bzw. verstopft (evtl. zusätzlich Schleudermotor wegen Überlastung defekt geworden)	Flusensieb reinigen
Wasser wurde abgepumpt	Manchmal bei stark verklumpter Wäsche normal, evtl. Stand nicht waagrecht	Wäschemenge richtig dosieren, evtl. für geraden, gleichmäßigen Stand sorgen
	Federaufhängung der Waschtrommel defekt oder Feder gerissen	Gebrochene Feder austauschen, evtl. Feder nur wieder einhängen.
	Ein Stoßdämpfer ist fest oder dämpft nicht mehr richtig.	Stoßdämpfer überprüfen und ggf. austauschen.
Gerät schleudert nicht	Wasserablauf verstopft oder Pumpe fest (Füllstandschalter gibt Schleuderfunktion nicht frei)	Flusensieb, Wasserablauf und Pumpe überprüfen
	Kohlen des Motors abgenutzt, Motor defekt	Kohlen bzw. Motor überprüfen und ggf. austauschen
	Programmschalter defekt	Wenn möglich, Schaltkontakte auf Verbrennung überprüfen und reinigen, sonst Programmschalter durch Fachbetrieb austauschen lassen

Fehlerbild	mögliche Defekte	Abhilfe
	Überstromschutzschalter des Motors hat abgeschaltet, da Belastung zu hoch, evtl. abgenutzter Keilriemen bei Anlauf gerissen	Prüfen, ob Wasser richtig abgepumpt wird (Flusensieb verstopft?) und ob Trommel frei drehen kann. Überstromschutzschalter überprüfen

Praxistip: Entsorgung

Bevor Sie Ihr altes Gerät entsorgen (Achtung! Alte Kondensatoren enthalten das Umweltgift PCB), bauen Sie beim Frontlader zumindest noch den Glaseinsatz der Tür aus, wenn er nicht zu verkratzt ist. Die so gewonnene Salatschüssel oder Auflaufform wird Sie dann noch länger an die treuen Dienste der Maschine erinnern.

2.6.3.3 Wäschetrockner

Wäschetrockner verwenden elektrische Energie zum Trocknen von Wäsche – vom Standpunkt der Energieeinsparung her eine Katastrophe. Dennoch, sie werden gekauft ... und gehen kaputt. Zu unterscheiden sind im wesentlichen zwei Bauarten: der Umlufttrockner (Abluftrockner) und der Kondensationstrockner. Beide Gerätearten besitzen wie die Waschmaschine eine drehbare Trommel für die Wäscheumwälzung. Ein Gebläse sorgt dafür, daß die Trommel von aufgeheizter trockener Luft durchströmt wird, die die Feuchtigkeit aus der Wäsche zieht – ganz so, wie ein frischer Sommerwind. Ein routinemäßig zu säuberndes Fusselfilter fängt den unvermeidlichen Abrieb der Textilen wirksam auf.

Umlufttrockner heizen über eine thermostatgesteuerte Heizwendel die angesaugte Raumluft auf und pusten sie durch die Wäsche wieder in den Raum. Das an sich einfache Prinzip hat den Nachteil, daß die feuchte Abluft im Raum verbleibt und die Bildung von Kondensationswasser an Wänden und Einrichtungsgegenständen hervorruft. Zudem erniedrigt das Ansaugen bereits feuchter Luft den Wirkungsgrad der Maschine, was einen erhöhten Energiebedarf sowie höhere Trocknungszeiten bedeutet.

Beim Kondensationstrockner bildet die Trocknungsluft dagegen einen Kreislauf. Die aufgeheizte Luft passiert die Wäsche, nimmt dort Feuchtigkeit auf und gelangt dann in eine luft- oder wassergekühlte Kondensationskammer, wo die Feuchtigkeit wieder „abregnen" kann. Von dort aus wird sie wieder angesaugt usw.

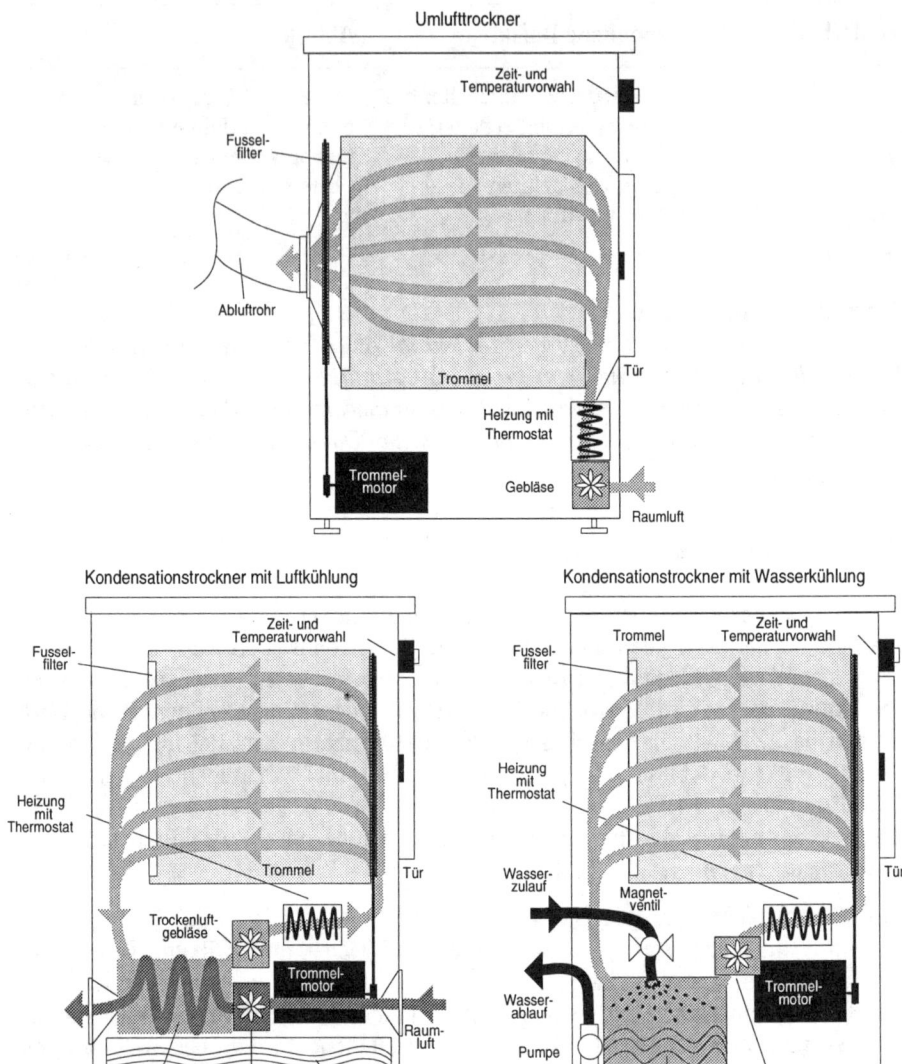

Abb. 2.21 Die verschiedenen Trocknerarten

Luftkühler verwenden ein zweites Gebläse, das die Raumluft getrennt von der Trocknungsluft durch die Kondensationskammer wieder in den Raum bläst. Das durch den Kondensationsprozeß freiwerdende Wasser gelangt in ein öfter zu leerendes Auffanggefäß. Wasserkühler erreichen die notwendige Kühlung durch ständigen Kaltwasserzulauf aus einem Wasserhahn. Eine Pumpe fördert das um das

Kondensat angereicherte Frischwasser weiter in den Abfluß. Der Anschluß eines Kondensationstrockners mit Wasserkühlung entspricht damit dem einer Waschmaschine. Auch die Anschlußleistung von ca. 3000 Watt ist vergleichbar (zum Anschluß vgl. Abschnitt 2.6.3.2, „Waschmaschinen").

Umlufttrockner und Kondensationstrockner mit Luftkühlung benötigen nur einen elektrischen Anschluß und sind damit relativ unabhängig vom Standort. (Bei einer Leistung von 3000 Watt sollte der Stromkreis auf 16 A ausgelegt sein.)

Der Umlufttrockner besteht damit mindestens aus den Bauteilen: Türschalter, Gebläse, Trommelmotor mit Keilriemen, Heizwendel, Thermostat und Zeitschalter. Für den Kondensationstrockner kommt entweder ein weiteres Gebläse hinzu oder ein Magnetventil und eine Abwasserpumpe evtl. mit Pegelschalter. Neuere Geräte, bei denen der Trocknungsgrad der Wäsche eingestellt werden kann, besitzen zusätzliche Elektronik und Feuchtigkeitssensoren.

Tab. 2.13 Fehlertabelle Trockner

Fehlerbild	mögliche Defekte	Abhilfe
Gerät elektrisiert bei Berührung	Kriechstrom durch Feuchtigkeit und Schutzerdung nicht vorhanden	Gerät trocknen und Funktionsfähigkeit des Schutzleiters unbedingt wieder herstellen, Elektrik generell überprüfen
Keine Funktion	Stromzuführung ist unterbrochen, meist mechanischer Fehler am Türschalter – sonst: Türschalter (elektrisch), Zuleitung, Zeitschalter, Steuerungselektronik, Sicherung, evtl. Gerätesicherung	Stromversorgung überprüfen. Türschalter „per Hand" auslösen (keinesfalls dauerhaft überbrücken!) und ggf. justieren. Strompfade und Schalter durchmessen und ggf. reinigen oder ersetzen
Trommel dreht nicht, *Gebläse arbeitet*	Keilriemen gerissen oder Trommelmotor defekt	Austausch des Keilriemens bzw. Überprüfung des Motors
Trommel läuft unruhig	Zuviel Wäsche, Keilriemen verschlissen, Trommellager schwergängig, Aufhängung defekt	Wartung, ggf. Austausch
Gerät arbeitet „normal", *Wäsche trocknet nicht oder schlecht*	Fusselfilter dicht	Reinigen bzw. austauschen

Fehlerbild	mögliche Defekte	Abhilfe
	Prüfen, ob Wäsche warm wird. Wenn nein, Thermostat, Heizung oder Steuerungselektronik defekt	Verkabelung überprüfen, ggf. Thermostat bzw. Heizung austauschen, Steuerungselektronik warten
Bei Kondensationstrockner	Kaltluftgebläse nicht in Ordnung, evtl. Ansaugstelle verstellt, Wasserzulauf fehlt	Wasserzulauf prüfen, (Aquastop, Magnetventil) bzw. Kaltluftgebläse
Wasseraustritt	Bei Luftkühler: Wasserbehälter voll; bei Wasserkühler: Pumpe defekt	Wasserbehälter leeren und Kondensationskammer auf Verschmutzung überprüfen bzw. Pumpe überprüfen
Trocknungsvorgang endlos	Steuerungselektrik oder Zeitschalter defekt	Überprüfung, ggf. Austausch
Wäsche eingelaufen	Evtl. Temperaturvorwahl falsch, sonst: Thermostat defekt	Thermostat prüfen und ggf. austauschen

2.6.3.4 Kühlschränke

Kühlschränke funktionieren nach dem Prinzip der Wärmepumpe. Das thermostatgesteuerte Kühlaggregat und der mit dem Kältemittel FCKW gefüllte Kühlkreislauf bilden ein geschlossenes System. Das durch einen Motor angetriebene Aggregat arbeitet als Kompressor gegen ein Kapillarrohr und verflüssigt das Kältemittel, das sich dabei stark erwärmt. Auf dem Weg zum Kapillarrohr passiert es einen an der Rückwand des Kühlschranks befindlichen „Kondensator" (schwarze Rohrschlange mit Kühlrippen), wo es einen guten Teil der aus dem Inneren des Kühlschranks transportierten und durch die Verdichtung entstandene Wärme an die Raumluft abgeben kann. Nach dem Kapillarrohr gelangt es in den Verdampfer, wo es expandiert und durch den starken Druckabfall in den gasförmigen Zustand übergeht. Der Verdampfer ist die kälteste Stelle im Kühlschrank und neigt dazu, stark zu vereisen, da Feuchtigkeit an ihm kondensiert und sofort gefriert. Druckabfall und gleichzeitiger Wechsel des Aggregatzustandes bewirken eine starke Abkühlung des Gases, das nun im Inneren des Kühlschranks über die Kühlrippen Wärme aufnehmen kann. Dort unterliegt es wiederum der Saugwirkung des Kompressors und transportiert gleichzeitig die aufgenommene Wärme nach außen. Der Kreislauf ist damit geschlossen.

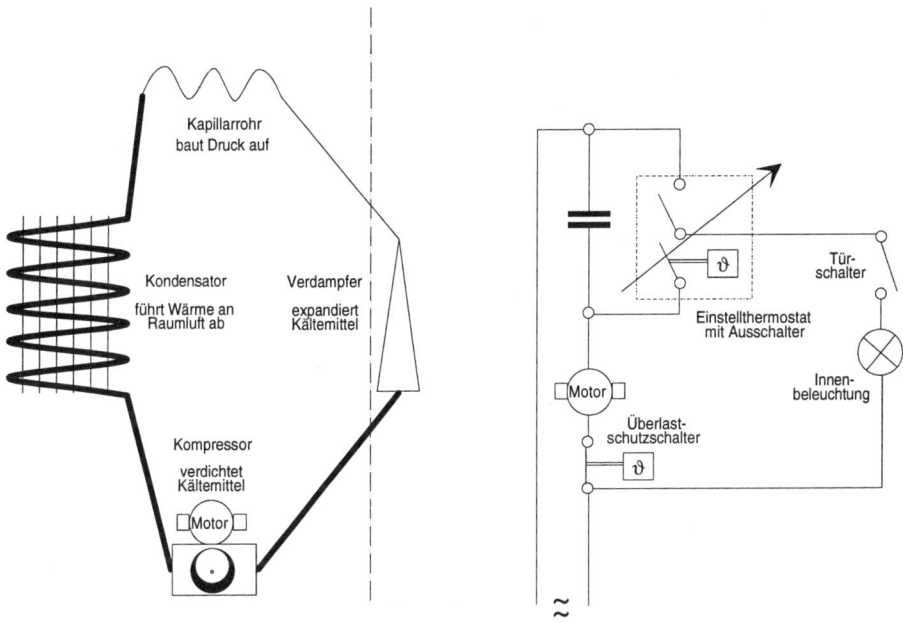

Abb. 2.22 Wirkungsprinzip eines Kompressoraggregats und Schaltplan eines Kühlschranks

Aus der Sicht der Elektrik haben wir es beim Standardkühlschrank mit wenigen Komponenten zu tun. Motor (in der Regel zusammen mit dem Kompressor hermetisch eingekapselt und unzugänglich) mit Überlastschutz (Bimetallschalter), Einstellthermostat mit Meßfühler, Entstörkondensator, Türschalter und Beleuchtung. Modernere Kühlschränke sind zusätzlich mit halb- oder vollautomatischen Abtauvorrichtungen ausgerüstet. Halbautomatische Abtauvorrichtungen werden manuell ausgelöst und sind rein mechanisch durch einen mit dem Thermostat gekoppelten Abtauknopf realisiert, der zusätzlich ein Abtauheizelement am Verdampfer einschalten kann. Der Wiederanlauf erfolgt dann nach ca. 1 Stunde automatisch. Das Tauwasser sammelt sich in einem Behälter und muß manuell ausgeschüttet werden, oder es läuft durch ein Loch an der Hinterwand in eine auf dem Motor sitzende Wanne, wo es verdunstet. Bei manchen Modellen unterstützen weiterhin Türdichtungsheizungen den Abtauvorgang.

Vollautomatische Vorrichtungen können beliebig kompliziert werden, da sie mit einem oder mehreren zusätzlichen Meßfühlern arbeiten. Meist registrieren sie in relativ kurzen Abständen eine Vereisung am Verdampfer und tauen den Kühlschrank dann unbemerkt und schnell ab, ohne daß die Innentemperatur merklich sinkt.

Austausch der Birne und Reparatur des Türschalters

Häufige Defekte sind ausgefallene Glühbirnen und Türschalter. Sie können relativ schnell behoben werden. Der Austausch der Birne ist absolut problemlos und kann nach Abnehmen der entweder geklemmten oder einfach verschraubten Milchglasverblendung erfolgen. Für den Ausbau des Schalters müssen Sie zuerst den Gerätestecker ziehen. Er ist eigentlich immer integraler Bestandteil der Thermostateinheit, deren Verschraubung Sie (evtl. nach Abziehen des Regelknopfes) lösen müssen. Vom Thermostaten führt ein Kapillardraht zum Meßfühler, den Sie nicht abreißen dürfen. Die im Inneren der Thermostateinheit normalerweise offenliegenden Schaltkontakte sind meist korrodiert und bedürfen der mechanischen Reinigung. Manchmal kann auch ein Nachbiegen nicht schaden.

Austausch: Thermostat

Preis: unter 80 DM

Zeitaufwand: 30 Minuten

Ersatzteil: meist standardisiert

Anmerkung: Kapillardraht zum Meßfühler nicht zu stark knicken

Der Austausch eines defekten Thermostaten ist etwas schwieriger. Zuerst ziehen Sie den Einstellknopf ab und lösen die Verschraubung der Thermostateinheit. Bei mehr als 2 Anschlüssen am Thermostaten sollten Sie auf alle Fälle die Anschlußdrähte bezeichnen oder sich einen kleinen Schaltplan erstellen. Bevor Sie ihn nach Lösen der Befestigungschrauben und Anschlußdrähte ganz herausnehmen können, müssen Sie den meist gut versteckten Meßfühler lokalisieren und aus seiner Halterung lösen. Der Wiedereinbau geschieht in umgekehrter Reihenfolge.

Achtung

*Öffnen oder beschädigen Sie keinesfalls das Kühlsystem, da das **umweltgiftige** Kältemittel sofort und unaufhaltsam in die Luft entweicht. Arbeiten am Kühlsystem können nur speziell eingerichtete Fachbetriebe durchführen und sind nur für teure Geräte rentabel.*

Tab. 2.14 Fehlertabelle Kühlschrank

Fehlerbild	mögliche Defekte	Abhilfe
Gerät elektrisiert bei Berührung.	Kriechstrom durch Feuchtigkeit und Schutzerdung nicht vorhanden	Gerät trocknen und Funktionsfähigkeit des Schutzleiters unbedingt wieder herstellen, Elektrik überprüfen.
Gerät hat Kurzschluß oder stört Rundfunkgeräte	Entstörkondensator defekt	Austauschen

Fehlerbild	mögliche Defekte	Abhilfe
Lampe leuchtet nicht	Birne durchgebrannt oder Türschalter gibt keinen Kontakt	Birne austauschen, Türschalter warten
Keine Funktion, *Lampe leuchtet aber*	Meist Thermostat defekt, selten Zuleitung	Evtl. Wartung der Schaltkontakte möglich, sonst Austausch
	Motorüberlastschutz defekt	Lokalisieren am Kompressormotor, Durchmessen und ggf. austauschen (Motorleistung für Ersatzteil angeben)
	Motor defekt	Reparatur nur durch Fachbetrieb möglich
Kühlt nicht richtig, *Motor läuft im Minutenabstand kurz an, schaltet aber sogleich wieder ab*	Motor defekt – Überlastschutz spricht an	Reparatur nur durch Fachbetrieb möglich
Motor läuft normal, aber viel zu oft	Türgummidichtung oder Wärmeisolation beschädigt	Türgummi austauschen, Isolationsschaden durch Abdichten beheben
	Kühlaggregat defekt oder Kühlmittel entwichen	Meist irreparabel. Reparatur nur durch Fachbetrieb möglich
Kühlt viel zu stark	Thermostat defekt	Wenn möglich warten, sonst Austausch
Abtauvorgang dauert zu lange oder ist unvollständig	Eine der Abtauheizungen ist defekt	Durchmessen und ggf. Austausch
	Abtauautomatik defekt	Auf mechanische Fehler untersuchen
Tauwasser im Kühlschrank	Unbemerktes Abtauen, etwa durch Stromausfall oder verstopfter Tauwasseraustritt an der Hinterwand	Reinigen

2.6.4 Heiz- und Warmwassergeräte

Heiz- und Warmwassergeräte sind starke Energieverbraucher und belasten im allgemeinen das Stromnetz erheblich. Aus diesem Grund ist es wichtig, sich vor der ersten Inbetriebnahme zu vergewissern, daß der betroffene Stromkreis die Belastung aushält. Konzeptionell wird man für standortfeste Großverbraucher eigene Stromkreise ab Sicherungskasten einrichten (zur Dimensionierung vgl. Abschnitt 1.4.1). Das erspart z.B. unerwünschte Kabelbrände in Uraltinstallationen und plötzlichen Stromausfall durch Überlastung beim Parallelbetrieb mehrerer Verbraucher.

Oft besteht die Möglichkeit, für die elektrische Brauchwasseraufheizung sowie für Speicherheizungen (Nachtspeicheröfen) einen günstigen Nachttarif zu beantragen. Ihr Elektrizitätsunternehmen installiert dann einen Doppelzähler sowie einen durch Netzimpulse gesteuerten Nachtstromschalter. Summa summarum kann das auf längere Sicht die Energiekosten deutlich reduzieren – vorausgesetzt, die Geräte werden nur bei Nacht betrieben.

Der elektrische Aufbau von Heiz- und Warmwassergeräten ist denkbar einfach (vgl. Abbildung 2.23). Sie bestehen aus Betriebsanzeige, Einschalter (oft in Einheit mit dem Thermostaten), Thermostat, Übertemperaturschalter und einem oder mehreren Heizelementen. Bei Heizlüftern kommt meist noch ein Gebläsemotor hinzu. Alle Elemente können einfach mit einem Widerstandsmeßgerät auf Durchgang geprüft werden.

Anschluß: Allgemeine Hinweise
Alle Heiz- und Warmwassergeräte besitzen eine Klemmleiste für den elektrischen Anschluß. Meist ist die Belegung zusätzlich gekennzeichnet. Wenn nicht, ist die Belegung laut Abbildung 2.23 zu wählen (Ausschalter unterbricht Phase). Der Schutzleiteranschluß (gelbgrün) ist im Gerät direkt mit dem Gehäuse bzw. mit dem Wasseranschluß verbunden. Viele Geräte bieten die Auswahl zwischen mehreren Leistungen – so läßt sich ein Boiler mit 4 Heizstäben (2 × 2000 Watt, 1500 Watt, 500 Watt) z.B. zwischen 500 und 6000 Watt betreiben (vgl. Abbildung 2.24) und wird zusätzlich die Möglichkeit des Drehstromanschlusses mit 2000 Watt je Phase bieten. Zum Einstellen der gewünschten Leistung müssen dann entsprechend dem meist im Gerät aufgedruckten oder beigelegten Anschlußdiagramm Brücken gesetzt oder entfernt werden.

Praxishinweis
Es ist sinnlos, Heizdrähte (für Anschluß oder Reparatur) weichzulöten – erfolgversprechender ist Hartlöten mit Lot, das erst um 900°C schmilzt.

Mit dem an sich einfachen elektrischen Anschluß allein ist es aber nicht getan – er sollte auch zuletzt erfolgen. Mindestens ebenso wichtig ist die Wahl des Aufstellortes, die sichere Wandbefestigung und der korrekte Wasseranschluß. Der Her-

steller schreibt oft bestimmte Wand- und Bodenabstände vor, die Sie der Produkt-
beschreibung entnehmen und in Ihrem eigenen Interesse zur Vermeidung von
Brandgefahr einhalten sollten. Weiterhin müssen Sie darauf achten, daß Kabel in
sicherem Abstand von der Wärmequelle verlaufen, um erstens einer Beschädigung
der Isolierung und zweitens einer Überlastung (mit Oxidation verbunden) durch
schlechte Wärmeabstrahlung vorzubeugen. Die Nennbelastbarkeit eines Kabelquer-
schnitts sinkt mit steigender Temperatur (vgl. Abschnitt 1.4.1).

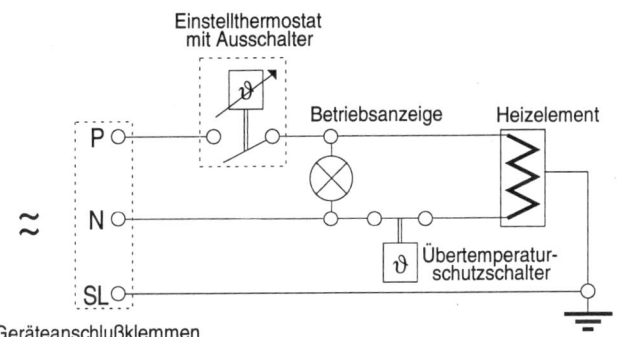

Abb. 2.23 Schaltplan eines einfachen Warmwasser- oder Heizgerätes

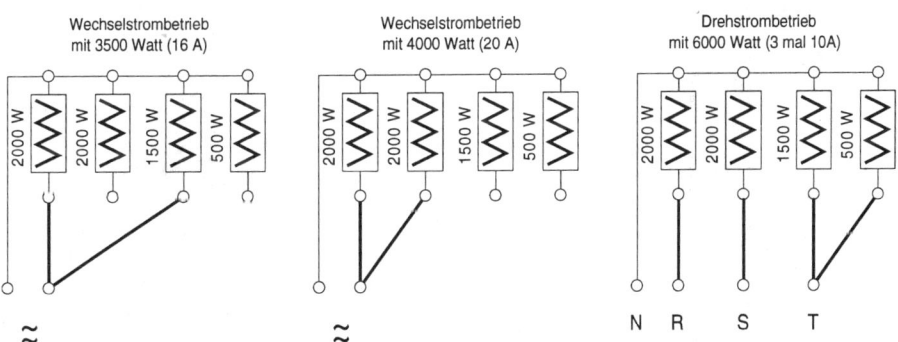

Abb. 2.24 Anschluß eines Warmwassergerätes für verschiedene Leistungen *links,
mitte* Wechselstromanschluß *rechts* Drehstromanschluß

Sicherheitshinweis
*Heiz- und Warmwassergeräte dürfen grundsätzlich nur an drei- bzw. fünfpoligen
Stromkreisen (mit Schutzleiter) betrieben werden und müssen intern einen intak-
ten Schutzleiteranschluß aufweisen.*

2.6.4.1 Boiler, Durchlauferhitzer

Über Warmwasserboiler ist schon das meiste gesagt, wenn Sie die Einleitung aufmerksam gelesen haben. Ausfälle werden in den meisten Fällen auf Unterbrechungen in der Stromzuführung oder der Sicherung zurückzuführen sein. Falls die Sicherung öfter anspricht, müssen Sie sich überlegen, ob der versorgende Stromkreis nicht unterdimensioniert ist und ggf. einen eigenen nachinstallieren. Weitere Probleme kann der Thermostat bereiten, wenn seine Schaltkontakte verbrannt sind. Nach langjährigem Betrieb vor allem bei hohen Temperaturen (z.B. größer 60°C) kann eine übermäßige Verkalkung der Heizelemente die Ursache für ein Durchbrennen derselben darstellen. Bemerkbar macht sich dies in erster Linie durch Leistungsabfall, evtl. auch durch eine defekte Sicherung oder ein Ansprechen des FI-Schalters (vgl. Abschnitt 1.3.4.3). Ein Austausch dürfte sich prinzipiell lohnen, wenn man die Preise vergleichbarer Geräte in Betracht zieht, erfordert aber einiges an Arbeit und mechanischem Geschick. So gut wie alle Hersteller bieten komplette Austauschsätze für ihre Produkte an.

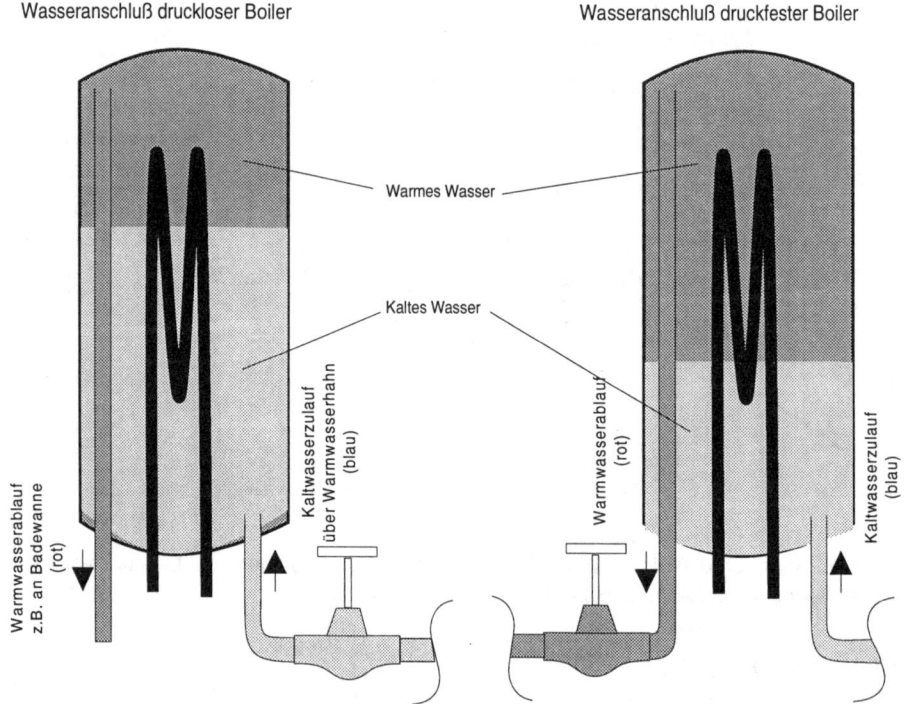

Abb. 2.25 Wasseranschluß druckloser und druckfester Warmwassergeräte

Bei Planung, Anschaffung und Wasseranschluß eines neuen Boilers müssen Sie berücksichten, daß es drucklose und druckfeste Ausführungen gibt. Nur druckfeste Geräte dürfen dem vollen Wasserdruck mit nachgeschaltetem Warmwasserhahn ausgesetzt werden. Drucklose Geräte erhalten ihren Kaltwasserzulauf (Einlauf unten) über einen vorgeschalteten Warmwasserhahn und geben dann entsprechend der zulaufenden Kaltwassermenge warmes Wasser über ein Überlaufrohr direkt an den Wasserauslauf ab. Abbildung 2.25 verdeutlicht das. Da heißes Wasser auf kaltem „schwimmt" (unterschiedliche Dichte), findet nur eine geringe Durchmischung statt.

Durchlauferhitzer sind druckfeste Boiler, deren Wasserbehälter sehr klein sind (ca. 1 Liter). Die Heizelemente sind dagegen so kräftig, daß sie das Wasser während des Durchfließens genügend erhitzen können, und sie verbrauchen dabei ca. 18 KW Leistung. Da es nicht sinnvoll ist, dem einphasigen Wechselstromnetz so viel Leistung zu entziehen – die Absicherung müßte immerhin 100 A betragen – werden Durchlauferhitzer grundsätzlich nur mit Drehstrom betrieben (typische Absicherung 3×35 A, mit Zuleitung NYMI 5 × 6 mm²).

Der Durchlauferhitzer arbeitet vollautomatisch. Sobald der Warmwasserhahn geöffnet wird, reagiert ein hochbelastbarer, meist zweistufiger Druckschalter auf den veränderten Wasserdruck und schließt den Stromkreis über die Heizelemente.

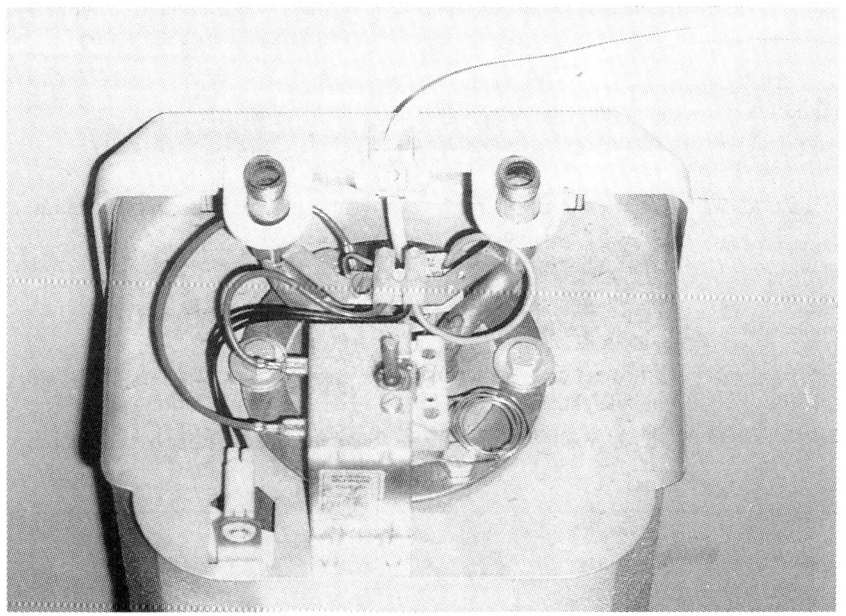

Abb. 2.26 5 Liter Unterbaugerät (drucklos)

Tab. 2.15 Fehlertabelle Warmwasserboiler und Durchlauferhitzer

Fehlerbild	mögliche Defekte	Abhilfe
Wasser elektrisiert	Schutzleiteranschluß nicht intakt (meist zusätzlich Heizstab defekt)	Funktionsfähigkeit des Schutzleiters unbedingt wieder herstellen
Boiler Keine Funktion	Sicherung defekt, Kabelbrand im Stromkreis, (evtl. zusätzlich Heizstab defekt)	Spannung am Gerät nachweisen und ggf. Unterbrechung suchen. Eigenen Stromkreis installieren (Heizstab durchmessen, auch gegen Schutzleiter)
	Thermostat oder Übertemperaturschutzschalter defekt	Wenn möglich, Kontakte reinigen, sonst austauschen
Siedendes Wasser entweicht aus Überdruckventil	Thermostat defekt	Thermostat austauschen
Leistungsabfall	Ein oder mehrere Heizelemente sind ausgefallen	Stromzuführung des defekten Heizelements abklemmen und damit leben, besser aber austauschen
Durchlauferhitzer Keine Funktion, *Druckschalter klickt nicht*	Druckschalter ausgefallen	Austauschen
Druckschalter klickt.	Heizelemente, Übertemperaturschutz oder Sicherungen defekt	Austausch der Heizelemente lohnt nicht
Leistungsabfall	Druckschalter schaltet nur einstufig.	Evtl. warten, meist Austausch notwendig.
	Eine oder zwei Sicherungen sind defekt.	Fehlerursache klären (evtl. hat ein Heizelement Isolationsschaden).
	Heizelement ist ausgefallen.	Austausch der Heizelemente lohnt nicht.

2.6.4.2 Elektroherde

Elektroherde bestehen aus Kochplatteneinheit und Backrohr (evtl. mit zusätzlicher Grill- und Mikrowelleneinheit).

Die Kochplatteneinheit enthält standardmäßig zwei oder drei über einfache Stufen-schalter regulierte Normalkochplatten sowie zusätzlich ein oder zwei thermo-statgesteuerte Schnell- bzw. Automatikkochplatten, die in Größe (15 bis 25 cm) und Leistung (1000 bis 2000 Watt) variieren. Die Wärmeübertragung Koch-platte/Topf funktioniert nach dem Prinzip der Wärmeleitung. Schnellkochplatten besitzen für die Temperaturregelung in der Mitte der Kochplattenscheibe einen Temperaturfühler, der über die Temperatur des Topfbodens einen Thermostaten für die temperaturgesteuerte Leistungsregelung steuert.

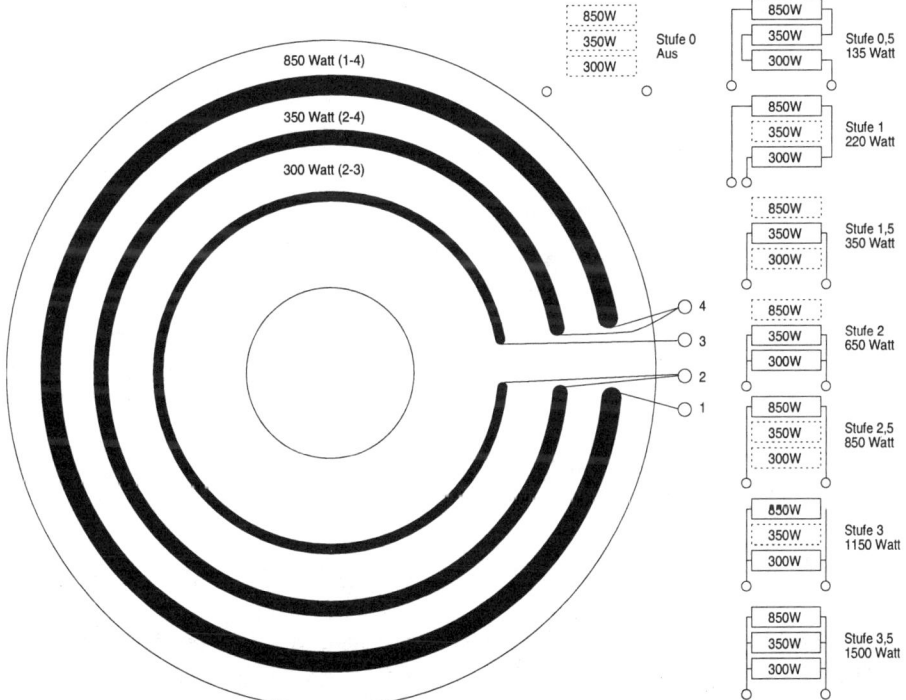

Abb. 2.27 Leistungseinstellung einer Normalkochplatte (1500 Watt) über 8-stufigen Schalter (die Zahlenpaare in Klammern bezeichnen die Anschlußpunkte zum Durch-messen der einzelnen Heizelemente)

Moderne Glaskeramik-Kochplatteneinheiten (auch als Cerankochfelder bezeichnet) arbeiten dagegen primär nach dem Prinzip der Aufheizung durch Wärmestrahlung.

Neben der thermostatgesteuerten Temperaturregelung findet man bei dieser Gattung häufig eine (stufenlose) Leistungsregelung, die durch eine elektronische oder elektromechanische Strompausensteuerung[15] verwirklicht ist (vgl. Abbildung 2.28). Kurze Aufheizzeiten werden durch anfängliches „Überbrücken" der Strompausensteuerung erreicht.

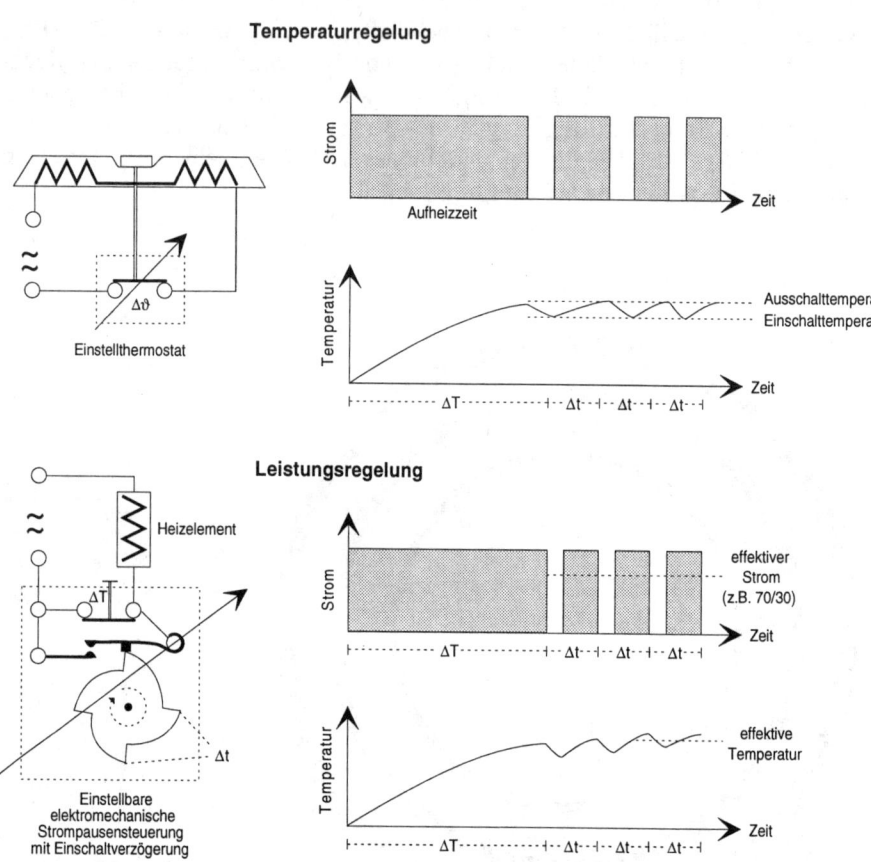

Abb. 2.28 Temperaturregelung und Leistungsregelung von Heizelementen mit Diagrammen

Die Backrohreinheit enthält mehrere Heizelemente (Unterhitze, Oberhitze, Grill), einen Thermostaten sowie evtl. einen Umluftventilator. Integrierte Geräte verfügen

---

[15] Strompausensteuerungen schalten den Verbraucher in kurzen Abständen ein und aus. Bei fester Zeitbasis (z.B. 1 Minute) ist das prozentuale Verhältnis der Einschaltzeit zur Ausschaltzeit ein Maß für die abgegebene Leistung. Ein 2000 Watt Heizelement wird bei 50/50-Taktung effektiv 1000 Watt abgeben und bei 80/20-Taktung 1600 Watt.

zusätzlich noch über eine Mikrowelleneinheit mit Magnetron, Antennenmotor, Hochspannungsansteuerung und Zeituhr.

Sicherheitshinweis

Mikrowelleneinheiten dürfen nicht bei offenem Gehäuse bzw. entfernten Strahlungsschutzvorrichtungen betrieben werden. Es besteht die Gefahr innerer Gewebeschäden. Eine Reparatur, die über den Austausch von Thermosicherungen hinausgeht, sollte Fachbetrieben vorbehalten bleiben.

Fehlerdiagnose

Die Funktionen eines Herdes liegen klar auf der Hand. Daher kann mit ziemlicher Sicherheit von der fehlerhaften Funktion auf die defekte Einheit geschlossen werden. Vor Beginn der Fehlersuche stellen Sie sicher, daß der elektrische Anschluß korrekt ist und am Gerät prinzipiell Strom ankommt. Wenn das gewährleistet ist, muß das Gerät stromlos gemacht werden (Sicherungen entfernen – Achtung, bei Drehstromanschluß sind es 3 Sicherungen). Danach können Sie das Gerät öffnen (z.B. durch Abschrauben der Kochplatteneinheit) und die in Frage kommenden Bauteile – Schalter, Thermostaten und Heizelemente – ohmsch durchmessen (vgl. Abbildung 2.27 und 2.28).

Hypermoderne Geräte bieten Möglichkeiten für zeitprogrammiertes Kochen. Die Fehlersuche in der meist elektronischen Steuerung kann sich recht kompliziert gestalten und sollte am besten anhand eines Schaltplans geschehen, wenn man sich überhaupt rantraut. Ein Fehler in der Steuerung kommt in Frage, wenn eine Überprüfung der anderen Bauteile kein Verdachtsmoment zutage gefördert hat. Die Realisierungen der Steuerungen sind höchst gerätespezifisch, so daß keine allgemeinen Angaben darüber möglich sind (ziehen Sie evtl. Kapitel 3 zu Rate).

Tab. 2.16 Fehlertabelle Herd

Fehlerbild	mögliche Defekte	Abhilfe
Gerät elektrisiert bei Berührung	Kriechstrom durch Feuchtigkeit und Schutzerdung nicht vorhanden	Gerät trocknen und Funktionsfähigkeit des Schutzleiters unbedingt wieder herstellen, Elektrik generell überprüfen
Keine Funktion, *Keine Betriebsanzeige*	Sicherung(en), Zuleitung oder Anschluß nicht in Ordnung. Evtl. liegt Gehäuseschluß durch ein defektes Heizelement vor	Austauschen bzw. Zuleitung und Schutzleiterfunktion überprüfen. Gerät auf Gehäuseschluß durchmessen
Betriebsanzeige leuchtet	Elektronische Steuerung oder Zeituhr defekt	Gerät evtl. an Fachbetrieb übergeben ➡

Fehlerbild	mögliche Defekte	Abhilfe
Eine oder mehrere Heizplatten ohne Funktion, *Gerät hat Drehstromanschluß*	Sicherung für eine Phase defekt, evtl. liegt Gehäuseschluß durch defektes Heizelement vor	Austauschen bzw. Zuleitung und Schutzleiterfunktion überprüfen, Gerät auf Gehäuseschluß durchmessen
Herdplatte heizt in einigen Stufen nicht oder mit verminderter Leistung	*Normalkochplatte* Ein Heizelement der Herdplatte ist unterbrochen	Herdplatte austauschen
	Stufenschalter defekt	Wartung der Schaltkontakte oder Austausch
	Schnellkochplatte Thermostat defekt	Wartung oder Austausch
Backrohr heizt nicht richtig (z.B. nur mit Unter- oder Oberhitze)	Heizelemente, Thermostat, Schalter	Durchmessen und Austausch, Schalter ggf. warten
	Evtl. vorhandene Thermosicherung defekt	Gegen Original austauschen
Keine Umluftfunktion	Ventilatormotor defekt	Austausch
Keine Zeitfunktion	programmierbares Zeitschaltwerk ist defekt oder hat Kontaktfehler	Wartung, ggf. Austausch
Keine Mikrowellenfunktion	Zeitsteuerung, Hochspannungstransformator oder Thermosicherung	Zeitsteuerungen lassen sich warten. Thermosicherung nur gegen Orginal austauschen, bei anderen Fehlern Fachbetrieb einschalten

3 Elektronische Geräte des Haushalts

Der dritte Teil unseres Rundgangs führt uns in den elektronischen Haushalt – in das Universum der Unterhaltungselektronik mit ihren technischen Tricks und Spielereien. Ziel soll es sein, einfachere Probleme (und das sind in der Tat die häufigsten) mit Ton- und Bildwiedergabegeräten – soweit es die Ausrüstung des Laien zuläßt – selbst analysieren und beheben zu können. In meinem langjährigen Kontakt mit dieser Materie hat sich eine Methode herauskristallisiert, die selbst mit geringem theoretischen Vorwissen – und in vielen Fällen sogar ohne Schaltplan – zum schnellen Erfolg führt. Was natürlich nicht heißen soll, daß die Beseitigung gewisser Fehlerbilder nicht doch gute Schaltpläne, tieferen Einblick in das Wesen der Materie und bessere Meß- bzw. Analysegeräte voraussetzt. Die Grenzen sind fließend, und der besser ausgerüstete Fachmann kann ja dann immer noch hinzugezogen werden.

In der ersten Hälfte dieses Kapitels finden Sie allgemeinere Informationen, die Sie mit der Materie vertraut machen sollen. Dazu gehören eine kleine Bauteilkunde, die allerwichtigsten Grundkonzepte der elektronischen Schaltungstechnik sowie deren Darstellung in Schaltplänen und Methoden bei der Fehlersuche. Im zweiten, praktischen Teil gebe ich Ihnen detaillierte Hinweise für die Wartung, Fehlersuche und Reparatur von Hifi-Anlagen und Fernsehgeräten. Die besprochenen Fehlerbilder decken statistisch gesehen die häufigsten Ausfälle ab und liegen zugleich noch im Bereich des für den Laien Machbaren. Es versteht sich von selbst, daß diese pragmatische Herangehensweise nur den Beginn eines langen, aber faszinierenden Weges markieren kann, den jeder/jede für sich anhand tiefergehender Literatur nach Belieben weiterverfolgen kann, wenn einmal die Schwellenangst beseitigt ist.

3.1 Werkzeuge

Arbeiten an elektronischen Geräten sollten nicht mit zu plumpem Werkzeug durchgeführt werden, da die vornehmlich kleinen Bauelemente oft bereits bei geringer mechanischer Belastung das Zeitliche segnen.

3.1.1 Unbedingt ...

▨ Diverse Schraubenzieher, darunter auch sehr feine

▨ Diverse Elektronik-Zangen, darunter Miniseitenschneider (evtl. tut es auch eine Nagelzwicke), Minispitzzange rund und flach (Preis für ein Billigset ca. 15 DM), normale Abisolierzange (vgl. Abbildung 1.1), Pinzette

▨ FCKW-freies Elektronik-Kontaktspray (kein Autokontaktspray) und Kältespray. (Preis: je unter 10 DM). Da Kontaktspray im Gegensatz zu Kältespray elektrisch leitet, darf es nur am stromlosen Gerät angewendet werden. Nach der sparsamen Anwendung sollten Sie mehrere Minuten warten, bis die Flüssigkeit verflogen ist.

▨ Elektronik-Lötkolben und feines Elektroniklot, evtl. potentialfreie Niedervolt-Lötstation. (Preis: ab 20 DM)

▨ Entlötpumpe (Preis: ab 10 DM)

▨ Vielfachmeßgerät (möglichst analoge Ausführung – wenn digital, dann mit Transistortest-Option) (Preis: ab 30 DM)

▨ Isolierband, Spiritus, Taschentücher, Wattestäbchen, Reinigungspinsel, feines Schmirgelpapier, hochwertiges Lagerfett

▨ sauberer Arbeitstisch mit verstellbarer Arbeitsleuchte, Lupe, Spiegel

3.1.2 Je nach Bedarf ...

▨ Elektronikfundus – darunter ein kleines Widerstandsortiment, diverse Feinsicherungen, Kondensatoren, Dioden und Transistoren, Anschluß- und Verbindungskabel, Stecker etc. (evtl. Chassis von ausgedienten TV-Geräten)

▨ Wärmeleitpaste (Preis unter 5 DM)

▨ Evtl. Frequenzgenerator für die Signaleinspeisung (Preis ab 100 DM)

▨ Evtl. Oszilloskop für die optische Verfolgung von Signalverläufen (Preis ab 200 DM)

▨ Zusätzliche Literatur, Datentabellen, Vergleichstabellen, Schaltpläne (vgl. Literaturliste im Anhang)

3.1.3.1 Arbeitsumgebung

Sorgen Sie für eine staubfreie, ruhige und ungestörte Arbeitsumgebung, in der Sie das zu reparierende Gerät gut beobachten können. Die Arbeitsfläche sollte einfarbig, nichtmetallisch und frei von Kabelresten, Schrauben etc. sein, um ungewollten Kurzschlüssen beim Testbetrieb vorzubeugen. Weiterhin tragen Sie keine Synthetikwäsche oder Schuhe mit Gummisohle, da bestimmte Schaltkreise (C-MOS-Bausteine) im Zusammenhang mit elektrostatischer Aufladung leicht durchschlagen.[1]

3.2 Sicherheitshinweise

Elektronische Geräte sind in mancher Hinsicht reparaturfreundlicher als die in Kapitel 2 besprochenen Haushaltsgeräte. Sie werden zwar an 220 Volt betrieben, die eigentliche Betriebsspannung liegt aber – herabgesetzt durch ein Netzteil – meist im ungefährlichen Niedervoltbereich (d.h. weniger als 60 V), so daß nur wenige Stellen im Gerät wirklich „heiß" sind. Das moderne Schaltungsdesign sieht zudem weitgehend eine Absonderung mit zusätzlicher Isolierung der gefährlichen Netzspannung vor, so daß sich das Risiko bei Messungen und selbst Berührungen am offen betriebenen Gerät in Grenzen hält. Dennoch möchte ich vor Leichtsinn im „Eifer des Gefechts" ausdrücklich warnen und die ausgiebige Messung am ausgesteckten stromlosen Gerät unbedingt empfehlen.

Völlig anders ist die Sachlage bei Fernsehgeräten – sie stellen ein erhebliches Risiko dar. Neben der absolut lebensgefährlichen bzw. tödlichen Hochspannung von 25 000 Volt, die für den Betrieb der Bildröhre unerläßlich ist, finden wir gerade bei älteren Modellen Schaltungen (Chassis ohne Potentialtrennung), bei denen regulär jedes einzelne Bauelement in mehr oder weniger direktem Kontakt mit der Phase steht und das völlig unabhängig von der Polung des Steckers.[2] Was generell für die Reparatur von netzbetriebenen Geräten gilt, nämlich daß laut VDE 100 (vgl. auch Seite 101) ein Testbetrieb (etwa zu Meßzwecken) nur über geeignete 220 V/220 V-Trenntransformatoren geschehen darf, gilt für solche Fernsehgeräte in absoluter Verschärfung. Wenn Ihnen kein solcher Trenntransformator zur Verfügung steht, bleibt als einziges Mittel für die Fehleranalyse die Widerstandsmessung am ausgesteckten Gerät.[3]

---

[1] Auch bestimmte Teppichsorten neigen dazu, elektrostatische Aufladung zu begünstigen – in diesem Fall versprühen Sie vor Arbeitsbeginn mit einem Zerstäuber etwas Wasser.

[2] Die Polungsunabhängigkeit ist ein Resultat der Vierweggleichrichtung, die dafür sorgt, daß das Chassis ein effektives Wechselspannungspotential von 110 V gegen Erde aufweist.

[3] Selbst nach jahrelangem und nahezu täglichem „Kontakt" hat sich bei mir gehöriger – und wie ich glaube, unverzichtbarer – Respekt vor offenen Fernsehgeräten gehalten, und ich ziehe die Messung am stromlosen Gerät allen anderen Messungen vor.

Zusammenfassung der wichtigsten Sicherheitsmaßnahmen

▨ Halten Sie sich an die auf Seite 101 genannten Sicherheitsvorschriften für „elektrische Arbeitsstätten".

▨ Stecken Sie Geräte aus, bevor Sie sie öffnen. (Der meist einpolige Ausschalter am Gerät macht das Gerät im allgemeinen nicht stromlos.)

▨ Nehmen Sie zuerst eine ausgiebige Sichtkontrolle des Gerätes vor und lokalisieren Sie alle Stellen, wo hohe Spannungen zu erwarten sind (Stromzuführung, Netzschalter, Sicherungen, Transformator, Leistungstransistoren etc.).

▨ Hüten Sie sich vor geladenen Kondensatoren. Da Kondensatoren elektrische Ladung speichern, können sie auch noch einige Zeit nach dem Ausstecken des Gerätes gefährliche Spannungen aufweisen – das betrifft im wesentlichen Siebkondensatoren in Netzgeräten mit hoher Kapazität.

▨ Messen Sie so viel es geht am stromlosen Gerät (nur wenige Fehler entgehen der sorgfältigen Widerstandsmessung).

▨ Wenn eine Messung am laufenden Gerät unvermeidlich erscheint, fixieren Sie die beiden Meßleitungen an den richtigen Stellen (meist liegt Minus am Gehäuse) und schalten Sie dann erst das Gerät ein. Beim Messen „aus der Hand heraus" rutscht man leicht ab und verursacht ungewollte Überbrückungen.

▨ Bevor Sie ein Gerät zum Testbetrieb einschalten, vergewissern Sie sich, daß alle Steckverbindungen wieder hergestellt und alle Module eingesteckt sind.

▨ Setzen Sie keine Sicherheitsfunktionen des Gerätes außer Kraft (Sicherungen nie überbrücken und immer gegen einen richtigen oder schwächeren Wert ersetzen). In modernen Geräten übernehmen oft niederohmige Widerstände die Funktion von Überstromsicherungen – der Schaltplan gibt darüber Auskunft. Ersetzen Sie diese nur gegen Originalersatzteile bzw. gegen schwerbrennende Metallfilmausführungen mit dem exakten Ohm- und Leistungswert.

▨ Verwenden Sie nur Bauteile, die in Wert und Grenzbelastbarkeit mit den Originalteilen übereinstimmen. Falsche oder zu schwach dimensionierte Bauteile können zu Bränden oder weiteren Schäden in einem Gerät führen.

▨ Sichern Sie ihren Arbeitsplatz, bevor Sie ihn auch nur vorübergehend verlassen gegen Dritte – speziell Kinder und Haustiere sind gefährdet – und arbeiten Sie grundsätzlich ohne Alkoholeinfluß und Zeitdruck.

3.3 Umgang mit elektronischen Bauteilen

Die Vielfalt der auf dem Mark befindlichen Bauteile ist groß und deren Hersteller gibt es nicht wenige. Äußern tut sich das zum einen in einer verwirrenden Fülle an Bauformen und Ausführungen für funktional äquivalente Bauteile und zum anderen natürlich in den verschiedensten Bezeichnungen für den gleichen Typ. Erschwerend kommt hinzu, daß besonders Spezialbauteile sich nur begrenzte Zeit auf dem Markt halten – eben so lange, wie sie guten Absatz finden – und für ältere Geräte oft nur noch bedingt gleichwertige Teile als Äquivalenztypen angeboten werden.

3.3.1 Grenzwerte und Anschlußbelegungen

Der Umgang mit elektronischen Bauteilen will gelernt sein. Jedes Bauelement ist herstellerseitig auf eine bestimmte Betriebsumgebung ausgelegt, die durch die Spezifikation definiert wird. Die Spezifikation macht Aussagen über das typische Verhalten eines Bauelements und definiert Grenzwerte (z.B. maximale Spannungs-Strom- und Temperaturbelastbarkeit), innerhalb derer es sicher und verschleißfrei zu betreiben ist. Das Überschreiten dieser Grenzwerte wird über kurz oder lang zur Zerstörung des Bauteils führen.

Die meisten Bauelemente sind gepolt, d.h. Sie müssen peinlich genau auf die richtige Anschlußbelegung achten. Ein versehentliches Verwechseln der Anschlüsse führt eigentlich immer zu einem sofortigen Defekt im Bauelement selbst oder zumindest in der – elektrisch gesehen – näheren Umgebung. Während die Polung von Kondensatoren und Dioden noch relativ eindeutig zu ermitteln ist, gibt es speziell bei der Verwendung von Ersatztypen für Transistoren oft Probleme mit einer veränderten Anschlußbelegung oder einer anderen Gehäuseausführung (letztere ist nur wichtig im Zusammenhang mit Kühlblechen).

Häufig ist die Anschlußbelegung eines Bauteils auf der Platine irgendwie aufgedruckt, meine Erfahrung zeigt jedoch, daß auf die Richtigkeit nicht immer Verlaß ist. Es ist somit wichtig, sich vor dem Ausbau eines Bauteiles die Anschlußbelegung genau anzusehen und evtl. zu notieren. Auf Schaltpläne – so man sie zur Verfügung hat – ist dagegen mehr Verlaß. Dennoch darf man sich nicht wundern, wenn sich Abweichungen schaltungstechnischer Natur zwischen Schaltplan und Schaltung ergeben, weil viele Geräte in mehreren Varianten auf den Markt kommen oder technische Änderungen „in letzter Minute" erforderlich waren. Aufschluß über die Anschlußbelegungen spezieller Bauteile geben die im Fachhandel erhältlichen Datentabellen und -blätter.

Moderne Schaltungen sind nicht mehr ohne ICs (Integrierte Schaltkreise) zu denken. Diese vielbeinigen „schwarzen Käfer" bestehen oft aus mehreren tausend Transistoren, Dioden und Widerständen und erledigen hochkomplexe Aufgaben, die selbst von versierten Elektronikern nur noch teilweise im einzelnen nachvollziehbar sind. Man wird daher solche Bauteile oft versuchsweise austauschen müssen, wenn der Verdacht auf Fehlfunktion naheliegt, weil ein hundertprozentiger Funktionstest nur durch die Schaltung selbst gewährleistet ist. Sind sie gesockelt, d.h. auf eine Fassung gesteckt, dauert der Austausch nur wenige Sekunden. Sind sie gelötet, erfordert der Ausbau einiges an Zeit und viel Fingerspitzengefühl (ich komme darauf in Abschnitt 3.3.2 zurück), da ihre thermische Belastbarkeit nicht sehr hoch ist. Für den Wiedereinbau verwendet man dann grundsätzlich eine Fassung. Ausgebaute bzw. noch nicht eingebaute ICs sollten mit höchster Vorsicht gehandhabt werden, damit die kleinen Beinchen nicht verbiegen oder abbrechen und keine statische Aufladung das sensible Innenleben gefährdet. Der Transport und Verkauf dieser Bauteile erfolgt in antistatischer Verpackung aus speziellem Kunststoff oder aufgesetzt auf leitendem MOS-Gummi.

3.3.1.1 Ersatzteile

Die Ersatzteilbeschaffung ist wie immer ein schwieriges Kapitel. Universellere Bauteile, wie Widerstände, Kondensatoren und die meisten Dioden und Transistoren bereiten keine Schwierigkeiten. Meist wird sogar die Bastelkiste oder eine ausrangierte Platine den Bedarf decken können oder zumindest der Gang zum nächsten Händler für elektronische Bauteile. Umständlicher wird es, wenn das Bauteil nicht gängig ist oder eine Spezialanfertigung des Geräteherstellers. Es scheint mir inzwischen gängige Geschäftspolitik geworden zu sein, Geräte mit Bauteilen auszurüsten, die bewußt vom Einzelhandel ferngehalten werden. Viele ICs (etwa für TV-Geräte oder Videorecorder) werden grundsätzlich nicht mehr einzeln verkauft, sondern nur noch im gesamten Modulaufbau. Der Preis, der dann selten unter 100 DM liegt, spricht für sich, wenn man bedenkt, daß die Reparatur auch für unter 10 DM erfolgen könnte. Nun ja, damit müssen wir leben und das beste daraus machen. Ich schlage Ihnen folgenden „Instanzenweg" bei der Beschaffung von Ersatzteilen vor:

▓ Bastelkiste durchforsten oder ausrangiertes Gerät ausschlachten – Bauteil vor Einbau sorgfältig prüfen.

▓ Einzelhandel für Elektronikbedarf telefonisch abklappern oder Kataloge einsehen.

▓ Markengebundene Reparaturbetriebe im Branchenbuch ermitteln und kontaktieren – evtl. Bestellung nach Abklärung des Preises.

▨ Direktbestellung beim Gerätehersteller (oft nur für Fachbetriebe möglich), ist auf alle Fälle mit längeren Bestell-, Liefer- und Versandzeiten verbunden.

3.3.2 Richtig ein- und auslöten

Das Löten sollten Sie beherrschen, bevor Sie auf ein elektronisches Gerät losgehen. Falls Sie noch nie gelötet haben, lesen Sie bitte einführend den Abschnitt 2.6.1 und üben ein bißchen an einer ausrangierten Platine – auf diese Weise bekommen Sie zugleich einen kleinen Fundus an elektronischen Bauteilen und das Gefühl für den Lötkolben. Beachten Sie dabei folgende Regeln:

▨ Heizen Sie den Lötkolben gut vor, verzinnen Sie die Lötspitze und verwenden Sie nur feines Elektroniklot.

▨ Halten Sie die Platine möglichst waagrecht und mit der Lötseite nach oben, damit während des Lötvorgangs kein Lötzinn abtropft und unerwünschte Überbrückungen schafft.

▨ Achtung, Platinen (besonders moderne) enthalten mitunter sehr dünne Leiterbahnen. Da diese nur von einer feinen Klebeschicht gehalten werden, kann ein zu langer Lötvorgang bei gleichzeitiger mechanischer Einwirkung die Leiterbahn von der Platine ablösen. Die Platine ist dann zwar nicht unbrauchbar, erfordert aber unschöne Reparaturen durch Überbrückungen und das Bauteil verliert an Halt.

▨ Auch die Bauteile – vorneweg Halbleiter[4], aber auch Kondensatoren – vertragen nicht übermäßig viel Hitze, besonders wenn die Anschlußdrähte recht kurz sind. Der Lötvorgang sollte daher grundsätzlich weniger als 2 Sekunden dauern, und nicht vor Ablauf von mindestens 10 Sekunden wiederholt werden.

Auslöten

▨ Diskrete Bauelemente (1 bis 3 Beinchen) können Sie notfalls auch ohne Verwendung der Entlötpumpe auslöten. Erhitzen Sie das Lötauge eines Anschlusses ca. 0,5 Sekunden und kippen Sie gleichzeitig das Bauelement mit ein wenig Druck, oder ziehen Sie daran, evtl. mit Hilfe einer kleinen Zange, bis sich der Anschlußdraht aus der Bohrung zurückzieht. Fahren Sie so reihum fort, bis alle Beinchen frei sind.

▨ Besser ist natürlich die Verwendung einer Entlötpumpe. Sie eignet sich für das Auslöten aller Bauteile – insbesondere für ICs – und da sie alles überflüssige Lötzinn absaugt, bereitet sie die Lötstelle gleichzeitig für den sofortigen Wiedereinbau vor. Die mechanische Belastung des Bauteils kann entfallen.

---

4   Dioden, Transistoren, ICs etc.

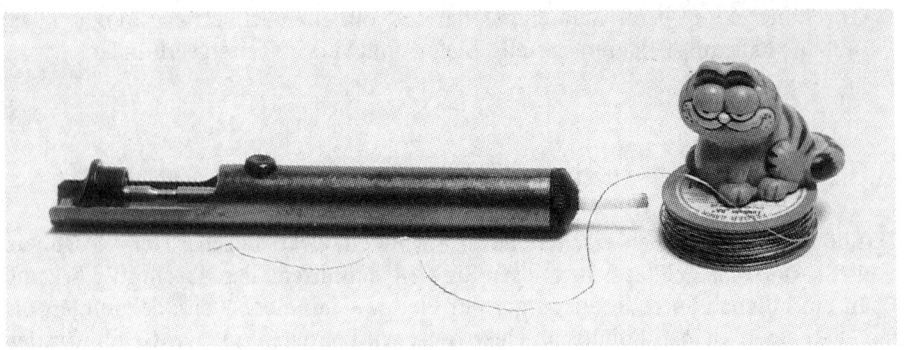

Abb. 3.1   Entlötpumpe und feines Elektroniklot

Verfahren: Fixieren Sie die Platine ein wenig, da Sie beide Hände für den Lötvorgang benötigen. Spannen Sie die Feder der Entlötpumpe und nehmen Sie sie
schußfertig in die eine Hand. Mit der anderen Hand führen Sie den Lötkolben
ca. 0,5 Sekunden an die Lötstelle. Sofort, wenn sich das Zinn verflüssigt hat,
setzen Sie das Saugrohr der Entlötpumpe an und „Schwupp". Gleichzeitig nehmen Sie die Lötspitze wieder weg. Wenn das „Timing" richtig war, werden Anschlußdraht und Lötstützpunkt nur noch eine dünne Zinnhaut tragen. Falls
diese das Beinchen noch festhält, kann sie mit einer kleinen Zange oder einem
Schraubenzieher vorsichtig zerrissen werden. Notfalls kann der Vorgang wiederholt werden. Vergessen Sie nicht, die Pumpe von Zeit zu Zeit zu reinigen
und spannen Sie sie nicht über der Platine, weil dabei Lötzinnreste herausfallen.

▦ Schwierig kann das Auslöten an Platinen werden, die zweiseitig oder in Sandwich-Technik kontaktiert sind. Sie sollten dann darauf achten, daß die Entlötpumpe alles Lötzinn aus der Bohrung saugen kann – evtl. warten Sie eine halbe
Sekunde länger bevor Sie absaugen, damit sichergestellt ist, daß das gesamte
Lötbett flüssig ist.

▦ Für ultramoderne, in SMD-Technik aufgebaute Platinen (Oberflächenmontage)
sind spezielle Feinlötkolben und viel Übung erforderlich. Mit herkömmlichen
Mitteln ist da nichts mehr zu erreichen.

Einlöten
▦ Bevor Sie ein Bauteil wieder einlöten, überprüfen Sie noch einmal, ob die Anschlußbelegung stimmt. Damit Sie die Beinchen in die Bohrungen einführen
können, müssen Sie den Lötstützpunkt unter Umständen von überflüssigem
Lötzinn befreien – am besten mit Hilfe einer Entlötpumpe (notfalls das Bauelement erst beim Erhitzen der Lötstellen richtig positionieren).

▦ Achten Sie auf einen geraden, freien Sitz des Bauelements in richtiger Höhe. Zu
lange Beinchen knipsen Sie ab. Nachdem *alle* Beinchen in die jeweiligen Boh

rungen eingeführt sind, biegen Sie sie ein wenig auseinander (nicht zu sehr), damit das Bauteil nicht mehr herausfallen kann. Jetzt können Sie durch kurze Lötvorgänge (ca. 1 bis 2 Sekunden) unter Zugabe von etwas frischem Lötzinn den elektrischen Kontakt herstellen. Achten Sie darauf, daß das Lötzinn gleichmäßig fließt, und bewegen Sie das Bauteil während des Erkaltens (2 bis 5 Sekunden) unter keinen Umständen.

▓ Eine saubere Lötstelle erkennen Sie an einer gleichmäßig konvex/konkaven Form. Sie sollte glänzen (vgl. Abbildung 3.2) und nicht zu massiv sein.

▓ Bei mechanisch schwingenden Bauteilen, darunter fallen vor allem Spulen und Transformatoren, sollten Sie nicht mit Lötzinn sparen, da diese gerne ihr Lötbett sprengen und dann aufgrund feiner Risse Kontaktschwierigkeiten bekommen.

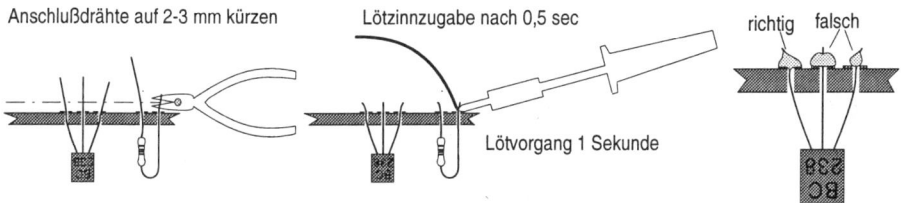

Anschlußdrähte auf 2-3 mm kürzen   Lötzinnzugabe nach 0,5 sec   richtig   falsch

Lötvorgang 1 Sekunde

Abb. 3.2   Lötvorgang

Tip
Wenn Sie versehentlich zwei nebeneinanderliegende Lötstellen kontaktiert haben, die keine Verbindung aufweisen dürfen, löst sich das Problem meist, wenn Sie – nach 20 Sekunden Wartezeit – das größere der beiden Lötaugen noch einmal 1 bis 2 Sekunden erhitzen. Die unerwünschte Lötverbindung trennt sich dann automatisch. Notfalls können Sie auch die Entlötpumpe einsetzen und den Lötvorgang wiederholen.

3.3.3 Richtig messen

Das Vielfachmeßgerät ist Ihr stärkstes Instrument bei der Fehlersuche – neben einem wachen Geist, versteht sich. Falls Sie mit den Möglichkeiten Ihres Meßgerätes noch nicht so vertraut sind, lesen Sie auch Abschnitt 2.5.

3.3.3.1 Widerstandsmessung

95% der Meßvorgänge werden im Widerstandsmeßbereich am stromlosen Gerät durchgeführt (vgl. Abbildung 2.3 links). Abgesehen von Spulen mit Feinschlüssen, Defekten in ICs und thermischen Problemen kann die Widerstandsmessung so gut wie jeden Fehler zu Tage fördern.

Natürlich gleicht die ungezielte Widerstandsmessung einer „Suche nach der Steck-nadel im Heuhaufen". Zunächst wird man daher unter Berücksichtigung des Feh-lerbildes und des modularen Schaltungsaufbaus versuchen, die defekte Stufe analy-tisch zu ermitteln. Einer ausgiebigen Sichtkontrolle folgt dann das Ausmessen der Bauteile (zum Meßbild vgl. die Abschnitte 3.4.1 und 3.4.2 sowie 2.5.2) und zwar nach folgender Priorität:

▓ verdächtige oder verfärbte Leiterbahnen, Lötaugen und Widerstände

▓ Dioden

▓ Transistoren

▓ Widerstände größerer Leistung

▓ Spulen und Wicklungen

▓ Kondensatoren

Die Messung der Bauteile geschieht *zunächst im unausgebauten Zustand* und di-rekt an den Anschlußdrähten bzw. an den Lötaugen der Platine. Achten Sie dabei auf einen guten Kontakt der Meßspitzen. Sie weisen so mit relativ großer Sicher-heit folgende Defekte nach:

▓ unterbrochene Leiterbahnen und Sicherungen, kalte Lötstellen und schwache Kontakte (zu 100%, wenn der Meßwert größer als etwa 5 Ω ist)

▓ Dioden, Gleichrichter und Transistoren mit Unterbrechung (zu 100%, wenn der Meßwert stark zur hochohmigen Seite hin vom typischen Meßbild abweicht) oder teilweisem Kurzschluß (ca. 60% wenn der Meßwert stark zur niederohmi-gen Seite hin vom typischen Meßbild abweicht – der Meßwert ist umso verläßli-cher, je mehr er gegen 0 Ω geht)

▓ durchgebrannte Widerstände (zu 100%, wenn der Meßwert mehr als 20% vom erwarteten Wert zur hochohmigen Seite hin abweicht)

▓ unterbrochene Wicklungen (zu 100%, wenn der Meßwert hochohmig ist) – Wicklungen mit Feinschluß dagegen normalerweise nicht, es sei denn, sie er-scheinen allzu niederohmig (der Meßwert ist aber unzuverlässig)

▦ durchgeschlagene Kondensatoren (zu 100%, wenn der Meßwert gegen 0 Ω geht – niederohmige Meßergebnisse werden meist verfälscht sein, können aber auf einen zu hohen Leckstrom mit teilweisem Kapazitätsverlust hinweisen)

▦ Kondensatoren mit totalem Kapazitätsverlust (100%, wenn die Messung ein sehr hochohmiges Ergebnis liefert und der typische kurze Zeigerausschlag fehlt) – niederohmige Meßwerte sind wahrscheinlich verfälscht.

▦ Kondensatoren mit teilweisem Kapazitätsverlust durch Vergleichsmessung mit Referenzkapazität (ca. 80%, wenn Zeigerausschlag deutlich niedriger – vgl. Abschnitt 2.5.2.6)

Diese Methode liefert zwar keine „sauberen" Meßergebnisse, weil Parallelwiderstände im Schaltungsaufbau (meist parallelliegende Wicklungen) für Verfälschungen in Richtung Niederohmigkeit sorgen können, doch sie scheidet zumindest die sich regulär verhaltenden Bauteile aus. Übrig bleiben wenige Bauelemente (ca. 2 bis 5%), die ein auffälliges Meßbild zeigen und für eine saubere Messung vollständig oder teilweise ausgelötet werden müssen.

Hinweis
Das Diagnostizieren von Integrierten Schaltungen ist generell schwierig und sicher nur mit einem Oszilloskop bei vorgegebenem Impulsdiagramm möglich. Auch Wärmedefekte und Ursachen für Spannungsüberschläge können Sie mit der Widerstandsmessung schwerlich nachweisen – das Fehlerbild weist aber im allgemeinen direkt auf solche Ursachen hin (zur Fehlersuchmethodik vgl. Abschnitt 3.6.1).

3.3.3.2 Spannungsmessung

Seltener wird man versuchen, am laufenden Gerät eine Gleichspannung nachzuweisen, die über den Nachweis von Versorgungsspannungen (dann evtl. auch Wechselspannung) oder eines „schwebenden Nullpotentials" hinausgeht, es sei denn, ein vorliegender Schaltplan gibt detaillierte Auskunft über die an bestimmten Punkten zu erwartenden Spannungspotentiale. Bei der Messung am laufenden Gerät (vgl. Abbildung 2.3 mitte) müssen Sie in erster Linie die Sicherheitsvorschriften beachten (vgl. Abschnitt 3.2) und Kurzschlüsse auf jeden Fall vermeiden. Gemessen wird normalerweise das Spannungspotential eines Punktes der Schaltung gegen den Bezugspunkt „*Masse*". Masse ist das als neutral definierte Potential (0 Volt) einer Schaltung. Wie der Name schon suggeriert, sind alle metallischen Befestigungen und Gehäuseteile eines Gerätes mit Masse verbunden.[5] Bei Geräten mit unge-

---

5   Die Masse eines elektronischen Gerätes darf nicht mit dem Erdpotential (Schutzleiteranschluß) verwechselt werden. Obwohl die Potentiale häufig – und sinnvollerweise – übereinstimmen, trifft man genauso oft schwebende Massen an, z.B. wenn das Gerät über einen 2-poligen Eurostecker betrieben wird. Bei manchen Geräten findet man auch eine Trennung zwischen Signalmasse und Gehäusemasse.

splitteter Stromversorgung – hierzu zählen auch Geräte, die mit mehreren positiven Versorgungsspannungen arbeiten – ist die Masse so gut wie immer mit dem Minuspol verbunden. Bei Geräten mit gesplitteter Versorgungsspannung – dazu zählen die meisten Verstärker mit höherer Leistung – liegt die Masse in der Mitte zwischen Plus und Minus (mehr dazu lesen Sie in Abschnitt 3.5.2).

Strommessung

Eine Strommessung ist im Zusammenhang mit Reparaturen eigentlich nie erforderlich. Sie erfordert einen Eingriff in die Schaltung, da das Meßgerät in Reihe mit dem zu messenden Stromzweig betrieben werden muß (vgl. Abbildung 2.3 rechts). Grundsätzlich läßt sich mit diesem Verfahren aber z.B. der Leistungsbedarf eines Moduls ermitteln oder der Ruhestrom eines Verstärkers messen, wenn der Verdacht auf eine Verschiebung des Arbeitspunktes (etwa wegen übermäßiger Erhitzung von intakten Bauteilen) besteht. Halten Sie bei solchen Messungen unbedingt die Sicherheitsvorkehrungen ein (vgl. Abschnitt 3.2) und passen Sie auf, daß die Meßanordnung nicht unterbrochen wird, während das Gerät läuft – schlimmere Defekte könnten die Folge sein.

3.4   Kleine Bauteilkunde

In den folgenden Abschnitten finden Sie – begleitet von Praxistips – eine knapp gehaltene Einführung über das Wesen und Verhalten der Bauteilgattungen, die in elektronischen Geräten am häufigsten zu finden sind. Dem Literaturverzeichnis im Anhang entnehmen Sie unter [6], [7], [8], [12], [13], [14] umfassendere Einführungen.

3.4.1 Passive Bauelemente

3.4.1.1 Widerstand

Über Widerstände wurde bereits einiges im Abschnitt 2.5.2.2 gesagt, vor allem was die Farbringkodierung (Tabelle 2.1), Serien- und Reihenschaltung sowie die Ermittlung des Widerstandswertes bei durchgebrannten Bauteilen betrifft. Das Ohmsche Gesetz (vgl. auch Seite 19) beschreibt den Zusammenhang zwischen Strom dem I, der Spannung U und dem Widerstand R:

$$R = U/I$$

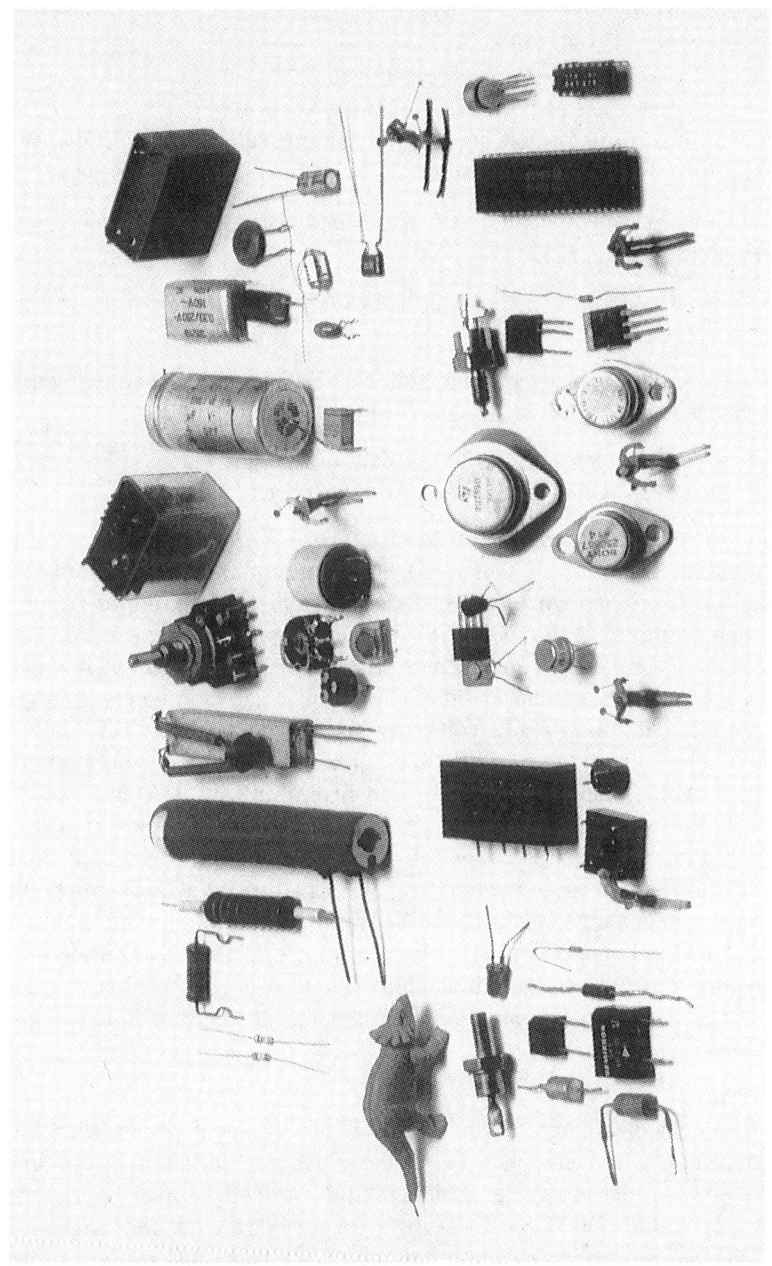

Abb. 3.3 Elektronikbauteile *in Leserichtung* Widerstände, Trimmwiderstände, Potentiometer, Fotowiderstand, PTC-Kombination für Bildröhren-Entmagnetisierungs-Schaltungen, Relais, Kondensatoren, Dioden, Transistoren, Triacs und Thyristoren, integrierte Schaltkreise.

Ferner gilt für die Leistung P

$$P = U \cdot I = I^2 \cdot R = U^2/R$$

In elektronischen Schaltungen spielt der Widerstand eine sehr wichtige Rolle. Die typischen Funktionen des Widerstandes sind:

▨ Strombegrenzer (Serienwiderstand für die Leistungsbegrenzung und Spannungsherabsetzung)

▨ Spannungsteiler (Lautstärkeregelung, Arbeitspunkteinstellung von Transistoren)

▨ Arbeitswiderstand (z.B. in Serie mit der Kollektor-Emitter-Strecke eines Transistors im A-Betrieb)

▨ Ladeverzögerer für Kondensatoren (Zeitglieder, vornehmlich aber in Frequenzfiltern als Teil eines RC-Gliedes, vgl. unter Abschnitt 3.4.1.2)

Da es sich bei einem Widerstand um ein passives Bauteil handelt, das selbst also keine Schaltfunktion übernimmt, laufen all diese Anwendungsbereiche auf das gleiche Prinzip hinaus. Sehen wir uns z.B. einen Vorwiderstand an, der es erlaubt, eine 6 V-Glühlampe mit 6 Watt an 12 Volt zu betreiben. Die Spezifikation der Glühlampe gibt uns vor, daß sie für den Betrieb in normaler Helligkeit einen Stromfluß von 1 A benötigt und der Stromquelle einen Widerstand von 6 Ω entgegensetzt. Würde man sie direkt an 12 Volt betreiben, wäre ein Stromfluß von 2 A und eine theoretische Leistung von 24 Watt die Folge – was sie sicher sofort zerstören würde. Der Vorwiderstand ist dafür da, den Stromfluß auf 1 A einzustellen (Strombegrenzung), was wiederum einem Spannungsabfall von 6 Volt am Widerstand und 6 Volt an der Lampe gleichkommt (Spannungsteilung). Sein Wert muß 6 Ω betragen, damit sich ein Gesamtwiderstand der Schaltung von 12 Ω ergibt. Die Stromquelle muß dagegen eine Leistung von 12 Watt bereitstellen. 6 Watt setzt der Widerstand als Arbeitswiderstand in Verlustleistung um – er muß also mindestens eine Dauerleistung von 6 Watt aushalten können – und 6 Watt bleiben für die Lampe. Rechnen Sie doch einfach nach! Abbildung 3.4 zeigt das Schaltbild und die elektrischen Größen.

Charakterisierung

Widerstände sind im allgemeinen frequenzneutral (gilt in Hochfrequenzschaltungen nur noch bedingt) und erzeugen keine Verschiebung zwischen Strom und Spannung. Die charakteristischen Kennzeichen sind „Verlustleistung" (Watt) und „Widerstandswert" (Ohm). Die Verlustleistung wird als Wärme an die Umgebung abgestrahlt. Da bei Widerständen kleinerer Leistung keine Leistungsangaben aufgedruckt sind, muß die Leistungsbestimmung theoretisch (etwa laut Schaltplan) erfolgen oder durch Baugrößenvergleich mit Widerständen bekannter Leistung. Die

Messung des Widerstandswertes kann exakt mit einem justierten Ohmmeter erfolgen und ist problemlos.

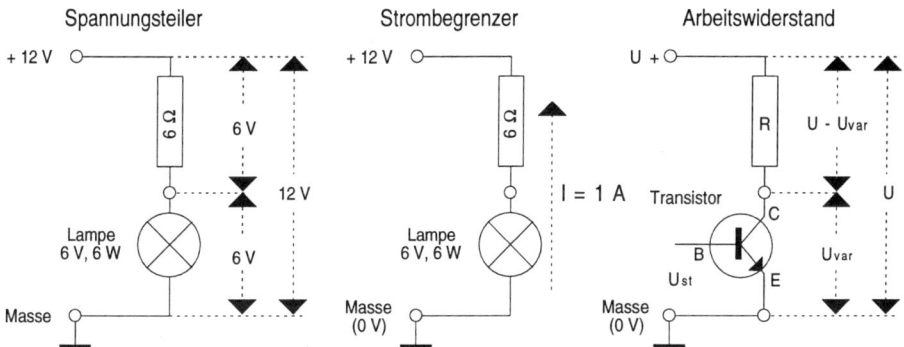

Abb. 3.4 Widerstand als Spannungsteiler, Strombegrenzer und Arbeitswiderstand

Praxistip
Widerstände höherer Leistung werden auch im Normalbetrieb recht heiß (ca. 80°C) und neigen dazu, ihre Lötstellen „erkalten" zu lassen (vgl. Abschnitt 2.6.1). Manchmal findet man in Geräten Leistungswiderstände, die mit einer Rücklötsicherung als Überlastschutz ausgestattet sind. Der Rücklötvorgang sollte ohne Zugabe zusätzlichen Lötzinns erfolgen (die Schmelztemperatur muß gleich bleiben), nachdem die Ursache der Überlastung – meist eine defekte Endstufe – beseitigt ist.

Einstellbare Widerstände: Potentiometer und Abgleichwiderstände
Potentiometer und Abgleichwiderstände (Trimmer) sind einstellbare Spannungsteiler, bestehend aus einer Widerstandsbahn (Kohleschicht oder Drahtwicklung) und einem veränderbaren Mittelabgriff (vgl. Abbildung 3.3). Abgleichwiderstände dienen ausschließlich zur Arbeitspunkteinstellung einer Schaltung, die mit Hilfe eines kleinen Schraubenziehers vorgenommen wird. Potentiometer sind dagegen Bedienelemente. Durch Drehen (Drehwiderstand) oder Verschieben (Schieberegler) des Mittelabgriffs verändert der einstellbare Widerstand das Verhältnis der Spannungsteilung entweder direkt proportional zur Streckenteilung (lineare Charakteristik) oder in logarithmischem Verhältnis (logarithmische Charakteristik). Logarithmische Potentiometer finden vor allem im Audiobereich Anwendung (z.B. als Lautstärkeregler), da sie mit dem subjektiven Hörverhalten konform gehen.

Praxistips
Einstellbare Drehwiderstände neigen bei Verschmutzung der Widerstandsbahn oder nachlassender Federwirkung des Mittelabgriffs zu Wackelkontakten. Bei Trimmwiderständen macht sich dies indirekt durch einen verschobenen Arbeitspunkt bemerkbar (kommt häufig als auslösender Defekt in Frage). Bei Potentiome-

tern ist während des Einstellvorgangs dagegen meist ein deutliches Kratzen zu hö-
ren oder zu „sehen", bis hin zu streckenweisem Totalausfall im Regelbereich. Ab-
hilfe läßt sich meist durch einen kräftigen Schuß Kontaktspray erreichen, gefolgt
von mehrmaligem Hin- und Herregeln. Dauerhaft hilft aber oft nur ein Nachbie-
gen der Kontaktzunge für den Mittelabgriff. Vergessen Sie nicht, bei Trimmwider-
ständen vor dem Verstellen die ursprüngliche Einstellung zu markieren.

Potentiometer für die Anwendung im Stereobereich sind als Mehrfachpotentiome-
ter mit gemeinsamer Achse ausgeführt (evtl. mit zusätzlicher Schaltfunktion). Zur
Klangverbesserung besitzen sie oft weitere, feste Mittelanzapfungen, was die Er-
satzteilbesorgung schwierig macht. Mit ein bißchen feinmechanischem Geschick
können sie aber meist wieder instandgesetzt werden.

Lichtempfindliche Widerstände (vgl. Abbildung 3.3)
Eine Sonderklasse unter den Widerständen bildet der lichtempfindliche Widerstand
(Fotowiderstand oder LDR-Widerstand). Er reagiert auf Licht und verringert mit
zunehmender Beleuchtungsstärke seinen elektrischen Widerstand (typisch: mehrere hundert Kiloohm bei Dunkelheit, wenige hundert Ohm bei starker Helligkeit).
Sein Einsatzbereich liegt in der Beleuchtungsmessung, Hell- bzw. Dunkelsteue-
rung und im Zusammenhang mit Lichtschranken.

Temperaturempfindliche Widerstände (vgl. Abbildung 3.3)
Eine weitere Sonderklasse unter den Widerständen bildet der temperaturempfindli-
che Widerstand. Der Heißleiter oder NTC-Widerstand (negativer Temperaturkoeffizient) vermindert seinen Widerstand bei ansteigender Temperatur, während der
Kaltleiter oder PTC-Widerstand (positiver Temperaturkoeffizient) ihn umgekehrt
erhöht. Solche Widerstände finden z.B für die Arbeitspunktstabilisierung von Verstärkerstufen Verwendung, da Transistoren – aber auch Dioden und intern nicht
temperaturkompensierte ICs – ein temperaturabhängiges Verhalten zeigen.

Als besondere Anwendung hat sich in der Fernsehtechnik eine Kombination aus
zwei PTC-Widerständen für die Bildröhrenentmagnetisierung eingebürgert. Abbildung 3.5 zeigt die einfache, aber wirksame Schaltungsanordnung. Beim Einschalten des Gerätes fließt über den Kaltleiter PTC_1 ein recht kräftiger Strom (typisch
bis 5 A), der in der seriell liegenden Entmagnetisierungsspule ein starkes Wechsel-
strom-Magnetfeld erzeugt. Durch den hohen Stromfluß erwärmt sich PTC_1, der
Strom durch die Spule und das Magnetfeld werden kontinuierlich schwächer – der
typische Entmagnetisierungsvorgang. Die Temperatursteilheit von PTC_1 alleine
genügt aber nicht, um den Entmagnetisierungsstrom so zu reduzieren, daß sich
dadurch keine Bildstörung ergibt. PTC_2 sorgt nun in direktem Wärmekontakt mit
PTC_1 dafür, daß dieser zusätzlich und ständig erhitzt wird. Somit kann der Entmagnetisierungsstrom auf unter 1 mA sinken und das Magnetfeld verschwindet
nahezu völlig.

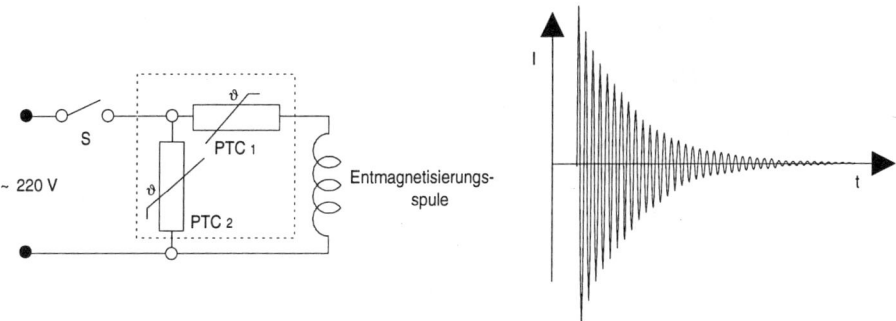

Abb. 3.5 Entmagnetisierungsschaltung für eine Farbbildröhre mit Kaltleiterkombination

3.4.1.2 Kondensator

Über Kondensatoren wurde bereits einiges in Abschnitt 2.5.2.6 gesagt – insbesondere was das Funktionsprinzip, die Bauformen und das Ausmessen betrifft. In elektronischen Schaltungen findet man – im wahrsten Sinne des Wortes – eine bunte Mischung von gepolten und ungepolten Kondensatoren mit Werten zwischen einigen nF und einigen tausend µF. Die typischen Funktionen des Kondensators sind:

▓ Siebkondensator zur Glättung von welliger Gleichspannung (grundsätzlich Elko mit hoher Kapazität – vgl. Abschnitt 3.5.2 „Netzteile")

▓ Kopplungskondensator zwischen Verstärkungsstufen zur Anpassung von unterschiedlichen Gleichspannungspotentialen (vgl. Abschnitt 3.5.3, „Verstärkerschaltungen")

▓ Entstörkondensator zum Herausfiltern unerwünschter Hochfrequenzanteile – der Kondensator bildet dann meist in Kooperation mit einer Induktivität (Drossel) ein Entstörfilter (vgl. Abbildung 3.6)

▓ Filterkapazität in Hochpaß-, Tiefpaß- oder Bandfiltern (vgl. Abbildung 3.7)

▓ Schwingkreiskapazität in Serie (Serienschwingkreis) oder parallel (Parallelschwingkreis) zu einer Induktivität (Spule) – vgl. Abbildung 3.8

Charakterisierung
Der Kondensator läßt Gleichstrom überhaupt nicht passieren, Wechselstrom dagegen umso besser je höher die Frequenz wird. Im Wechselstrombetrieb wirkt der Kondensator als Blindwiderstand und bedingt eine Phasenverschiebung zwischen Strom und Spannung – der Strom eilt der Spannung voraus.

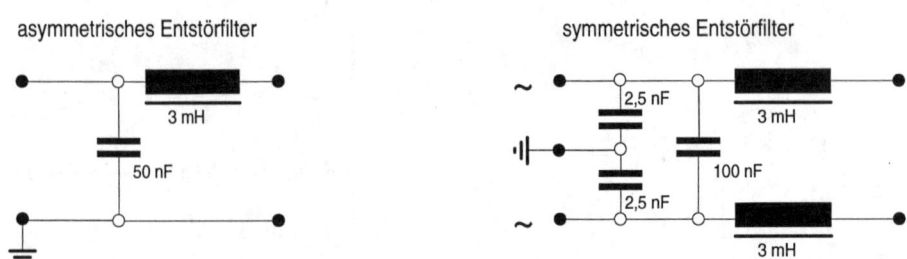

asymmetrisches Entstörfilter   symmetrisches Entstörfilter

Abb. 3.6   Funkentstörfilter – läßt hochfrequente Schwingungen nicht passieren

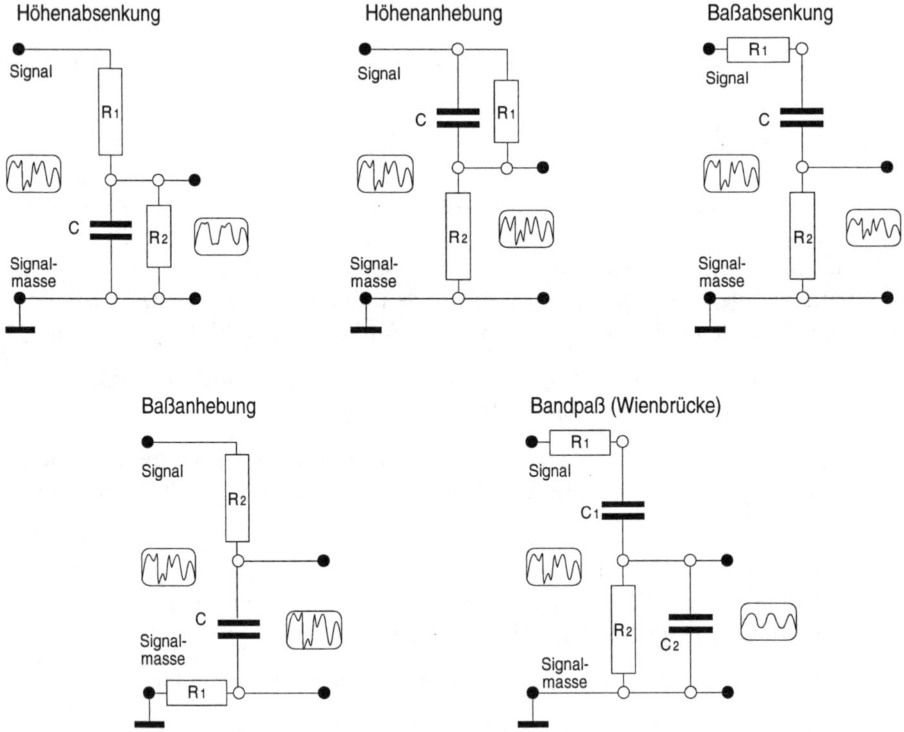

Höhenabsenkung   Höhenanhebung   Baßabsenkung

Baßanhebung   Bandpaß (Wienbrücke)

Abb. 3.7   RC-Glieder – Hochpaß, Tiefpaß, Bandpaß

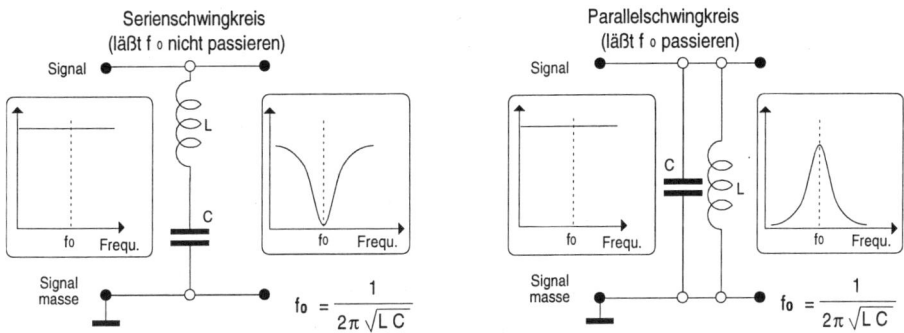

Abb. 3.8   LC-Glieder – Serien- und Parallelresonanzkreis

3.4.1.3 Spule und Transformator

Jede Spule besitzt eine Induktivität, die in der Einheit Henry (1 H = 1000 mH = 1 000 000 μH) angegeben wird. Sie ist ein Maß, mit dem sich das elektromagnetische Verhalten einer Spule im Stromkreis theoretisch beschreiben läßt. In der Praxis sind jedoch zusätzlich die Bauform[6] und das Kernmaterial (Eisenkerne, Blechkerne, Ferritkerne etc.) entscheidende Faktoren für die Spulengüte[7], da je nach Frequenzbereich bestimmte physikalische Effekte eine erhebliche Rolle spielen. Damit ist die meßtechnische Erfassung von Induktivitäten mit „Hausmitteln" relativ aussichtslos. Für den Funktionstest wird aber in den allermeisten Fällen eine Sichtuntersuchung auf Verfärbung der Wicklung durch Hitzeeinwirkung und eine begleitende ohmsche Messung auf Durchgang ausreichen. Weiterhin kann mit Hilfe eines Oszilloskops vom Impulsdiagramm auf die korrekte Funktion im Schaltkreis geschlossen werden.

Hier die typischen Anwendungen von Spulen in der Elektronik:

▨ Relaisspule für elektromechanische Schaltvorgänge (vgl. Abschnitt 2.5.2.4)

▨ Drosselspule zur Erzeugung von Blindwiderständen z.B. für Hochfrequenzfilterung oder Impulsverformung (vgl. Abbildung 3.6)

▨ Resonanzinduktivität in Schwingkreisen (LC-Kreise, vgl. Abbildung 3.8)

---

6   Geometrie der Wicklung (v.a. Länge und Durchmesser), ohne Kern (Luftspule), mit Kern (geschlossen oder offen), verwendeter Wicklungsdraht, Anzahl der Windungen etc.

7   Aus physikalischen Gründen muß jede Spule als Serienschaltung eines Widerstandes und einer idealen Spule begriffen werden. Die „Güte" einer Spule ist ein Maß dafür, wie sehr sie – bezogen auf einen bestimmten Arbeitsbereich (Frequenzbereich) – von der idealen Spule abweicht.

▓ Transformatorspule für die (potentialgetrennte) Spannungs- und Stromtrans-
formation (Impedanzwandlung) in Kopplungsschaltungen (vgl. auch Abschnitt
1.4.7.4)

▓ Ablenkspule (z.B. Horizontal- und Vertikalablenkung für Fernsehbildröhren)

▓ Induktionsspulen zur Hochspannungsgewinnung (z.B. Zündungsschaltungen
für Kfz)

Im Transformator wirken mindestens zwei Spulen – eine Primärspule (Energie-
einspeisung) und eine Sekundärspule (Energieentnahme). Sind Primär- und
Sekundärspule getrennt gewickelt, handelt es sich um einen regulären Transformator (Potentialtrenner), wie er z.B. zur Niederspannungsversorgung mit gleichzeitiger Netztrennung für die meisten elektronischen Geräte verwendet wird. Oft
besitzt die Sekundärspule verschiedene Anzapfungen, so daß sekundärseitig
mehrere Spannungen zur Verfügung stehen. Primärseitige Anzapfungen sind im
allgemeinen dafür da, den Transformator an Stromnetze mit unterschiedlicher
Spannungsnorm anpassen zu können (vgl. auch Abbildung 1.30).

Zwei einfache Formeln beschreiben den Zusammenhang zwischen den Spannungen
(U), den Strömen (I) und den Windungzahlen (n) im Transformator:

$$\frac{n_i}{n_j} = \frac{U_i}{U_j}$$

$$\frac{U_i}{U_j} = \frac{I_j}{I_i}$$

Spartransformatoren verwenden nur eine Wicklung mit Anzapfungen für Primär-
und Sekundärspulen. Der Effekt ist im wesentlichen der gleiche, es findet jedoch
keine Potentialtrennung statt.

Charakterisierung
Die Spule verhält sich bei Gleichstrom wie ein ohmscher Widerstand und erzeugt
ein dem Stromfluß proportionales Magnetfeld. Wird eine Spule von Wechselstrom
durchflossen, wirkt ihre Induktivität dem Stromfluß entgegen. Es ergibt sich wie
beim Kondensator ein Blindwiderstand und eine Phasenverschiebung zwischen
Strom und Spannung – die Spannung eilt dem Strom voraus.[8]

Praxistips
*Bedingt durch die Selbstinduktion bei plötzlicher Stromunterbrechung (z.B. durch
Schalter oder Wackelkontakt) treten in der Spule teilweise sehr hohe Induktions-
spannungen auf, die hochfrequente Störungen in Rundfunk- und Fernsehgeräten*

---

[8]   Die Phasenverschiebung einer Spule ist der des Kondensators genau entgegengesetzt.

hervorrufen, die Isolation des Wicklungsdrahtes gefährden und benachbarte Schaltungselemente zerstören können. Aus diesem Grund findet man oft Schutzkondensatoren oder -dioden in Parallelschaltung zu Wicklungen, die diese Spannungen kompensieren. Ein Defekt solcher Schutzelemente kommt als Ursache für viele Ausfälle in Frage.

Ist die Isolation des Wicklungsdrahtes (z.B. nach Überhitzung oder durch zu hohe Induktionsspannungen) einmal beschädigt, wird es – mehr oder weniger häufig – zu Spannungsüberschlägen innerhalb der Wicklung kommen, die sich durch Knistern, Ozongeruch sowie durch Störungen in Rundfunk- und Fernsehgeräten bemerkbar machen. Letztendlich führt dieser Effekt dann zu Feinschlüssen in der Wicklung und zur Herabsetzung der Induktivität.

Spulen, die von niederfrequenten Wechselströmen (bis ca. 100 kHz) durchflossen werden, schwingen mechanisch und neigen dazu, ihre Lötbetten auf der Platine zu sprengen. Das Resultat ist eine der häufigsten Fehlerquellen in elektronischen Schaltungen: Wackelkontakte und Schaltungsdefekte aufgrund „kalter Lötstellen".

3.4.2 Aktive Bauelemente (Halbleiter)

3.4.2.1 Diode

Dioden sind Stromventile, die Strom nur in einer Richtung passieren lassen. Sie bestehen aus zwei künstlich „verunreinigten" Halbleiterplättchen (Silizium), von denen das eine die Kathode (N-Schicht) bildet und das andere die Anode (P-Schicht). Am Übergang dieser beiden Schichten bildet sich ein Grenzbereich aus, der Elektronen von der Kathode zur Anode passieren läßt, sobald die „Schleusenspannung" (typisch 0,7 Volt) überschritten ist. Bei umgekehrter Polung, Plus an der Anode und Minus an der Kathode läßt der Grenzbereich (fast) keine Elektronen passieren – die Diode sperrt. Für den Betrieb mit Wechselspannung bedeutet das, daß die Diode als „Gleichrichter" fungiert und jeweils für eine Halbwelle durchlässig ist und für eine nicht. (Vgl. Abbildung 3.9)

Dioden gibt es im Handel in tausenderlei Ausführungen mit den verschiedensten Spannungs- und Stromfestigkeiten. Die typischen Arbeitswerte findet man in speziellen Datenbüchern, die auch Vergleichstypen angeben. Die Bezeichnung gibt im allgemeinen wenig Hinweis auf diese Werte (vgl. Tabelle A.1 im Anhang). Dioden bis 3 Ampere Belastbarkeit sitzen in zylinderförmigen Kunststoffgehäusen und bedürfen noch keiner expliziten Kühlung, erst Dioden mit größerer Strombelastbarkeit besitzen ein Metallgehäuse und evtl. zusätzlich einen Kühlkörper. Der Kathodenanschluß ist durch einen Farbring, ein Diodensymbol oder durch ein rundes Gehäuseende gekennzeichnet.

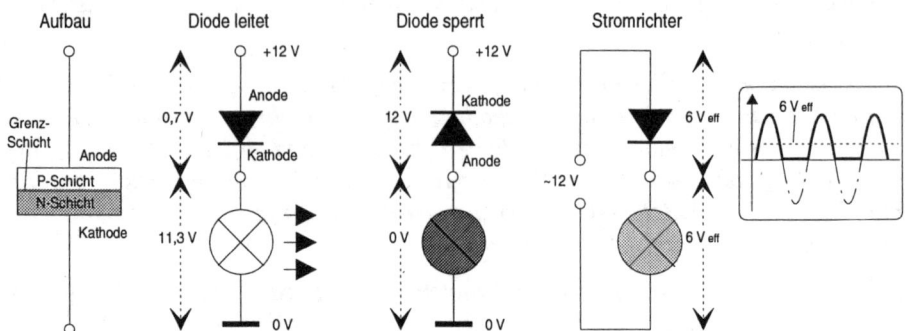

Abb. 3.9 Diode – *links* PN-Schicht und Aufbau *mitte* Diode im Gleichstromkreis *rechts* Diode als Gleichrichter im Wechselstromkreis

Praxistip: Dioden durchmessen

„Durchgeschlagene" Dioden sind mit die häufigsten Defekte in elektronischen Geräten. Als Fehlerursache kommen Überspannungen (z.B. hervorgerufen durch Spulen mit Wackelkontakt), Überströme (z.B. durch Kurzschlüsse oder Überlastung) aber auch Materialermüdung in Betracht. Das Durchmessen einer Diode kann im Widerstandsmeßbereich eines herkömmlichen Analogmeßgerätes geschehen oder mit Hilfe eines Transistor/Dioden-Testers. Digitale Billigmeßgeräte sind dagegen für die Messung ungeeignet.

Hier eine Beschreibung des Meßvorgangs mit einem analogen Vielfachgerät: Die Messung wird zunächst im unausgebauten Zustand vorgenommen, ein Ausbau erfolgt erst bei Verdacht auf einen Meßfehler oder einem festgestellten Defekt. Stellen Sie den Meßbereich ×Ω oder ×10Ω ein. Führen Sie die schwarze Meßspitze (Minus oder COM) an die Kathode und die rote (Plus oder Ohm) an die Anode. Das Meßgerät darf jetzt keinen Ausschlag zeigen, da die Diode sperrt. Vertauschen Sie jetzt die Polung. Das Meßgerät müßte nun den Durchgang als mittleren Ausschlag anzeigen, der von Meßgerät zu Meßgerät, aber auch von Diode zu Diode, leicht unterschiedlich sein kann. Alle anderen Meßergebnisse verweisen auf eine defekte Diodenstrecke oder einen Meßfehler durch parallelliegende Widerstände. Die Messung sollte dann auf alle Fälle nach Ausbau der Diode wiederholt werden.

Vierwegleichrichter (Brückengleichrichter)

Eine explizit oder implizit in jedem Netzteil zu findende Diodenschaltung ist der „Vierwegleichrichter" oder „Brückengleichrichter". Er überführt nahezu verlustlos Wechselspannung in (wellige) Gleichspannung und besteht aus 4 Dioden in Ringschaltung. Der Strom nimmt während der positiven Halbwelle den Weg über das eine Diodenpärchen und während der negativen Halbwelle den Weg über das andere Diodenpärchen.

Schaltsymbol

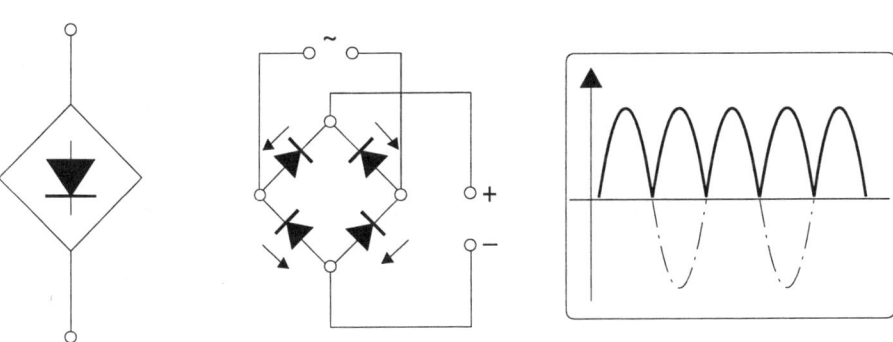

Abb. 3.10 Vierweggleichrichtung – Schaltsymbol, Schaltung und Spannungsdiagramm

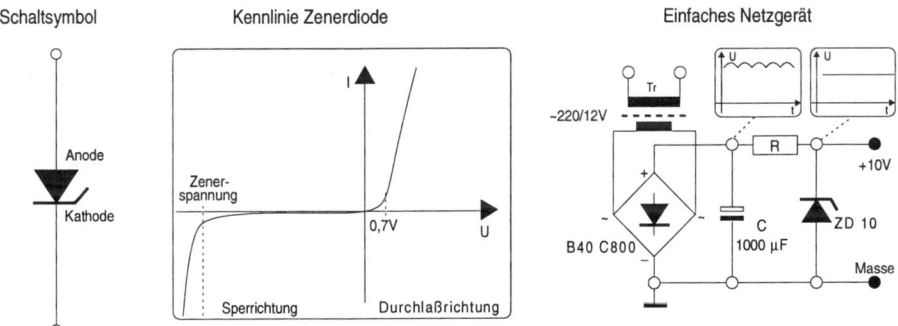

Abb. 3.11 Zenerdiode – Schaltsymbol, Strom/Spannungsdiagramm, Spannungsstabilsierung

Zenerdiode

Zenerdioden sind vom Prinzip her vollwertige Dioden. Ihr Wirkungsprinzip macht sich aber zusätzlich eine spezielle Eigenschaft des PN-Übergangs zunutze – nämlich das „Durchbrechen" der Grenzschicht, wenn die Spannung im Sperrbetrieb einen typischen Wert übersteigt. Sobald die Spannung wieder unter die „Zenerspannung" sinkt, sperrt die Diode wieder. Wir haben es bildlich gesprochen also mit einem „Faß zu tun, das überläuft, wenn es zu voll wird". Zenerdioden eignen sich gut zur Erzeugung von Referenzspannungen, etwa in spannungsstabilisierten Netzgeräten. Abbildung 3.11 zeigt das Schaltsymbol, das typische Strom/Spannungs-Diagramm und eine Spannungsstabilisierung, wie sie in einfacheren Netzgeräten Verwendung findet.

Leuchtdiode

Bei dieser Art von Dioden handelt es sich um spezielle Halbleiterdioden mit Kunstharzlinsen, die – in Durchlaßrichtung betrieben – Licht einer bestimmten Wellenlänge aussenden. Die Betriebsspannung liegt typisch bei 1,6 V und der Strom zwischen 20 und 100 mA. Die Kathode läßt sich einfach durch Messung ermitteln (vgl. Seite 204).

Praxistip:

Die an sich verschleißfreien Leuchtdioden zeigen meßtechnisch dasselbe Verhalten wie eine Diode. Mit einfacheren Analogmeßgeräten (und allen Transistortestgeräten) kann der Leuchteffekt im Widerstandsmeßbereich direkt nachgewiesen werden, wenn die Leuchtdiode in Durchlaßrichtung gemessen wird.

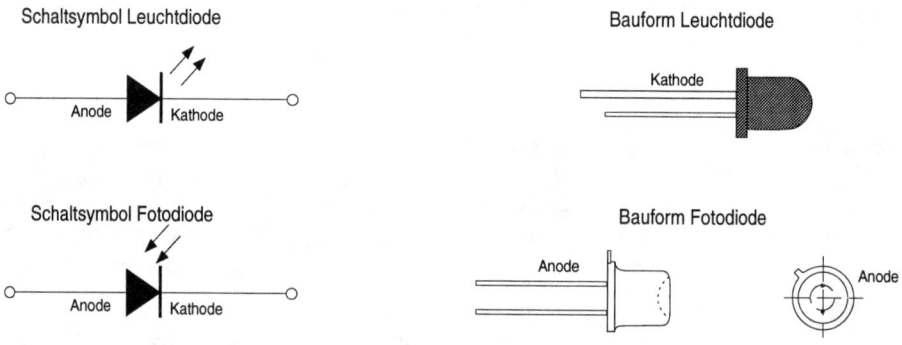

Abb. 3.12 Leuchtdiode und Fotodiode: Schaltbild und Bauform

Fotodiode

Halbleitermaterialien sind grundsätzlich lichtempfindlich. Die Fotodiode (vgl. Abbildung 3.12) nutzt diesen Effekt und kann – im Gegensatz zum relativ trägen Fotowiderstand – selbst extrem kurze Lichtschwankungen erfassen. Bei Dunkelheit weist die in Sperrichtung betriebene Fotodiode eine völlig normale Diodencharakteristik auf (vgl. sinngemäß Abbildung 3.11 mitte). Unter Beleuchtung nimmt der Sperrwiderstand jedoch proportional zur Lichtstärke ab.

Optokoppler

Optokoppler sind eine Kombination aus Leuchtdiode und Fotodiode (Fototransistor). Ihr Einsatzgebiet liegt in der potentialfreien Signalkopplung (geschlossener Aufbau, z.B. Regelkreiskopplung in Schaltnetzteilen) und in der Zustandserfassung mechanisch bewegter Teile (offener Aufbau, z.B. „Endschalter" in CD- und Video-auswurfmechanismen).

Diese selten defekten Bauteile lassen sich mit Hilfe zweier Analogmeßgeräte durch-messen. Eines mißt die Sendediode, das andere gleichzeitig die Empfängerdiode. Wenn die Sendediode in Durchlaßrichtung gemessen wird, müßte die Empfänger-diode in Sperrichtung niederohmig werden.

Diac
Bei einem Diac handelt es sich im Prinzip um zwei antiparallel geschaltete „Vier-schichtdioden" (PNPN) mit spezieller Charakteristik. Die Durchbruchsspannung ist aufgrund der Anordnung unabhängig von der Polariät (Wechselstrombetrieb) und liegt typisch zwischen 20 und 30 Volt. Diese Eigenschaften prädestinieren das Bau-element als Zündelement für Triacs in Phasenanschnittsteuerungen (vgl. Abbildung 3.13 und die Abschnitt 3.4.2.2 und 1.4.5.5).

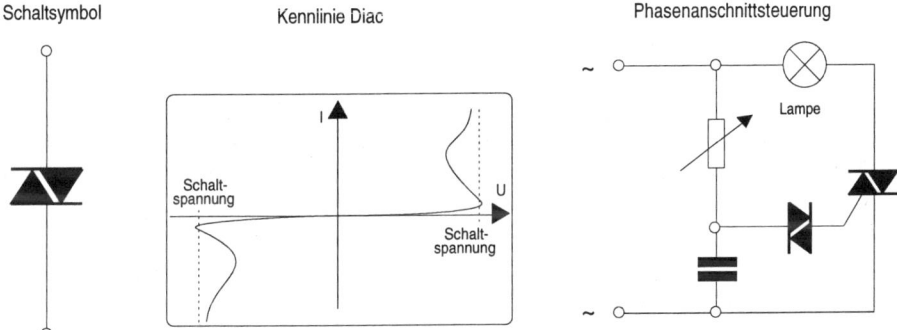

Abb. 3.13 Diac – Schaltsymbol, Kennlinie und Phasenanschnittsteuerung

Tab. 3.1   Bezeichnungssystematik für Dioden

Bezeichnung[9]	Art
AA ...	Kleinsignaldiode (Germanium)
BA. ...	Kleinsignaldiode (Silizium)
BB ...	Kapazitätsdiode (Silizium)
BP. ...	Sende-Leuchtdiode
BY ...	(Hoch-)Leistungsdiode (Silizium)

---

9   Ausnahmen sind möglich.

Bezeichnung	Art
BZ. ...	Zenerdiode (geringe Verlustleistung)
CN. ...	Optokoppler
LD....	Infrarot-Sendediode
P	Hochleistungsdiode
PC ...	Optokoppler
SKE ...	Gleichrichter
SFH ...	Infrarot-Empfängerdiode
ZD ...	Zenerdiode (1,3 Watt)
1N	Diode (verschieden, japanisch)

3.4.2.2 Transistor

Der Transistor ist das Arbeitspferd der Elektronik. Er hat als aktives Verstärkerelement inzwischen die Röhre vollständig von der Bildfläche verdrängt. Der interne Aufbau (vgl. 3.15 links) zeigt, daß es sich beim Transistor um eine Art „Doppeldiode" mit zwei Grenzschichten – eine zwischen Basis und Emitter und eine zwischen Basis und Kollektor – handelt. Das erklärt auch sofort die zwei möglichen Bauformen, nämlich den PNP-Transistor und den NPN-Transistor. Da die Basisschicht extrem dünn ausgebildet ist (typisch 0,02 bis 0,05 mm) kann ein geringer Steuerstrom zwischen Basis und Emitter einen um ein Vielfaches (typisch Faktor 100 bis 500) größeren Stromfluß zwischen Kollektor und Emitter regulieren.

In Emitterschaltung betrieben (vgl. Abbildung 3.15 mitte) wirkt der Transistor als Spannungs- und Stromverstärker mit 180° Phasendrehung. In Kollektorschaltung (auch treffender als „Emitterfolger" bezeichnet – vgl. Abbildung 3.15 rechts) ergibt sich dagegen eine Spannungsverstärkung von etwa 1 (also keine), aber eine beträchtliche Stromverstärkung ohne Phasendrehung. Das rührt daher, daß sobald das Potential zwischen Basis und Emitter die Schleusenspannung von 0,7 Volt[10] übersteigt, der Kollektor-Emitterwiderstand entsprechend sinkt. Damit paßt sich die Emitterspannung relativ unabhängig vom Stromfluß zwischen Kollektor und Emitter immer an die Basisspannung (abzüglich Schleusenspannung) an.

---

[10] Dieser Wert gilt generell für Siliziumtransistoren. Germaniumtransistoren, deren Einsatzbereich heutzutage nur noch im extremen Hochfrequenzbereich liegt, besitzen eine Schleusenspannung von typisch 0,3 Volt.

Faustregel
Als Faustregel für die Analyse von Transistorschaltungen kann man sich merken, daß mit gering steigender Spannung zwischen Basis und Emitter der Widerstand zwischen Kollektor und Emitter stark abnimmt und umgekehrt.

Der PNP-Transistor verhält sich – theoretisch gesehen – völlig komplementär zum NPN-Transistor, nur daß der Strom durch die Basis/Emitter-Strecke und Kollektor/Emitter-Strecke in der umgekehrten Richtung fließt. Der NPN-Transistor wird daher vornehmlich in Schaltungen eingesetzt, die den Minuspol der Stromversorgung mit Masse identifizieren (was den Löwenanteil ausmacht), und der PNP-Transistor im umgekehrten Fall. Die Komplementarität nutzt man z.B. für Verstärkerendstufen aus, die nach dem Gegentaktprinzip arbeiten (vgl. Abschnitt 3.5.3.2).

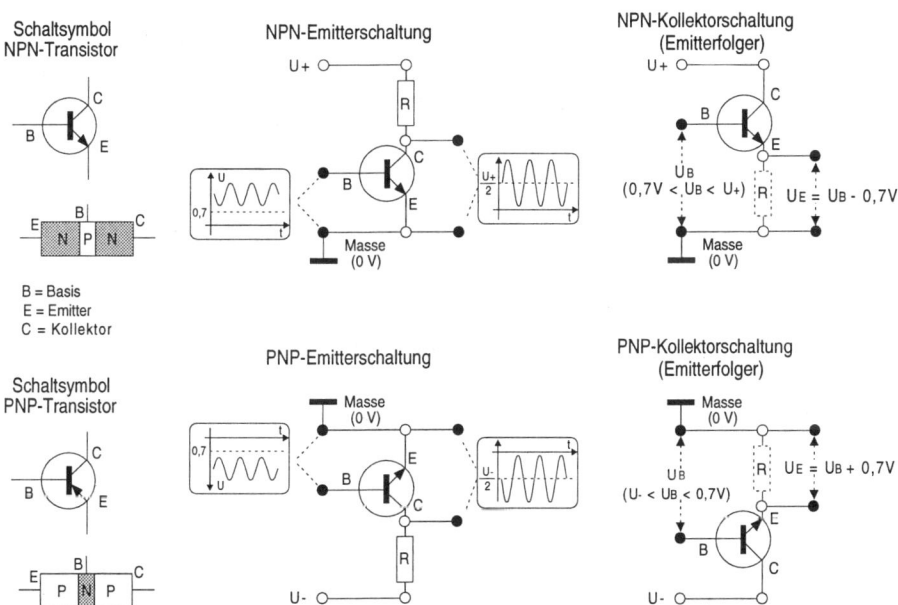

Abb. 3.14 Schaltsymbole, Emitterschaltung und Kollektorschaltung für NPN- und PNP-Transistoren – in Emitterschaltung verstärkt der Transistor sowohl Strom als auch Spannung und kehrt die Phase um; in Kollektorschaltung fungiert der Transistor als reiner Stromverstärker und bewirkt keine Phasendrehung.

Praxistip: Transistor durchmessen
Das Durchmessen eines Transistores geschieht analog zum Durchmessen von Dioden (vgl. Seite 204). Man mißt zuerst von der Basis aus – alle 4 Möglichkeiten. Sowohl zwischen Basis und Emitter als auch zwischen Basis und Kollektor muß sich eine normale Diodenstrecke nachweisen lassen. Bei NPN-Transistoren zeigt

sich ein typischer PN-Durchgang, wenn die schwarze Meßspitze (COM bzw. Minus) des analogen Vielfachmeßgerätes an die Basis geklemmt wird, bei PNP-Transistoren ist die Polung genau anders herum. Zum Schluß überzeugt man sich davon, daß die Kollektor/Emitter-Strecke in beiden Richtungen sperrt.

Wenn eines der 6 Meßergebnisse nicht ins Bild paßt, ist entweder der Transistor defekt oder Sie haben gar keinen Transistor bzw. eine Spezialausführung (etwa ein Triac oder einen Thyristor) vor sich. Sie müssen das dann anhand einer Datentabelle oder des Schaltplans feststellen.

Umgekehrt können Sie durch Messung auch feststellen, ob Sie einen PNP- oder NPN-Transistor vor sich haben bzw. welcher Anschluß die Basis ist. Übrigens, wenn ein Transistor ein Metallgehäuse besitzt oder mit Kühlblech betrieben werden kann, weisen diese grundsätzlich[11] Kollektorpotential auf – Vorsicht also bei der Spannungsmessung.

Bezeichnungen
Oft ist es nicht leicht, einen Transistor als solchen zu erkennen. Die 3 Beinchen als Kriterium reichen eben nicht völlig aus. Tabelle 3.2 gibt Hinweise über die Systematik der Bezeichnungen.

Tab. 3.2   Bezeichnungssystematik für Transistoren

Bezeichnung[12]	Art (NPN und PNP)
AC	Kleinsignaltransistor (Germanium)
AD	Leistungstransistor (Germanium)
AF	Hochfrequenztransistor (Germanium, meist 4-beinig)
AN	Signaltransistor (japanisch)
BC	Kleinsignaltransistor (Silizium)
BD. ...	Leistungstransistor, Schalttransistor (Silizium)
BF	Hochfrequenz(leistungs)transistor (Silizium, evtl. 4-beinig)
BU	Hochspannungsleistungstransistor (Silizium)
BUZ ..., IRF ...	Hochleistungs-MOSFET
TIP ...	Leistungstransistor, Schalttransistor (Silizium)
2S	Signaltransistor (japanisch), auch Leistungstransistor
2N	keine Aussage möglich (meist jedoch Transistor oder FET)

[11] HF-Transistoren in Metallgehäusen besitzen 4 Beinchen. Das 4. Beinchen ist der Gehäusekontakt.

[12] Ausnahmen sind möglich. Punkte stehen für die weitere Bezeichnung: Vor den Leerzeichen kann ein weiterer Buchstabe folgen, nach dem Leerzeichen folgen Ziffern und evtl. ein abschließender Buchstabe.

Bezeichnung	Art (NPN und PNP)
78xy	Integrierter pos. Spannungskonstanter (xy = Spannung, 3-beinig)
79xy	Integrierter neg. Spannungskonstanter (xy = Spannung, 3-beinig)

Anschlußbelegung

Die Anschlußbelegung von Transistoren ist ein leidiges Kapitel. Sie können davon ausgehen, daß die in Abbildung 3.15 gezeigten Gehäusearten die gängigsten Anschlußbelegungen widerspiegeln. Die Hersteller scheinen es hier aber nicht so genau mit der Systematik zu nehmen und speziell Transistortypen in Kunststoffgehäusen können durchaus abweichende Belegungen aufweisen. In vielen Fällen kann der Kollektor durch Messung zwischen Gehäuse und den Anschlußdrähten ermittelt werden – es müßten sich dann 0 Ω ergeben.

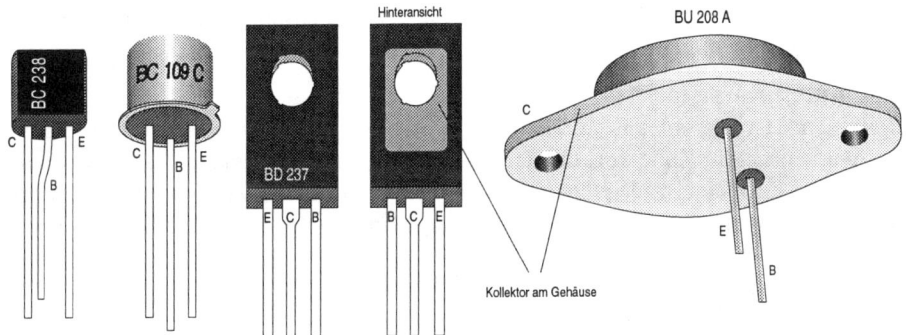

Abb. 3.15 Bauformen und Anschlußbelegung verschiedener Transistorgehäuse

Praxistips: Austausch von Transistoren

▓ *Wie Dioden sind Transistoren recht überlastempfindlich, selbst gegen kürzeste Spannungs- und Stromspitzen (auch beim Löten ist Vorsicht vor thermischer Überlastung geboten). Sie stehen daher in der Fehlerursachenstatistik zusammen mit Dioden an zweiter Stelle, gleich nach „kalten Lötstellen".*

▓ *Kleine Standardtransistoren mit „harmlosen" Funktionen lassen sich oft gegen Universaltypen eintauschen – allerdings dürfen Sie dabei nicht PNP- mit NPN-Ausführungen verwechseln (Datentabelle zu Rate ziehen).*

▓ *Transistoren können thermisch instabil werden und nach einer gewissen Erwärmungsphase „driften" oder ganz aussetzen. Dies geschieht zwar selten, stellt aber z.B. in Hochfrequenzschaltungen doch eine ernstzunehmende Fehlerquelle dar. Warten Sie in solchen Fällen ab, bis das Fehlerbild auftritt, und benutzen Sie dann ein Kältespray, um die Bauteile des verdächtigen Moduls thermisch zu schocken. Das instabile Bauteil wird auf seine Weise darauf antworten.*

▓ *Leistungs- und Hochleistungstransistoren sitzen auf Kühlblechen oder -elementen. Zur Verbesserung des thermischen Kontaktes verwendet man spezielle, im Fachhandel erhältliche Wärmeleitpaste, die Sie beim Austausch weder zu großzügig noch zu sparsam und vor allem gleichmäßig auftragen sollten.*

▓ *Wenn mehrere Transistoren auf dasselbe Kühlblech montiert sind, muß der Kühlkörper von den Kollektorpotentialen isoliert werden, damit er keine leitende Verbindung darstellt. Die Flächenisolierung übernehmen dann hauchdünne (und leicht zerbrechliche) Glimmerscheiben, und Isolierbuchsen halten die Befestigungschrauben auf Abstand. Auf keinen Fall dürfen Sie diese Isolationen beim Austausch beschädigen, weglassen oder falsch montieren. Zudem empfiehlt sich oft ein Austausch der Glimmerscheibe, wenn der Verdacht naheliegt, daß sie einen Isolationsdefekt besitzt. So mancher kritische Blick hat schon in einem winzig kleinen Brandloch auf einer Glimmerscheibe die endgültige Ursache für einen Gerätedefekt ausmachen können und einen sinnlosen Materialverschleiß verhindert.*

Darlingtontransistor

Bei einem Darlingtontransistor handelt es sich um zwei kaskadierte Transistoren mit gemeinsamem Kollektor, die nach außen hin wie ein einfacher Transistor wirken, dabei aber eine multiplizierte Spannungs- und Stromverstärkung aufweisen. Abbildung 3.16 zeigt die Darlingtonschaltung und die verwendeten Schaltsymbole.

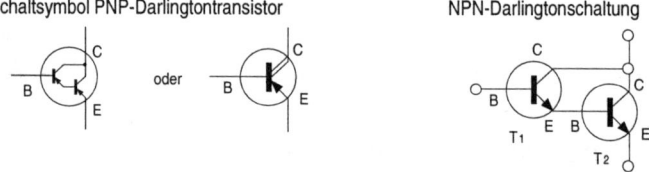

Abb. 3.16 Darlingtonschaltung – *links* Schaltsymbole von Darlingtontransistoren *rechts* diskret aufgebaute Darlingtonschaltung

Feldeffekttransistor (FET)

Der FET ist ein Spezialtransistor, der sich dadurch auszeichnet, daß er wie eine Röhre nur einen sehr geringen Steuerstrom benötigt und dadurch eine unglaublich hohe Stromverstärkung erreicht. Diese Eigenschaft prädestiniert ihn für die Anwendung in empfindlichen Vorverstärkern und Tunern, bei denen oft eine hohe Eingangsimpedanz (Eingangswiderstand) gefragt ist. Die Anschlüsse des FET werden mit G („Gate" = Basis), S („Source" = Emitter) und D („Drain" = Kollektor) bezeichnet, und es gibt ihn in den Ausführungen P-Kanal und N-Kanal. Der normale, „selbstleitende" N-Kanal-FET leitet zwischen S und D, wenn G das Potential von S besitzt. Bekommt G dagegen negatives Potential gegenüber S – gegenüber D ist G sowieso negativ – erhöht sich der Widerstand zwischen D und S. Umgekehrt arbeitet der „selbstsperrende" N-Kanal-FET im wesentlichen wie ein NPN-Transistor – sperrt also, wenn G das Potential von S hat und leitet, wenn G gegenüber S positiv wird. Abbildung 3.17 zeigt die Schaltsymbole. Spezielle Ausführungen sind die MOS-FETs. Ihre leicht veränderten FET-Eigenschaften (verschwindend geringer Steuerstrom) sind speziell in der Digitaltechnologie sehr gefragt.

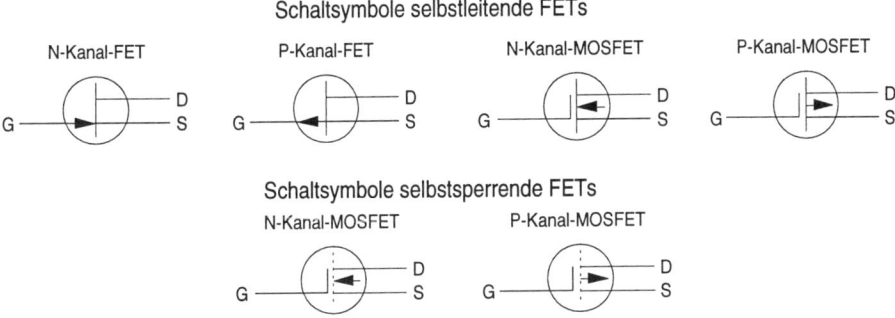

Abb. 3.17 Schaltsymbole für Feldeffekttransistoren

Die Fülle der FETs ist eher verwirrend, und das Meßgerät kann nur bei selbstleitenden FETs einen mittleren Widerstand (einige hundert Ohm) zwischen D und S in beiden Richtungen nachweisen. Die anderen 4 Kombinationen müssen hochohmig sein. Selbstsperrende FETs liefern in allen 6 Kombinationen hochohmige Meßwerte. Der Funktionstest eines FET kann daher nur durch Anlegen von Spannungen in einer Meßanordnung sichere Ergebnisse liefern (vgl. [1] und [2], Bd. 1, Kap. 9 im Literaturverzeichnis).

Thyristor und Triac

Der Thyristor (vgl. Abbildung 3.18) ist ein elektronischer Schalter mit den drei Anschlüssen A (Anode), K (Kathode) und G (Gate). Sobald der Steuerstrom zwischen G und K einen typischen Wert überschritten hat, „zündet" der Thyristor und beginnt schlagartig – wie eine Diode – zwischen K und A zu leiten. Der niederohmige Zustand bleibt – unabhängig davon, ob weiterhin Steuerstrom fließt oder nicht – so lange bestehen, bis der sog. „Haltestrom" unterschritten ist. Dieses Verhalten macht den Thyristor besonders für Phasenanschnittsteuerungen im Zusammenhang mit Wechselstrom attraktiv. Damit sowohl die negative als auch die positive Halbwelle auf diese Weise geschaltet werden können, verwendet man in der Praxis einen Triac, der aus zwei antiparallel geschalteten Thyristoren mit gemeinsamem Gate besteht. Üblicherweise arbeitet der Triac mit einem Diac zusammen, der dann die Zündspannung definiert. Viele der handelsüblichen Triacs besitzen daher bereits einen integrierten Diac. Abbildung 3.13 zeigt die Prinzipschaltung eines

Leistungsreglers nach dem Prinzip der Phasenanschnittsteuerung, wie sie für einfache Dimmer Verwendung findet.

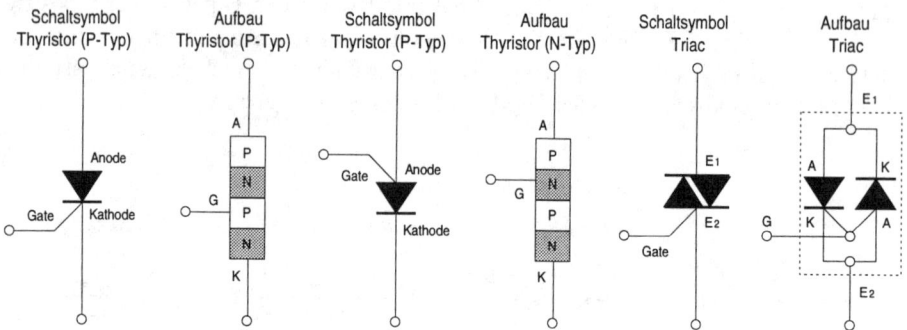

Abb. 3.18 Thyristor und Triac – Aufbau und Schaltsymbole

Die charakteristischen Größen für Thyristoren und Triacs sind: Spitzenspannung (typisch 100 – 1000 V), Spitzenstrom (typisch 1 bis 10 A) und Haltestrom (typisch 20 – 100 mA). Das Ohmmeßgerät kann bei Thyristoren nur den PN-Übergang zwischen G und K (P-Typ) bzw. zwischen G und A (N-Typ) nachweisen. Bei Triacs zeigen beide Polungen zwischen G und E_2 den typischen PN-Durchlaßwiderstand. Durchgeschlagene Thyristoren liefern Meßwerte von wenigen Ohm zwischen A und K und durchgeschlagene Triacs zwischen E_1 und E_2 und/oder zwischen E_2 und E_1.

3.4.2.3 Integrierte Schaltkreise

Integrierte Schaltkreise, kurz ICs genannt, sind teilweise hochkomplexe Schaltungsmodule mit vielen Transistoren, Dioden, Widerständen und sogar Kondensatoren auf einem Halbleiter-Chip. Eingegossen in Kunststoff- oder Keramikgehäusen besitzen sie bis zu 40 und mehr Beinchen. Die Standardausführung ist das sog. „DIP-Gehäuse"[13], das diesen Bauteilen den Spitznamen „Schwarzer Käfer" eingebracht hat. Ihre Funktion gleicht dem Prinzip der „black box": der Hersteller definiert die Funktion sowie die Schnittstelle zur umliegenden Schaltung; das tatsächliche Innenleben ist in der Regel uninteressant. In der Tat erweisen sich ICs für den Reparaturbetrieb oft als „Schwarze Löcher", da mit einfachen Mitteln (Vielfachmeßgerät) eigentlich keine richtige Aussage mehr über ihr Funktionieren getroffen werden kann. Da bleiben als einzige Hilfsmittel der probeweise Austausch und die

---

[13]   DIP ist eine englische Abkürzung und heißt „Dual Inline Package".

Verwendung des Oszilloskops (z.B. wenn der Schaltplan Impulsdiagramme anbietet).

Mit zunehmender Bedienungsfreundlichkeit elektronischer Geräte hält die Digitaltechnik immer schnelleren Einzug in das traditionell analoge „Geschäft" der Unterhaltungselektronik. CD-Player, DAT-Recorder und HDTV-Fernsehgeräte bestehen sogar zum überwiegenden Teil aus digitalen Bauelementen. An eine Reparatur ist da kaum noch zu denken. Selbst der geschulte Service-Elektroniker tut nichts anderes mehr, als komplette Platinen und Module gegen neue auszutauschen, da eine Suche nach dem eigentlichen Fehler viel zu langwierig – und damit zu kostenintensiv – wäre.

Nun, die Fehlersuche muß nicht grundsätzlich an der Komplexität integrierter Bauteile scheitern, sie wird dadurch nur erschwert. Gerade in der Fernsehtechnik haben sich als „Standard" bestimmte ICs eingebürgert, die beinahe in jedem zweiten Gerät, das etwa zwischen 1975 und 1985 gebaut wurde, zu finden sind. Ein Zeichen dafür, daß die Preise erträglich sind und auch ein probeweiser Austausch lohnen kann. Weiterhin zeigt die Erfahrung, daß ICs gar nicht so oft die Fehlerursache darstellen, wie man meinen möchte. Sie stehen in meiner „Statistik" weit hinter den diskreten Bauteilen zurück.

Fehlerbilder: ICs
▓ Häufig werden ICs nach längeren Betriebsperioden thermisch instabil. Das damit verbundene Fehlerbild ist typisch. Das Gerät läuft eine Weile und beginnt plötzlich zu „spinnen". Der schuldige Halbleiter (Transistor oder IC) ist mit Hilfe eines Kältesprays schnell gefunden. Sobald das Fehlerbild auftritt, besprühen Sie – ohne das Gerät auszuschalten – der Reihe nach (etwa im 30 Sekundenabstand) alle in Frage kommenden Bausteine. Wenn der Fehler verschwindet, haben Sie den temperaturempfindlichen Punkt gefunden. Es versteht sich, daß mit dieser Methode auch die Ursache eines nach einer gewissen Zeit verschwindenden Fehlerbildes lokalisiert werden kann. Oft lassen sich Fehler auch mit Hilfe eines Föns einkreisen.

▓ Defekte ICs können auch durch zu hohe (evtl. Verfärbung der Aufschrift) oder zu niedrige Gehäusetemperatur auffallen. Lassen Sie dazu das Gerät eine gute Weile laufen, schalten Sie es dann aus, und fühlen Sie die Temperatur.

▓ In vielen Verstärkerendstufen findet man sogenannte „Hybridmodule". Das sind integrierte Schaltkreise, die eine komplette Mono- oder Stereo-Endstufe darstellen und auf einen großen Kühlkörper geschraubt sind (Bezeichnung z.B. STK ...). Diese Hybridmodule gehen – leider viel zu schnell – bei Kurzschlüssen durch Lautsprecherkabel kaputt. Der Defekt läßt sich relativ eindeutig durch eine Spannungsmessung am Lautsprecherausgang ohne Eingangssignal und bei ausgesteckten Lautsprechern nachweisen (evtl. vorher Feinsicherungen im Gerät nachprüfen und austauschen). Liegen mehr als 1 Volt am Lautsprecherausgang an, ist das Hybridmodul hinüber (vgl. Abbildung 3.25).

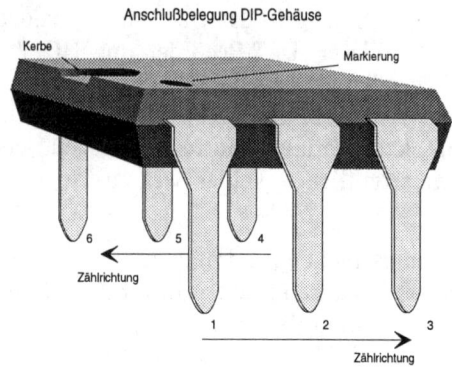

Abb. 3.19 Anschlußbelegung von ICs mit DIP-Gehäuse – die Zählart gilt für alle Ausführungen

Austausch: ICs
Der Austausch eines nicht gesockelten ICs erfordert eine sichere Hand beim Löten (vgl. Abschnitt 3.3.2). Für den Wiedereinbau verwendet man auf alle Fälle eine Fassung (nicht bei Hybridmodulen und HF-ICs), in die das neue Bauteil dann einfach eingesteckt werden kann – ein erneuter Austausch ist dann problemlos und schont die Platine. Meist müssen Sie dazu die Beinchen ein wenig zurechtbiegen. Achten Sie auf alle Fälle darauf, daß alle Beinchen richtig in die Fassung gleiten und darin fest und gleichmäßig tief (2 bis 3 mm) sitzen. Natürlich ist dabei die richtige Polung zu berücksichtigen. Bei DIP-Gehäusen muß die Kerbe oder der Punkt auf die Seite zeigen, die durch eine Eins oder einen Punkt auf der Platine gekennzeichnet ist (vgl. Abbildung 3.19), bzw. sie muß mit der Kerbe der Fassung übereinstimmen – so diese richtig herum eingelötet ist! Gesockelte ICs entfernen Sie vorsichtig unter Zuhilfenahme eines kleinen Schraubenziehers.

3.5   Schaltbilder

Vorweg, rein statistisch gesehen leistet die in Abschnitt 3.6.1 beschriebene „rein formale" Fehlersuchmethodik mehr als man ihr zutrauen würde. Sie kommt ohne allzu viel theoretischen Balast aus und verrennt sich nicht in abstruse Hypothesen über die Natur eines Fehlers – vielmehr gleicht sie einem „Breitband-Antibiotikum", das sich der Komplexität des „Patienten" gegenüber unbeeindruckt zeigt. Dies soll natürlich nicht heißen, daß ein Verständnis der gängigen Schaltungsaufbauten und ein zuverlässiger Schaltplan letzten Endes nicht doch Garanten für die erfolgreiche Reparatur sind. Meine Erfahrung zeigt jedoch, daß die „inhaltliche" Suche erst nach Abhaken der „formalen Checkliste" beginnen sollte – und nicht selten fördert das aufwendige Durchdenken und Ausmessen einer Schaltung Defekte ans Tageslicht, die eine konsequent durchgeführte Formal-Expertise sicherlich schneller aufgedeckt hätte.

Aber auch das formale Herangehen lebt schließlich von einem gewissen Grundlagenverständnis über den modularen Aufbau und die prinzipielle Realisierung elektronischer Schaltungen.

3.5.1 Schaltpläne lesen

Der Schaltplan bildet die Grundlage für die inhaltliche Fehlersuche. Er gibt sowohl einen Überblick über den modularen Aufbau eines Gerätes als auch über die Realisierung der einzelnen Module. Weiterhin enthält er wichtige Meßpunkte mit Spannungsangaben (evtl. Signaldiagrammen), Einstellhinweise und die genaue Bezeichnung und Spezifikation der verwendeten Bauteile.

Die „große Kunst des Schaltplan-Lesens" ist schnell erlernt, wenn einmal die wichtigsten Schaltungsprinzipien verstanden und allem voran die Funktionen der Bauteile und ihre Schaltsymbole bekannt sind (abschreckend ist es natürlich allemal, wenn man bedenkt, daß z.B. die Serviceunterlagen von Videogeräten an Seiten diesem Buch nur wenig nachstehen). Für Reparaturzwecke ist es irrelevant, sich zu fragen, *warum* eine Schaltung funktioniert (Sie können davon ausgehen, *daß* sie im Normalfall funktioniert) eher schon, *wie* eine Schaltung funktioniert und in erster Linie *welches Input/Output-Verhalten* für sie charakteristisch ist. Da sich komplexe Schaltungen immer aus mehreren Stufen zusammensetzen, die jede für sich analysierbar sind, bietet die Input/Output-Analyse die beste Voraussetzung für die Einkreisung von Defekten. So kann man sich schrittweise, dem logischen Verlauf der Signale folgend, beliebig vorwärts und rückwärts durch den Schaltplan bewegen, ohne gleich alles im Gesamten und im Einzelnen verstehen zu müssen.

Abbildung 3.20 zeigt den prinzipiellen Aufbau eines Gerätes in verschiedene Module, wie er in der einen oder anderen Form jedem elektronischen Gerät zugrunde liegt. Je nach Bestimmung des Gerätes wird das eine oder andere Modul fehlen, oder es werden noch weitere Module hinzukommen. Die Binnengliederung soll im Moment keine Rolle spielen. Wir kümmern uns um die Prinzipien von Netzteilen und Verstärkerschaltungen. Empfängerschaltungen und Impulsglieder erfordern Kenntnisse und Meßapparaturen, die den Rahmen dieses Buches überschreiten würden – die Titel [1], [5] und [15] im Literaturverzeichnis werden Ihnen diesbezüglich z.B. weiterhelfen.

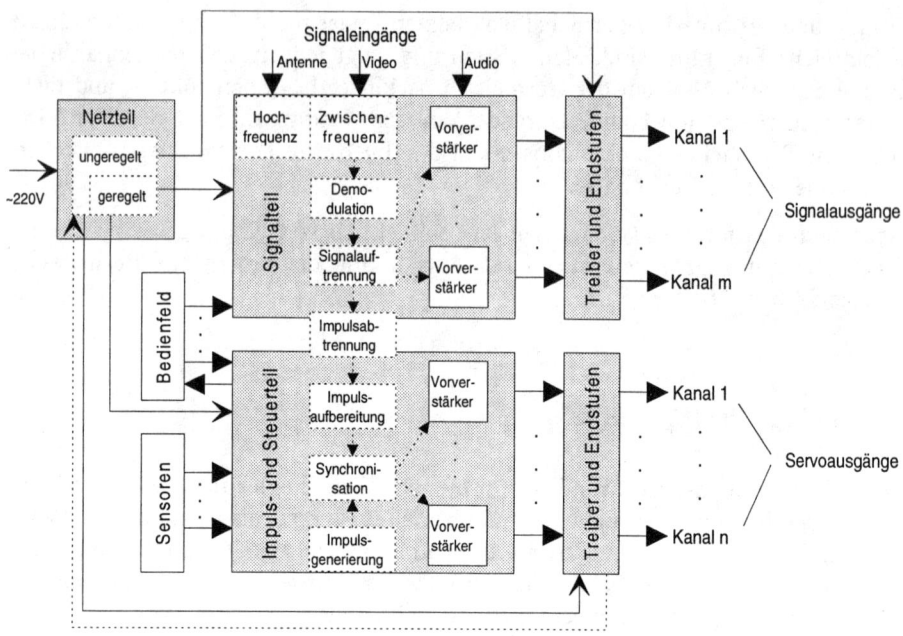

Abb. 3.20 Modularer Aufbau elektronischer Geräte

3.5.2 Netzteile

Ein guter Teil der Defekte in elektronischen Geräten liegt im Versagen von Netzteilen begründet. Manchmal handelt es sich dabei auch um einen Sekundäreffekt, und die eigentliche Ursache muß z.B. in einem der Endverstärker gesucht werden. Normalerweise sind Netzteile so ausgelegt, daß sie entweder bei Überlast elektronisch abschalten oder zumindest eine Sicherung fällt. Eine Sicherung fällt aber selten „einfach so"[14].

Hinweis
Wenn Sie größere Schäden in Ihrem Gerät vermeiden wollen, ersetzen Sie Sicherungen nur gegen solche, die vom Wert her geeignet sind, und überbrücken Sie nie eine Sicherheitseinrichtung.

---

14 Obwohl das bei TV-Geräten, die üblicherweise beim Einschalten kräftig Strom ziehen, schon mal vorkommen kann.

3.5.2.1 Längsregler

Die Längsreglerschaltung trifft man in allen Standardnetzgeräten an, die eine geregelte Ausgangsspannung liefern. Sie besteht aus Transformator, Vierweggleichrichter, Siebkondensator, Referenzglied, evtl. Strombegrenzung und einem Transistor in Kollektorschaltung (vgl. Abbildung 3.21 rechts). Die von der Sekundärwicklung des Transformators gelieferte Niederspannung wird zunächst durch GL gleichgerichtet und durch C_1 geglättet (C_2 siebt Spannungsspitzen höherer Frequenz heraus). Für weniger empfindliche Verbraucher, wie Endstufen, reicht die so entstehende „gesiebte Gleichspannung" normalerweise schon aus (vgl. Abbildung 3.21 links), obwohl ein gewisser Restwellengehalt (Netzbrummen) in Kauf genommen werden muß – das Diagramm zeigt dies etwas übertrieben. Vorverstärker, empfindliche Signalverstärker etc. arbeiten dagegen nur zufriedenstellend, wenn sie eine Gleichspannung mit geringem Restwellengehalt zur Verfügung haben. Hierum kümmert sich die Längsreglerschaltung. Der Referenzteil, dessen Herz z.B. eine Zenerdiode bildet, liefert dem als Emitterfolger betriebenen Längstransistor T eine feste Basisspannung U_{Ref}. T bildet nun in Serie mit dem Verbraucher einen selbstregelnden Spannungsteiler, der seinen Durchlaßwiderstand so einstellt, daß das am Kollektor noch schwankende Potential U am Emitter sehr genau auf $U_{Ref} - 0,7$ Volt stabilisiert wird. Zum Schutz des Netzteils kann zusätzlich eine Strombegrenzerschaltung vorhanden sein (vgl. Abbildung 3.21 rechts unten). Sie mißt die an dem niederohmigen Widerstand abfallende Spannung – die ja proportional zum Strom steigt – und veranlaßt, daß T sperrt, sobald I_{max} überschritten ist.

Viele Geräte benötigen gesplittete Versorgungsspannungen, d.h. eine positive und eine negative Betriebsspannung mit gemeinsamer Masse (etwa +12V, Masse, -12V). Für die Regelung der negativen Betriebsspannung wird dann ein komplementärer Aufbau mit einem PNP-Transistor als Längsregler verwendet.

Beliebt ist weiterhin der Einsatz von Spannungskonstanter-ICs (vgl. Tabelle 3.2). Sie verkörpern vollständige, meist kurzschlußfeste Regelschaltungen mit fester oder variabler Referenzspannung.

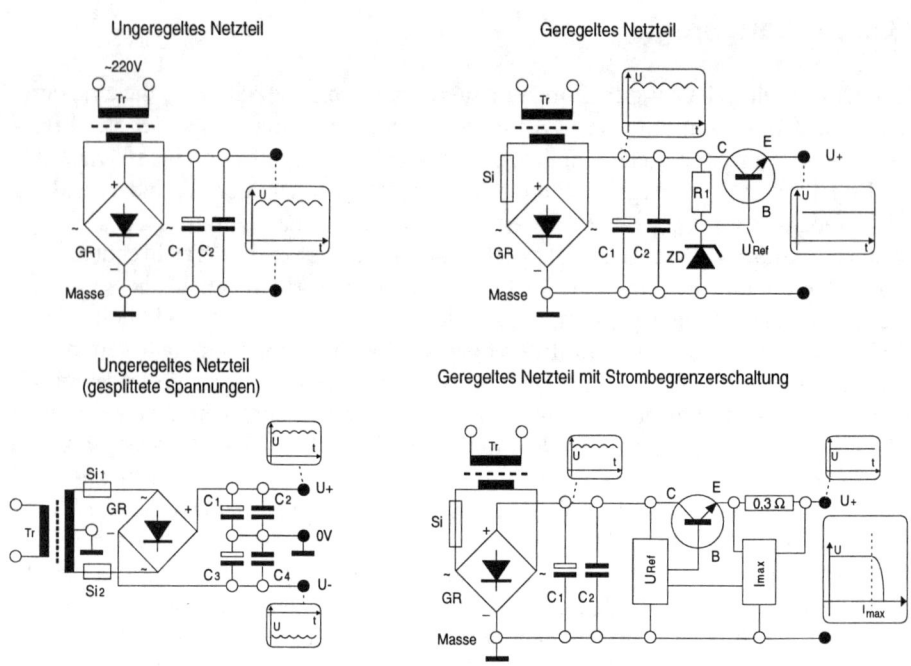

Abb. 3.21 Universelle Netzteilschaltungen – *links* ungeregelt *rechts* geregelt (vgl. auch Abbildung 3.11)

Fehlerbilder

Tab. 3.3 Fehlertabelle Netzteile

Fehlerbild	mögliche Defekte	Abhilfe
Keine Funktion	Sicherung defekt, Trafowicklung oder elektrische Verbindung ist unterbrochen	Sicherung austauschen, Trafowicklungen und elektrische Verbindungen überprüfen
	Längstransistor arbeitet nicht mehr (evtl. wegen Überlastung) oder Strombegrenzung hat abgeschaltet (evtl. defekt, jedoch unwahrscheinlich)	Längstransistor überprüfen, Lastkreis abkoppeln und Netzteil mit ohmscher Last (z.B. Glühlampe) überprüfen
Sicherung fällt wiederholt	Gleichrichterdiode oder Siebkondensator durchgeschlagen	PN-Übergänge bzw. Kondensator auf Kurzschluß testen und ggf. austauschen

Fehlerbild	mögliche Defekte	Abhilfe
	Generelle Überlastung durch Laststromkreis	Laststromkreis überprüfen
Spannung ist zu hoch	Längstransistor (C-E-Strecke) durchgeschlagen	Auf Kurzschluß testen
	Referenzspannung zu hoch	Referenzglied (Zenerdiode), Einstellwiderstand und Treibertransistor überprüfen
Spannung ist zu niedrig	Referenzspannung falsch	Referenzglied (Zenerdiode), Einstellwiderstand und Treibertransistor überprüfen
	Strombegrenzung aktiv (dann kein Fehler)	Leistungsaufnahme des Laststromkreises überprüfen
	Sekundärwicklung hat Feinschluß oder Gleichrichter teilweise unterbrochen	Sekundärspannung vor und nach Gleichrichter überprüfen
Starkes Brummen (im Lautsprecher)	Siebkondensator (große Kapazität) ist defekt oder Gleichrichter teilweise unterbrochen	Siebkondensator und Gleichrichter durchmessen
	Netzgerät überlastet (evtl. Endstufe im Verstärker defekt)	Endstufe überprüfen
Übermäßige Erhitzung des Längstransistors	Überlastung oder Eigenschwingung des Netzgerätes	Leistungsaufnahme des Lastkreises überprüfen, bei Eigenschwingung evtl. kleine Kapazität(en) einfügen

3.5.2.2 Schaltnetzteile, Computernetzteile

Schaltnetzteile sind eine weitaus kompliziertere Angelegenheit. Sie haben sich inzwischen sowohl in der Fernsehtechnik und als auch in der Computertechnik vollständig durchgesetzt. Ihre Vorteile liegen auf der Hand: sehr guter Wirkungsgrad, große Leistung bei kleinem Gewicht, verlustleistungslose Strom- und Spannungsregelung, gute Kompensation bei Netzstörungen, hohe Betriebssicherheit durch vielfältige Schutzschaltungen, variable Versorgungsspannungen etc.

Das Prinzip des Schaltnetzteils macht sich die Tatsache zunutze, daß Transformatoren für die Übertragung hoher Frequenzen sehr viel kleiner gebaut werden können als für die Übertragung der 50 Hz-Netzfrequenz – und das bei gleicher Leistung. Das liegt daran, daß für die Übertragung hoher Frequenzen (bei Schaltnetzteilen typisch zwischen 20 und 50 KHz – also oberhalb des Hörbereichs) nur geringe Induktivitäten erforderlich sind und sich dadurch Kerngewicht und Windungszahlen der Wicklungen deutlich reduzieren lassen – im umgekehrten Verhältnis steigt der Aufwand für die Regelelektronik ziemlich an.

Das Schaltnetzteil teilt sich in eine primärseitige Schaltung und eine sekundärseitige. Die primärseitige Schaltung erledigt die Hauptarbeit und ist direkt über einen Brückengleichrichter mit dem 220-Volt-Netz gekoppelt. Abbildung 3.22 zeigt das Prinzipschaltbild eines sog. „Sperrwandlernetzteils", soweit es für unsere Zwecke interessant ist: Die gleichgerichtete und gesiebte Netzspannung gelangt über die Primärspule als Gleichspannung an den Kollektor des Schalttransistors T. Dieser fungiert als Schaltverstärker für ein „pulsbreitenmoduliertes" Rechtecksignal, das einer Kombination aus Frequenzgenerator (Oszillator) und Pulsbreitenmodulator, dem eigentlichen Regelglied, entstammt. Das Rechtecksignal hält die Verlustleistung am Transistor gering, da dieser, wenn er durchschaltet, sofort voll durchschaltet. Nehmen wir an, T hat gerade durchgeschaltet, dann fließt Strom über die Primärwicklung, und es baut sich ein Magnetfeld im Kern des Übertragers auf. Da die Diode D_1 im Sekundärkreis sperrt, kann in den Lastkreis noch kein Induktionsstrom hineinfließen (die Energie verbleibt im Magnetfeld). Kurze Zeit später schaltet die nächste abfallende Rechteckflanke T in den sperrenden Zustand. Die Änderung des Stromflußes in der Primärwicklung erzeugt im Laststromkreis durch den Abbau des Magnetfeldes einen kräftigen Induktionsstrom (nun umgekehrter Polarität), den D_1 jetzt durchläßt und der vom Siebkondensator C_2 geglättet wird. Dieser Ablauf wiederholt sich zig-tausendmal pro Sekunde. Zum Schutz des Schalttransistors (evtl. auch Hochleistungs-MOSFET) vor zu hohen Induktionsspannungen liegt parallel zur Kollektor-Emitterstrecke von T ein Dämpfungsglied, bestehend aus Kondensator C_3 und Widerstand R_1 sowie evtl. einer Schutzdiode D_2.

Die Pulsbreite eines Rechtecksignals definiert sich aus dem prozentualen Verhältnis der positiven zur negativen Impulsdauer bei konstanter Frequenz. Wenn T vergleichsweise kurz durchschaltet, kann nur wenig Energie in den Primärkreis des Übertragers fließen, und es kommt auch wenig auf der Sekundärseite an. Der Pulsbreitenmodulator erhält entweder über einen Optokoppler oder über eine (dritte) Rückkopplungswicklung – die Potentialtrennung muß aufrecht erhalten bleiben – „Auskunft" über die Höhe der Spannung im Sekundärkreis (vgl. D_3 und C_4) und verändert die Pulsbreiten des Steuersignals so, daß die Leistungsabgabe des Netzteils immer exakt der Leistungsaufnahme des Verbraucherstromkreises gerecht wird – die Spannung bleibt somit konstant. Versucht der Verbraucher mehr Strom zu ziehen als das Netzteil liefern kann (oder soll), schaltet er für eine gewisse Zeit den Steuerimpuls ganz ab (typisch mehrere Sekunden). Dies geschieht nebenbei bemerkt auch, wenn die Verbraucherleistung ein Minimum unterschreitet. Schaltnetzteile arbeiten somit nur unter Last korrekt. Damit die Schaltung auch anschwingt, bekommt das Regelglied ein wenig Netzspannung (über D_4) eingespeist (weiterführende Lektüre vgl. z.B. [3] Kap. 9).

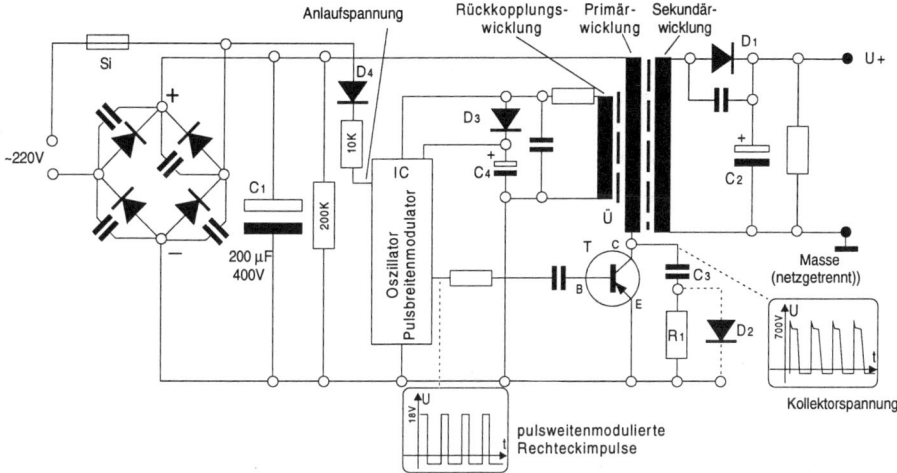

Abb. 3.22 Prinzipschaltbild eines Sperrwandler-Schaltnetzteils, wie es häufig in Fernsehgeräten zu finden ist (für das Verständnis unwesentliche Schaltungsteile fehlen)

Sicherheitshinweis
Schaltnetzteile führen während des Betriebs – unabhängig von der Polung des Netzsteckers – stets volles Netzpotential und dürfen zu Meßzwecken nur über Trenntransformator betrieben werden. Der Siebkondensator eines Schaltnetzteils kann einige Zeit nach dem Ausschalten noch erhebliche Ladung besitzen und sollte vorsichtshalber über einen Widerstand (z.B. 1000 Ω) mehrere Sekunden lang entladen werden.

Tab. 3.4 Fehlertabelle Schaltnetzteile

Fehlerbild	mögliche Defekte	Abhilfe
Keine Funktion *kein Anlaufpfeifen zu hören*	Fehler primärseitig: Stromversorgung unterbrochen (evtl. Leistungswiderstand); wenn Feinsicherung defekt: meist Kurzschluß im 220 V-Gleichrichter, 220 V-Siebkondensator oder Dämpfungsglied	Feinsicherung ersetzen, 220V-Gleichrichtung, Stromzuführung sowie alle Kapazitäten, Leistungswiderstände und Dämpfungsglied überprüfen

Fehlerbild	mögliche Defekte	Abhilfe
	Schalttransistor durchgeschlagen, oft ist eine kalte Lötstelle am Übertrager die eigentliche Ursache oder ein defektes Dämpfungsglied, Übertragerwicklung anderweitig unterbrochen	Schalttransistor oder -thyristor auf Kurzschluß überprüfen, wenn defekt, vorsichtshalber RC-Dämpfungsglied mit austauschen. Nach kalten Lötstellen am Übertrager suchen
	Wenn Schalttransistor bei voller Spannung sperrt, Anlaufglied unterbrochen (meist Diode) oder Regel-IC defekt, selten auch Defekt im Rückkopplungsglied	Anlauf- und Rückkopplungsglied überprüfen, IC ggf. austauschen
Wiederholtes Anlaufpfeifen zu hören (etwa jede Sekunde)	Leistungsbegrenzung hat Überlast festgestellt: Meist Leistungsaufnahme durch Lastkreis zu hoch, seltener Sekundärgleichrichtung (Diode, Kondensator), Sekundärwicklung, Rückkopplungsglied oder Strombegrenzerschaltung defekt	Sekundärgleichrichtung überprüfen; wenn o.k., Verbraucher abklemmen und z.B. durch Glühlampe entsprechender Leistung ersetzen. Wenn Fehler weiterhin besteht, Rückkopplungsglied und Strombegrenzungsschaltung überprüfen, ggf. IC austauschen
Netzteil erzeugt hörbaren Ton, Ausgangsspannung zu niedrig	Normal, wenn Verbraucher keinen oder zu wenig Strom aufnimmt	Defekt oder Unterbrechung im Verbraucher suchen
	Oszillatorschaltung arbeitet mit falscher Frequenz (Kapazität, meist jedoch IC defekt)	Schwingkreiskapazitäten überprüfen, IC austauschen
Spannung zu hoch	Evtl. Spannungseinstellung falsch, meist jedoch Fehler in Rückkopplungsglied oder im Pulsbreitenmodulator	Zuerst Rückkopplungsglied prüfen, dann Spannungseinstellung (vorher markieren) versuchsweise verändern und wenn kein Effekt, IC austauschen

3.5.3 Verstärkerschaltungen

Der Verstärker in seinen vielfältigen Konzeptionen und Realisierungen bildet den Kern der elektronischen Welt. Ich begnüge mich damit, drei Lehrbuchschaltungen vorzustellen, die Ihnen das Verständnis von Schaltungen bzw. Schaltplänen erleichtern werden und ein gewisses Gefühl für den modularen Aufbau elektronischer Schaltungen vermitteln sollen – auch wenn es in der Praxis oft sehr „verwoben" zugeht.

Der erste Begriff, an dem man schlecht vorbeikommt, ist der der „Impedanz". Er bezeichnet im wesentlichen den Wirkwiderstand, eine Mischung aus ohmschem und Blindwiderstand, (frequenzabhängig), den eine Schaltung eingangsseitig (Eingangsimpedanz) bzw. ausgangsseitig (Ausgangsimpedanz) aufweist. Es gilt die Regel, daß die Impedanzen zweier gekoppelter Stufen möglichst gut übereinstimmen sollen. Ein Beispiel ist die Impedanz einer Antenne sowie des verwendeten Antennenkabels. Sie beträgt für Fernsehempfänger normalerweise 60 oder 75 Ω und für UKW-Rundfunkempfänger 60, 75, 240 oder 300 Ω. Je besser die Antenne an die Eingangsimpedanz des Empfängers angepaßt ist, desto wirksamer und signaltreuer kann die Empfangsschaltung arbeiten. Im Niederfrequenzbereich (NF) gilt das ebenso wie im Hochfrequenzbereich (HF), wenn auch nicht so strikt. So ist es unkritischer, einen niederohmigen Ausgang mit einem hochohmigen Eingang zu koppeln als umgekehrt. Das Paradebeispiel für diesen Umstand führt uns eine 4 Ω-Lautsprecherbox vor, die an einen Verstärker mit 8 Ω Ausgangsimpedanz angeschlossen wird – sie knackt längerfristig die Endstufe, weil ein zu hoher Strom fließt.[15]

3.5.3.1 Signalverstärker, Vorverstärker

In Signalverstärkern findet man vornehmlich die strom- und spannungsverstärkende Emitterschaltung (vgl. auch Abschnitt 3.5.2.1 und 3.4.2.2). Abbildung 3.23 zeigt den Aufbau eines einstufigen NF-Signalverstärkers aus diskreten Bauelementen (links) und unter Verwendung eines Operationsverstärkers (rechts), der als IC eine mehrstufige Differenzverstärkerschaltung darstellt.

---

[15] Der umkehrte Fall, 8 Ω-Lautsprecher an 4 Ω-Endstufe ist problemlos, halbiert aber die mögliche Ausgangsleistung.

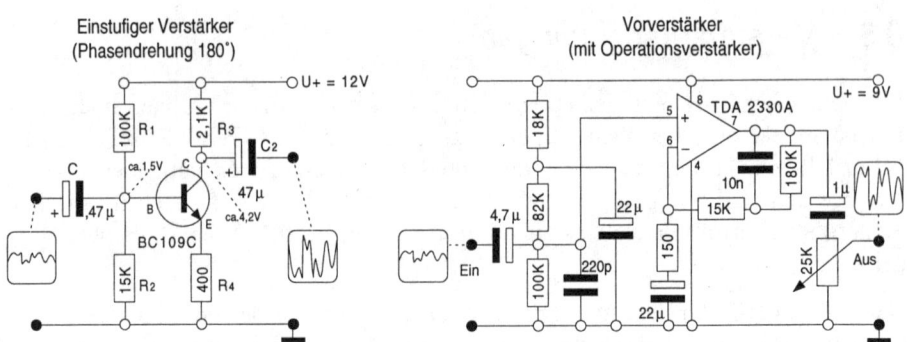

Abb. 3.23 *links* einstufiger signalinvertierender Kleinsignalverstärker in Standardschaltung *rechts* nichtinvertierender IC-Vorverstärker mit Gegenkopplung und Frequenzgangentzerrung (nach [13])

Betrachten wir zuerst die linke Schaltung. Sie enthält einen Spannungsteiler, der die Basisvorspannung auf 1,5 V einstellt. Das Eingangssignal darf somit eine Amplitude von ca. 1 V_{ss} (Spitze/Spitze) aufweisen, damit es nicht verzerrt wird, denn der Transistor beginnt erst ab ca. 1 V Basisvorspannung einigermaßen linear zu arbeiten. Gleichzeitig wird durch C, R_2 und den spezifischen Basiswiderstand von T (er errechnet sich unter Berücksichtigung des Verstärkungsfaktors und R_4) die Eingangsimpedanz bestimmt, die in diesem Fall ca. 10 KΩ (frequenzabhängig) beträgt. Die Ausgangsimpedanz wird durch R_3 und C_2 gebildet und beträgt ca. 1 KΩ (frequenzabhängig). Die Kopplungskondensatoren C_1 und C_2 schirmen die Gleichspannungspegel der Stufe nach außen hin ab. Ihre Polung hängt letztendlich davon ab, wie die Gleichspannungspegel der vorhergehenden bzw. folgenden Stufe beschaffen sind. Da Kondensatoren Signalverzerrungen (Bevorzugung hoher Frequenzen und Phasenverschiebungen) hervorrufen, strebt man in der Praxis möglichst direkt gekoppelte Verstärkerstufen an, bei denen das Ausgangspotential der vorhergehenden Stufe mit dem der folgenden Stufe verträglich ist.

Operationsverstärker (kurz OpAmp genannt) verkörpern solche direkt gekoppelten Verstärkerstufen und weisen – im integrierten Aufbau als IC erhältlich – eine extrem hohe Verstärkung mit sehr guter Frequenzcharakteristik bei relativ guten Rauscheigenschaften auf. Heutzutage findet man nur noch in wenigen Geräten diskret aufgebaute Vorverstärker. Der in Abbildung 3.23 (rechte Schaltung) verwendete Baustein TDA 2320A besitzt sogar zwei solcher als Differenzverstärker ausgelegte Operationsverstärker mit kurzschlußfesten Ausgängen und kann z.B. für Stereoanwendungen eingesetzt werden. Der OpAmp in Standardausführung besitzt zwei Eingänge, einen invertierenden (180°-Phasendrehung) und einen nicht invertierenden (keine Phasenverschiebung).

Verstärkt wird, was als Differenz zwischen den beiden Eingängen des OpAmp anliegt. Hält man – bildlich gesprochen – einen Eingang durch ein Gleichspannungspotential fest, bildet er den Referenzpunkt für das am anderen Eingang zugeführte Signal. In der Praxis ist zur Korrektur des Frequenzgangs (die Verstärkung des OpAmps steigt mit zunehmender Frequenz) und zur Verhinderung von Eigenschwingung eine Gegenkopplung zwischen Ausgang und Eingang durch ein Hoch paßfilter erforderlich, die sinnvollerweise auf den invertierenden Eingang geführt wird. Damit „mischt" der OpAmp das eigentliche am (+)-Eingang anliegende Signal gegenphasig mit einem Teil des bereits verstärkten Signals, das über den (–)-Eingang eintrifft. Die dadurch erreichte Dämpfung wirkt besonders gut für hohe Frequenzen (Filtercharakteristik) und stabilisiert den Arbeitspunkt des Verstärkers in Hinsicht auf Frequenzgang und auf Temperaturänderung.

3.5.3.2 Leistungsendstufen

Leistungsendstufen sind Leistungsverstärker, die das bereits gut vorverstärkte und (z.B. klanglich) aufbereitete Signal auf den Leistungsbedarf und die Impedanz des Lastverbrauchers verstärken und zuschneiden. Im Audiobereich kommt als Verbraucher eigentlich nur der Lautsprecher in Betracht, während im Fersehbereich z.B. die Vertikalablenkspule, der Hochspannungstransformator und die Schirmgitter der Farbbildröhre nebst Lautsprecher jeweils eine eigene Leistungsendstufe benötigen.

Die verwendeten Prinzipien sind (abgesehen einmal von der Horizontalendstufe im Fernsehgerät, die eher dem unter Abschnitt 3.5.2.2 besprochenen Schaltnetzteil ähnelt) immer dieselben. Bei relativ hohem Widerstand des Verbrauchers findet man analog zu Abbildung 3.23 (links) einen Endstufentransistor in Emitterschaltung, dessen Arbeitspunkt so eingestellt ist, daß er ohne Eingangssignal am Kollektor genau die halbe Betriebsspannung führt[16]. Dieses Potential wird nun symmetrisch durch das Eingangssignal ausgelenkt, und ein Kondensator hoher Kapazität (Elko mit Pluspol an Kollektor) gibt den Wechselstrom- bzw. Wechselspannungsanteil an den Lastverbraucher weiter. Man nennt diese Transistorschaltung „A-Betrieb", und es ist leicht zu erkennen, daß sie sich für niederohmige Ausgangsimpedanzen schlecht eignet, weil die Verlustleistung am Kollektorwiderstand und am Transistor zu hoch wäre.

---

[16] Es fließt also ein kräftiger Ruhestrom, der sich einfach nach der Formel $I = U_+ / (2 \cdot R_3)$ berechnen läßt (R3 ist auf Abbildung 3.23 bezogen).

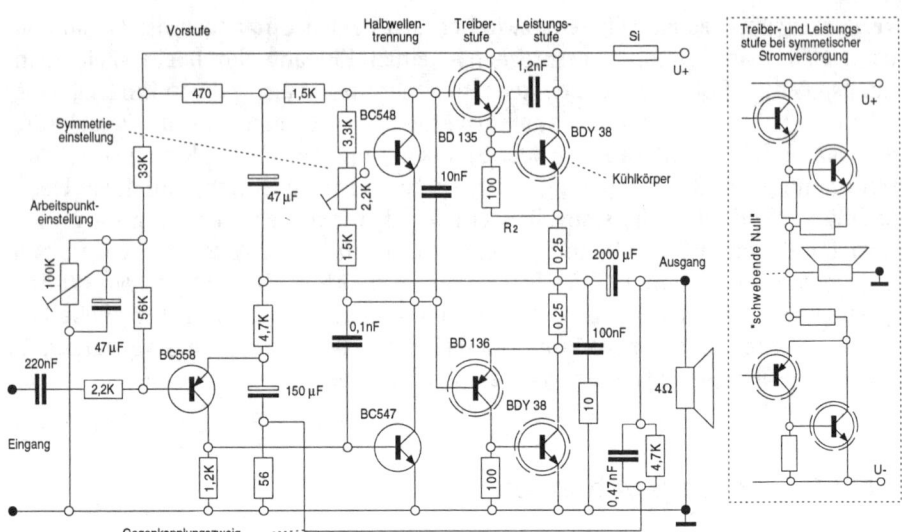

Abb. 3.24 *links* Schaltplan einer Hifi-Endstufe – bestehend aus Vorstufe, Gegentakt-treiberstufe (komplementär bestückt) und Leistungsstufe für einfache Stromversorgung *rechts* Prinzipschaltbild einer Gegentaktendstufe mit dualer Stromversorgung – der Kopplungskondensator für den Lautsprecher kann entfallen, da die Gegentaktstufe ein „schwebendes Nullpotential" ausbildet.

Niederohmige Ausgangsimpedanzen erreicht man nur mit sog. Gegentaktschaltungen, bei denen der passive Kollektorwiderstand R_3 durch einen weiteren, aktiven Transistor ersetzt ist (vgl. Abbildung 3.24). Das Eingangssignal wird dann so aufgeteilt, daß sich der eine Transistor um die positive Halbwelle kümmert und der andere um die negative. Beim reinen Gegentakt-B-Betrieb sperrt ein Transistor immer dann, wenn der andere gerade durchsteuert – und die Verlustleistung an den Transistoren ist minimal. Das führt aber in der Praxis zu erheblichen Signalverzerrungen bei Eingangssignalen mit kleiner Amplitude, weil der Transistor im „unteren Bereich" noch nicht linear arbeitet. Daher stellt man die Arbeitspunkte der beiden Transistoren über Basisvorspannungen so ein, daß sie in den linearen Bereich fallen. Somit fließt durch beide Transistoren ein (relativ geringer) Ruhestrom, der bei den meisten Verstärkern auch explizit eingestellt werden kann. Die Schaltung arbeitet so im gemischten Gegentakt-AB-Betrieb.

Praxishinweis

Ein Verändern des Ruhestroms am zugehörigen Trimmwiderstand „aufs Gradewohl" kann auf die Dauer zur Zerstörung der Endstufe wegen zu hoher Verlustleistung führen. Die Einstellung muß aber manchmal nach Austausch der Endstufen- oder Treibertransistoren z.B. gegen Äquivalenztypen mit Hilfe eines Strommeßgerätes nach Herstellerangaben (Schaltplan) neu vorgenommen werden. Es emp-

fiehlt sich dann auch, die Symmetrie so einzustellen, daß exakt 0,5·U_+ am Ausgangskondensator anliegen (vgl. sinngemäß Abbildung 3.24) bzw. 0 Volt bei direkter Kopplung.

Zweckmäßigerweise werden für die beiden, im Gegentakt betriebenen Transistoren „Komplementärtypen" (NPN/PNP-Paar) mit gleichen Verstärkungs- und Leistungseigenschaften verwendet. Bei richtigen Leistungs- und Hochleistungsendstufen findet man als Endstufenstransistoren häufig Komplementär-Pärchen aus Darlingtontransistoren oder 2 bzw. 4 NPN-Leistungstransistoren mit vorgeschalteter Komplementär-Treiberstufe.

Moderne Hifi-Verstärker verwenden eine gesplittete oder duale Stromversorgung mit U_+, Masse und U_- und verbessern so den Frequenzgang, weil sie ohne kapazitive Lautsprecherkopplung auskommen. Die direkt an U_+ und U_- betriebenen Gegentakttransistoren erzeugen bei fehlendem Eingangssignal ein „schwebendes Nullpotential", das bei richtiger Symmetrieeinstellung mit dem Massepotential übereinstimmt (vgl. sinngemäß Abbildung 3.24 rechts). Für den zwischen der „schwebenden Null" und Masse liegenden Lautsprecher ist das aber nicht ungefährlich, da er bei verschobener Symmetrie Gleichspannung oder – schlimmer noch – bei einem durchgeschlagenen Endstufentransistor sogar die volle Versorgungsspannung abbekommen kann.[17]

Im Brückenverstärker (z.B. die meisten Boosterstufen für Auto-Hifi-Anlagen) findet man dieses Prinzip noch einmal verdoppelt. Der Lautsprecher liegt dann zwischen den „schwebenden Nullen" zweier Gegentaktendstufen, von denen die eine ein invertiertes Signal liefert.

Beliebt sind auch Hybridmodul-Endverstärker (meist sogar in Stereoausführung), die vollwertige Endstufen im Sinne von Abbildung 3.24 darstellen. Nach außen hin werden sie nur noch von wenigen RC-Gliedern zur Arbeitspunktstabilisierung und Frequenzkorrektur unterstützt. Der Aufbau ist völlig unkritisch und vereinfacht die Reparatur – verteuert sie aber auch.[18] (Vgl. Abbildung 3.25)

Als weiterführende Literatur möchte ich besonders die im Anhang ausgewiesenen Werke [6], [12] Bd. 2 und [13] empfehlen.

Fehlerbilder
Siehe unter Abschnitt 3.6.2

---

[17] Wenn dann noch die schützende Sicherung überbrückt ist, brennt der Lautsprecher ab.
[18] Der Preis für ein 2 × 50 Watt Hybridmodul liegt z. Zt. bei etwa 50,00 DM.

3.6   Reparaturanleitungen

In den folgenden Abschnitten finden Sie Reparaturanleitungen für die „übliche Haushaltselektronik". Die Fehlertabellen decken einen Großteil der häufig auftretenden und vom Laien noch behebbaren Fehlerbilder ab. Es versteht sich von selbst, daß jedes Gerät seine eigenen „Tiefen" besitzt und schwierigere Fehler entweder an eine Fachkraft weitergereicht oder anhand weiterführender Literatur erarbeitet werden müssen – meine Literaturhinweise im Anhang mögen Ihnen dabei behilflich sein.

3.6.1 Methodische Fehlersuche

Die Fehlersuchmethodik bei elektronischen Geräten füllt eine breite Skala, die vom berühmten „Klaps", über die „Augendiagnostik" und dem Durchmessen von Einzelbauteilen bis hin zur gezielten Signalverfolgung mit Hilfe spezieller Signalgeneratoren und Oszilloskopen reicht. Die Methoden am unteren Ende der Skala gleichen eher einem ungezielten Herumstochern, bei dem die Komplexität der vorliegenden Schaltung nur wenig Berücksichtigung findet. Nichtsdestoweniger sind sie effizient – mal abgesehen vom „Klaps" – und können selbst von Menschen mit wenigen Vorkenntnissen angewendet werden. Ich fasse sie zusammen unter dem Begriff „formale Methode", der dem der „inhaltlichen Methode" gegenübersteht.

Die Fehlerstatistik zeigt (gerade auch bei modernen Geräten), daß kalte Lötstellen, durchgebrannte Transistoren und Dioden in Leistungsstufen, Schalter und Potentiometer mit Kontaktschwierigkeiten sowie mechanische Probleme (wie Verschmutzungen und gerissene Gummis) gut die Hälfte bis zwei Drittel aller Gerätedefekte ausmachen. Seltener wird sich der Fehler in ICs, HF-Kreisen oder Kleinsignalstufen verbergen. Das liegt wohl daran, daß die an sich verschleißfreien elektronischen Bauteile nur in den Leistungsstufen an ihre Belastungsgrenzen gelangen und daß dort thermische Einflüsse evtl. in Verbindung mit mechanischen Eigenschwingungen Materialveränderungen hervorrufen können. Nicht zu vergessen, die „Montagsgeräte". Sie haben sich durch die Endkontrolle des Herstellers gemogelt, obwohl z.B. das Lötbad nicht alle Kontakte hundertprozentig erwischt hat.

Die formale Methode
▒ Bringen Sie die Hintergründe eines Ausfalls genau in Erfahrung – insbesondere die Begleiterscheinungen. So können z.B. auf dem Gerät abgestellte Zimmerpflanzen und Bücherberge auf Feuchtigkeits- und Überhitzungsdefekte verweisen.

▓ Beobachten und analysieren Sie das Fehlerbild gut. Gelegentliche oder sich ankündigende Ausfälle verweisen auf Wackelkontakte und thermische Instabilitäten. Meist kann aufgrund des Fehlerbildes bereits recht gut auf bestimmte Stufen geschlossen werden, vorausgesetzt der modulare Funktionsaufbau eines Gerätes ist bekannt.

▓ Prüfen Sie zuerst alle Verbindungskabel zum Gerät.

▓ Ziehen Sie den Netzstecker und öffnen Sie das Gerät, damit Sie sich einen Überblick über die vorhandenen Module verschaffen können. Lokalisieren Sie das Netzteil, (alle) Sicherungen, Eingangs- und Ausgangsmodule sowie die Hauptmodule. Für die Binnengliederung helfen oft Aufschriften auf den Platinen weiter.

▓ Wenn ein Totalausfall vorliegt, überprüfen Sie alle Sicherungen und konzentrieren Sie sich zuerst auf die Stromversorgung (vgl. Abschnitt 3.5.2). Ist dort ein Ausfall vorhanden und behoben, sollten zusätzlich die Endstufen begutachtet werden.

▓ Nehmen Sie eine ausgiebige Sichtkontrolle vor. Suchen Sie nach unnatürlichen Verfärbungen an Bauteilen, verdächtigen Lötstellen und Brandspuren, sowie Platinenbrüchen und Oxidationsspuren durch Feuchtigkeitseinwirkung.

▓ Messen Sie alle Leistungsbauteile ohmsch durch: Schaltfunktionen (z.B. Relaiskontakte), Leistungstransistoren (Kühlkörper), Dioden (stabilere Bauformen), Transformatoren (Lötanschlüsse auf Feinrisse untersuchen) und Widerstände (vgl. Abschnitt 3.3.3 und 3.4). Selbst bei einem Fernsehgerät ist das in wenigen Minuten erledigt. Bei zwielichtigen Meßergebnissen messen Sie das Bauteil im ausgelöteten Zustand noch einmal.

▓ Bei thermischen Problemen arbeiten Sie mit einem Kältespray und/oder Fön am laufenden Gerät (Sicherheitshinweise unter Abschnitt 3.2 beachten).

▓ Bei Wackelkontakten klopfen Sie mit dem Isoliergriff eines Schraubenziehers die Platine des laufenden Gerätes vorsichtig ab und kreisen die sensible Stelle ein. Zu 99% wird eine kalte Lötstelle, ein Leiterbahnriß oder ein oxidierter Steckkontakt dafür verantwortlich sein. Wackelkontakte können sich natürlich auch als thermische Fehler auswirken.

▓ Für die Schnellsuche nach Wackelkontakten und Spannungsüberschlägen in Leistungsstufen schaffen Sie Dämmerlicht und warten Sie, bis sich Ihre Augen gut daran gewöhnt haben. Klopfen Sie die Platine des laufenden Gerätes dann (unter strikter Beachtung eines Sicherheitsabstandes) mit einem isolierten Schraubenziehergriff vorsichtig ab – die Kontaktschwäche wird sich durch kleine blaue Funken verraten.

Inhaltliche Methode

▓ Lassen Sie all Ihre Logik walten und sichern Sie sich soviel elektronisches Grundwissen wie möglich – sparen Sie nicht an Büchern und Lesearbeit.

▓ Wenn die formale Methode noch nicht gefruchtet hat, müssen Sie versuchen, den Verdacht inhaltlich auf bestimmte Module oder Stufen zu konzentrieren. Dafür ist natürlich ein recht genaues Verständnis der modularen Funktionen angebracht. Überprüfen Sie zunächst, ob alle Spannungsversorgungen korrekt ankommen (Platinenaufdrucke und Schaltplan beachten). Wenn Austauschmodule zur Verfügung stehen, können Sie einfach umstecken.

▓ Bauen Sie das verdächtige Modul aus, und messen Sie es konsequent durch. Bei zwielichtigen Meßergebnissen messen Sie das Bauteil im ausgelöteten Zustand noch einmal.

▓ Nachdem das Modul ausgemessen ist, kann es wieder eingebaut werden. Versuchen Sie dann bei laufendem Gerät (evtl. im Wechselspannungsmeßbereich, besser jedoch mit einem Oszilloskop) unter Berücksichtigung des Schaltplans Eingangssignale und Ausgangssignale nachzuweisen. Wenn die Signale o.k. sind, wird das Modul auch in Ordnung sein, andernfalls setzen Sie die Suche an den aktiven Bauteilen des Moduls fort. Wer dies vermeiden will oder sich nicht zutraut, kann ICs und Halbleiter z.B. versuchsweise ersetzen.

▓ Bei Niederspannungsgeräten ohne Netzpotential (z.B. bei Verstärkern – bei Fernsehgeräten nur, wenn Potentialtrennung gewährleistet ist) hilft oft die „Fingerprobe" weiter. Durch Berühren der Eingänge oder der Basisanschlüsse von Transistoren mit dem Finger wird ein Brummsignal (50 Herz aber auch HF-Anteile) eingestreut, das sich ausgangsseitig bemerkbar machen muß oder am Modulausgang nachgewiesen werden kann. Berühren Sie dabei wirklich nur einen Punkt der Schaltung![19] Die „saubere Methode" ist natürlich ein richtiger Signalgenerator – aber wer hat den schon.

▓ Nach Modulaustausch oder nach Austausch frequenzbestimmender Bauteile sind oft gewisse Einstellvorgänge vonnöten, die nur in „offensichtlichen" Fällen (z.B. Bildeinstellung bei TV-Geräten) nach Gefühl geschehen können. Beachten Sie dabei auf alle Fälle die entsprechenden Angaben des Herstellers (Schaltplan), markieren Sie vorher die vorgefundenen Einstellungen, und berücksichtigen Sie, daß viele Einstellungen – im HF-Bereich ausschließlich – nur mit Hilfe spezieller Meßapparaturen durchführbar sind.

---

[19] Wenn die Masse Erdpotential hat, Fingerprobe evtl. über Kondensator kleiner Kapazität vornehmen.

3.6.2 Stereoverstärker

Die Funktionsprinzipien und Grundschaltungen von Verstärkern können Sie unter Abschnitt 3.5.3 nachlesen. Abbildung 3.26 zeigt den modularen Aufbau eines typischen Stereoverstärkers mit mehreren Eingängen. Edlere Geräte sind mit einer Einschaltverzögerung (Relais) und einem evtl. damit gekoppelten elektronischen Überlastschutz versehen. Der Überlastschutz reagiert auf Schaltungsdefekte, die durch Kurzschlüsse in der Endstufe sowie durch thermische Überbelastung der Endstufenstransistoren entstehen. Häufig löst der Überlastschutz nur während des Leistungsbetriebs oder bei angeschlossenen Lautsprechern aus. Das kann ein Hinweis auf einen verschobenen Arbeitspunkt oder eine zu geringe Lautsprecherimpedanz sein. Bei der Fehlersuche kann man sehr gut die Tatsache ausnutzen, daß zwei gleich aufgebaute Kanäle vorhanden sind (Vergleichsmessung). Ist der Fehler diffizil, können Sie z.B. versuchsweise einzelne Bauelemente der Kanäle austauschen.

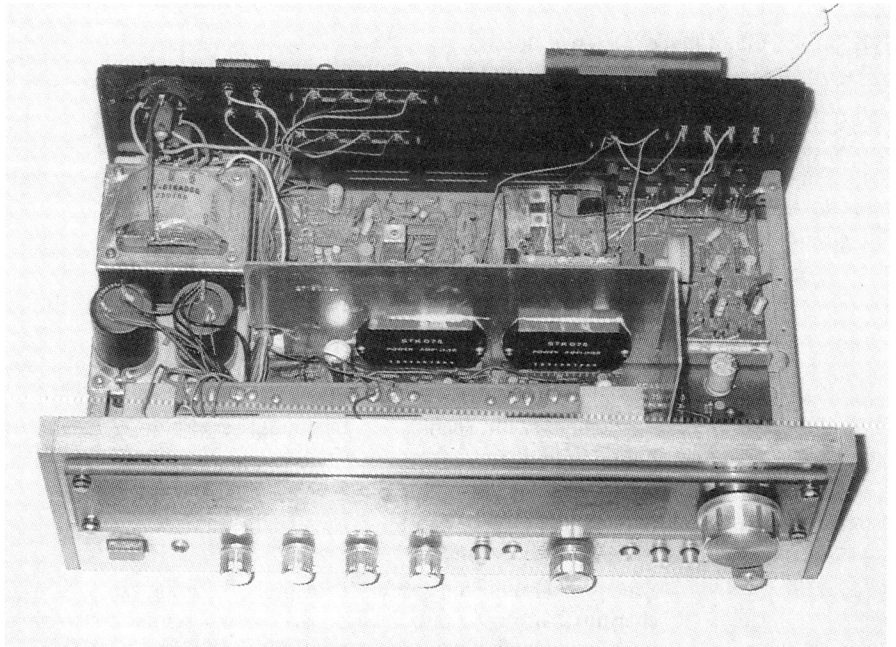

Abb. 3.25 Innenansicht eines Stereoverstärkers mit Hybridendstufen, links mit den beiden großen Siebkondensatoren das Netzteil für die gesplittete Stromversorgung

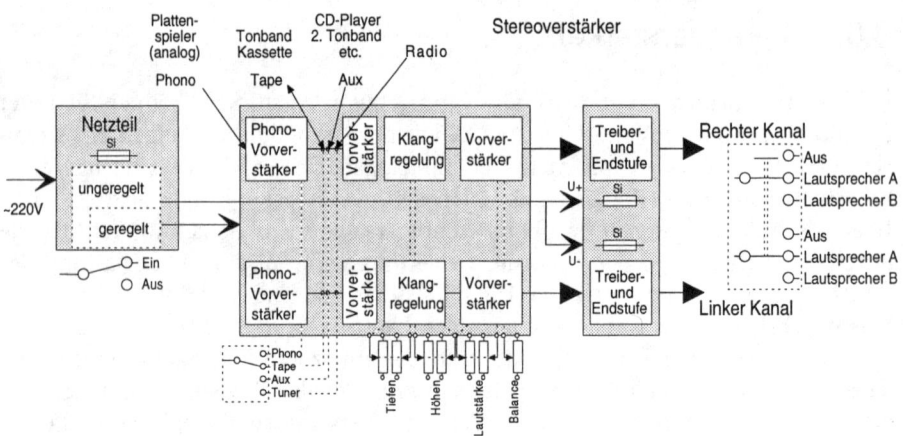

Abb. 3.26 Modularer Aufbau eines Stereoverstärkers

Tab. 3.5　Fehlertabelle Stereoverstärker

Fehlerbild	mögliche Defekte	Abhilfe.
Keine Funktion *keine Anzeige, beide Kanäle stumm*	Stromversorgung, Einschalter, Sicherungen, Netzteil	Stromversorgung sicherstellen (vgl. Abschnitt 3.5.2.1)
	Überstromschutz wegen Kurzschluß in Endstufe aktiv oder Einschaltverzögerung defekt (z.B. Relais oder Schalttransistor)	Wenn Relais nicht klickt, zuerst Endstufen- und Treibertransistoren prüfen. Wenn o.k., Schaltung für Einschaltverzögerung nachmessen und evtl. Relaiskontakte säubern
Keine Anzeige, Kanäle rauschen leicht	Netzteil (geregelte Spannung), Bereichsschalter	Spannungsversorgung sicherstellen, Eingänge wechseln und Bereichsschalter überprüfen
Anzeige vorhanden, Lautsprecher tot	Netzteil (ungeregelte Spannung), evtl. Sicherungen	Netzteil überprüfen
	Lautsprecher und Lautsprecherumschaltung prüfen (evtl. Tape-Monitor aktiv oder Schalter für Kopfhörerausgang defekt)	Lautsprecher durchmessen (es müßte ein Knackgeräusch zu hören sein) und Schaltfunktionen sicherstellen
Ein Kanal ist tot *Kein leichtes Rauschen hörbar*	Verbindung zu Lautsprecher ist unterbrochen	Lautsprecher ab Verstärkeranschluß durchmessen (Knackgeräusch)

Fehlerbild	mögliche Defekte	Abhilfe
	Sicherung, Endstufe defekt z.B nach Kurzschluß in Lautsprecher oder -zuleitung	Lautsprecher nur vertauschen, wenn *kein* Verdacht auf Kurzschluß besteht! Kanalsicherung prüfen. Wenn defekt, Endstufe durchmessen (meist Endstufen- und Treibertransitor defekt, evtl. nur Unterbrechung durch Widerstand oder kalte Lötstelle). Nach Wiedereinsetzen der Sicherung, Kanal ohne Lautsprecher und Signal betreiben und Spannungen messen.
Leichtes Rauschen hörbar	Evtl. vorgeschaltetes Gerät oder Eingangsverbindungskabel defekt	Anderes Gerät am Eingang versuchen
	Bereichsumschalter, Lautstärke- oder evtl. Klangregler hat Kontaktschwäche	Nachmessen und ggf. instandsetzen (Kontaktspray versuchen)
	Defekt in Vorstärker (Transistor oder IC) oder Klangregler	Defekt mit Fingerprobe aufspüren, Symmetrie der beiden Kanäle ausnutzen.
Ausgangssignal beider Kanäle verzerrt	Generelle Übersteuerung durch vorgeschaltetes Gerät (oft bei Phonoeingang)	Eingangspegel drosseln (bei Plattenspielern mit eigenem Vorverstärker Aux-Eingang benutzen)
	Geregelte Stromversorgung hat Defekt oder zeigt Eigenschwingung)	Geregeltes Netzteil überprüfen, evtl. Kondensator kleiner Kapazität einbauen
Ausgangssignal eines Kanals verzerrt *starke Verzerrung*	Symmetrie der Gegentaktendstufe durch Halbleiterausfall, kalte Lötstelle oder defekten Lastwiderstand total verschoben, Kontaktschwäche am Symmetrieregler	Symmetriespannungen der Endstufe nachmessen (Vergleichsmessung mit intaktem Kanal), wenn verschoben, alle Halbleiter, Widerstände und Lötstellen der Gegentaktendstufe prüfen
	Vorverstärker- oder Klangreglerstufe hat defekten Halbleiter	Verdacht durch Vertauschen der Kanäle erhärten. Kältespray versuchen, Bauteile nachmessen

Fehlerbild	mögliche Defekte	Abhilfe
leichte Verzerrung	Symmetrie leicht verschoben oder Defekt in Vorstufen, evtl. auch hoher Übergangswiderstand im Bereichsschalter	Symmetrieeinstellung (vgl. Abschnitt 3.5.3.2), Vorstufe und Bereichsschalter überprüfen
Starkes Brummen *beide Kanäle*	Siebung im Netzteil mangelhaft	Siebkondensatoren und Gleichrichter überprüfen
ein Kanal brummt stärker	Ruhestrom oder Arbeitspunkt einer Endstufe stark erhöht	Erhitzung der Halbleiter feststellen. Evtl. Kondensator durchgeschlagen
nur ein Kanal brummt	Brummschleife in Vorstufe oder fehlender Massekontakt (z.B. Plattenspieler) – Fehler kann diffizil sein	Eingangskabel überprüfen und abstecken, wenn Fehler immer noch da, Fingerprobe in Vorstufe
Starkes Rauschen in einem Kanal	Meist Transistor in Vorstufe defekt geworden	Versuchsweiser Austausch (anderer Kanal)

3.6.3 Tuner und Empfänger

Die Reparatur von Hochfrequenzschaltungen ist naturgemäß eine heikle Angelegenheit. Speziell, wenn das dafür unbedingt notwendige theoretische Wissen und die geeigneten Meßgeräte fehlen. Vielfach ist nach Austausch eines Bauelements ein Einstellvorgang notwendig, der vom Laien nicht mehr bewältigt werden kann. Kurz gesagt, hier ist die Grenze der Selbstreparatur schnell erreicht, wenn die formale Methode keine Ergebnisse bringt. Dennoch einige Hinweise:

▨ Bevor von einem Ausfall des Empfängers ausgegangen werden kann, ist die Wirksamkeit des Antennenanschlusses zu überprüfen – am besten durch ein ähnlich geartetes Gerät. Fällt der Verdacht eindeutig auf den Empfänger, werden in erster Linie „gealterte" oder defekte Halbleiter in Betracht kommen.

▨ Ein wenig „Einsicht" bringen Kältespray und Fön, wenn das Fehlerbild auf thermische Erscheinungen schließen läßt. Oft ist auch die Konstanz der Versorgungs- und Abstimmspannungen nicht gewährleistet.

▨ Stark verrauschte Signale (Bild oder Ton) lassen auf „gealterte" Transistoren im HF-Bereich schließen, weniger verrauschte Signale werden dem ZF-Bereich entstammen. Generell wird bei reinem Rauschen die Fehlerquelle umso näher

am Antenneneingang liegen, je stärker es ist. Eine Fingerprobe, die HF ein-
streut, kann hilfreich sein, wenn überhaupt kein ordentlicher Signalanteil passieren kann.

▓ Meist besteht eine Empfangsschaltung aus wenigen aktiven Bauelementen, die
noch dazu recht billig sind. Ein versuchsweiser Austausch von Transistoren
oder ICs – je nach Verdachtsmoment – hilft da manchmal besser weiter als aufwendige Messungen.

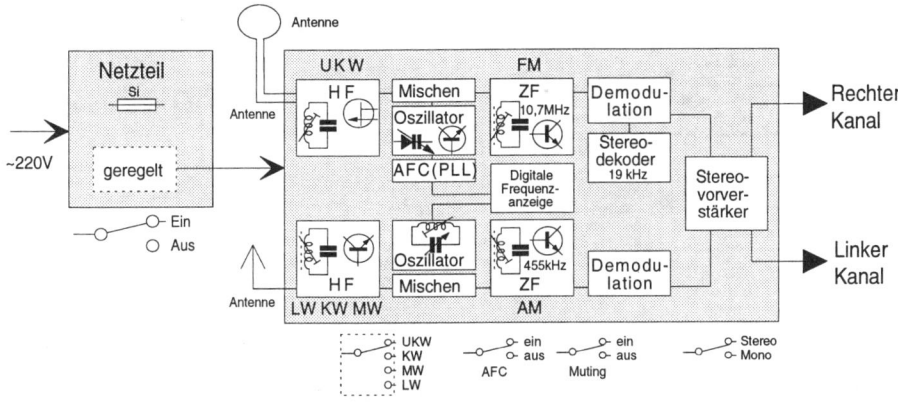

Abb. 3.27 Modularer Aufbau eines Allbereichstuners

3.6.4 Kassettenrecorder und Tonbandmaschinen

Kassettenrecorder und Tonbandmaschinen arbeiten nach dem gleichen Prinzip: das
niederfrequente Tonsignal wird von einem statischen Tonkopf auf ein vorbeilaufen-
des Tonband aufgezeichnet und von dort in derselben Geschwindigkeit wieder ab-
gelesen. Der Tonkopf besteht aus einer hochohmigen Spule mit Kern, welcher dort,
wo das Band vorbeiläuft, einen mikroskopisch kleinen Spalt besitzt. Bei Stereo-
geräten besteht der Tonkopf aus 2 und bei Stereo-Auto-Reverse-Geräten oder Vier-
spurmaschinen aus 4 solchen Einheiten. Eine komplizierte Mechanik mit ein oder
zwei Motoren, ermöglicht es, daß das Band sowohl schnell hin- und hergespult
(Vorlauf/Rücklauf) als auch in konstanter Geschwindigkeit (Aufnahme/Wiedergabe)
am Tonkopf vorbeilaufen kann. Der nötige Gleichlauf während der Signalübertra-
gung wird dadurch erreicht, daß das Band von einer Gummiandruckrolle auf die
drehzahlgeregelte Capstanwelle (eine „nagelförmige", glatte Welle aus nichtmagne-
tischem Metall, die mit einer Schwungscheibe gekoppelt ist) gedrückt wird.

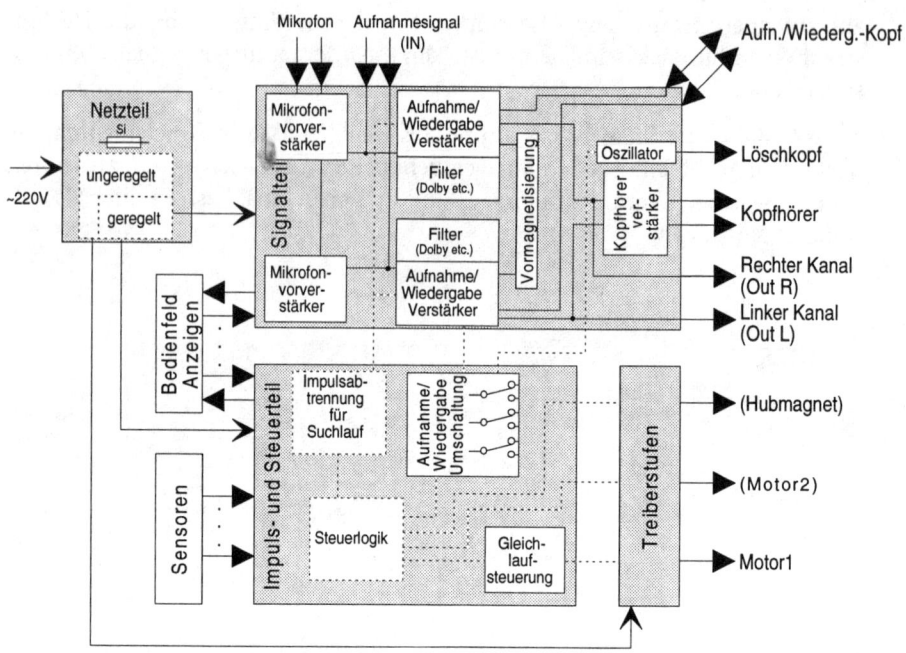

Abb. 3.28 Modularer Aufbau eines Kassettenrecorders oder Tonbandgeräts mit Signalverläufen – die Steuerlogik kann „intelligent" (IC) oder durch rein mechanische Schaltfunktionen realisiert sein

Den modularen Aufbau mit Signalverläufen entnehmen Sie Abbildung 3.28. An zentraler Stelle sitzt pro Kanal ein mehrstufiger Kleinsignalverstärker (meist IC, vgl. Abbildung 3.23), dem zusätzliche Klangfilter (Vormagnetisierungsunterdrückung, Höhenkorrektur, Bandcharakteristikfilter, Dolby, MPX etc.) vor- bzw. nachgeschaltet sind. Ein üblicherweise mechanisch betätigter, vielkontaktiger Aufnahme/Wiedergabeschalter bestimmt die logische Richtung des Signalwegs, der entweder vom Tonkopf über den Verstärker zum Signalausgang OUT verläuft oder vom Eingang IN bzw. MIC über den Verstärker zum Tonkopf. Während des Aufnahmevorgangs wird zusätzlich der Löschkopf durch ein oberhalb des Hörbereichs liegendes Signal aktiviert, der die bestehende Magnetisierung des Bandes kräftig überschreibt. Auch das Aufnahmesignal erfährt eine Überlagerung durch ein ähnliches Signal (Vormagnetisierung), welches den Rauschanteil der Aufzeichnung erheblich zu senken vermag.

Bei magnetischen Tonaufzeichnungsgeräten kommen in erster Linie mechanische Ursachen für Ausfälle oder Tonqualitätseinbußen in Betracht. Verschmutzungen der Tonköpfe, des Löschkopfs, der Gummiandruckrolle(n) sowie auch der Antriebsgummis lassen sich einfach mit ein wenig Spiritus und Wattestäbchen beseitigen.

Die Reinigung sollte turnusmäßig erfolgen. Nur bei älteren Geräten kann ein Austausch erforderlich sein.

Abb. 3.29 Innenansicht eines Tapedecks *links* Platine mit zentralem Aufnahme/Wiedergabe-Schalter *rechts* Mechanik mit Antriebsmotor und Schwungscheibe

Hinweise auf eine fällige Tonkopf-Reinigung (98%), -Entmagnetisierung (1%) oder -Justierung (1%) geben dumpf klingende Wiedergabesignale mit geringem Höhenanteil. Überspielerscheinungen in Aufnahmen (die vorherige Aufnahme wird nicht richtig gelöscht) verweisen dagegen auf eine Verschmutzung des Löschkopfes oder ein fehlendes Löschsignal (Oszillator). Bei leiernder Wiedergabe (und Aufnahme) sollten Sie zuerst die Andruckrolle(n) und Capstanwelle(n) reinigen, und wenn das nicht hilft, die Antriebsmechanik überprüfen (beim Ölen der Mechanik, Gummianteile „verschonen" und gut reinigen). Seltener werden Gleichlaufschwankungen von einem Defekt in der elektronischen Geschwindigkeitsregelung des Capstanmotors herrühren.

Das Standardfehlerbild ist der Ausfall oder das Schwingen eines Kanals (Aufnahme und/oder Wiedergabe), das sich zu 99% auf Kontaktschwächen des zentralen Aufnahme/Wiedergabeschalters zurückführen läßt. Der Fehler ist in „gutmütigen" Fällen durch einen kräftigen Schuß Kontaktspray zu beheben, ansonsten muß der mehrpolige Schalter evtl. ausgebaut und mechanisch gereinigt werden.

In manchen Fällen wird beim Abspielen von Fremdaufnahmen anhand der Tonhöhe eine falsche Bandlaufgeschwindigkeit festzustellen sein. In diesem Fall muß die Geschwindigkeit des Capstanmotors (Antriebsmotor) am zuständigen Trimmwiderstand justiert werden. Dieser Widerstand sitzt entweder im Motorgehäuse selbst (kleinen Schraubenzieher in runde Öffnung am Gehäuse einführen) oder auf der Platine – in der Nähe der Anschlüsse für den Motor.

Praxistip: Motorgeschwindigkeit justieren

Nehmen Sie auf einem „guten" Bandgerät per Mikrofon einige Minuten lang einen reproduzierbaren und nicht zu tiefen Referenzton auf – den Kammerton „a" gibt es z.B. per Telefon. Spielen Sie dann das Band auf dem einzustellenden Gerät ab und beginnen Sie mit dem Justiervorgang. Sobald die Töne identisch sind und keine Schwebung mehr zu hören ist, stimmt die Geschwindigkeit.

Tab. 3.6 Fehlertabelle Kassettenrecorder

Fehlerbild	mögliche Defekte	Abhilfe
Bandsalat *Beide Spulen laufen*	Gummiandruckrolle verschmutzt, Kassette schwergängig	Band vollständig aus der Mechanik entfernen (evtl. zerschneiden) und Andruckrolle(n) mit Spiritus reinigen, Kassette hin- und herspulen
Aufrollspule dreht nicht	Bei zweimotorigem Gerät: Wickelmotor dreht nicht, sonst: Fehler in der mechanischen Kraftübertragung, evtl. Antriebsgummi verschmutzt, gerissen oder ausgeweitet	Wickelmotor auf Funktion überprüfen, Bandtellerantrieb warten, Antriebsgummis reinigen oder austauschen
Band steht	Gummiriemen für Capstanantrieb lose oder gerissen, Capstanmotor dreht nicht	Gummiriemen überprüfen, Betriebsspannung an Capstanmotor nachweisen und Motor ggf. ersetzen bzw. Motorsteuerung überprüfen
	Pauseschaltung defekt (meist mechanischer Fehler, z.B. Feder ausgehakt)	Mechanische Ursache beseitigen, Steuerlogik überprüfen, evtl. Steuersignal einfach außer Kraft setzen
Wiedergabegeschwindigkeit falsch	Geschwindigkeitseinstellung des Capstanmotors (evtl. Gleichlaufsteuerung defekt)	Geschwindigkeit einstellen (siehe Praxistip) oder Gleichlaufsteuerung überprüfen
Ein Kanal fehlt *„nicht immer aber immer öfter"*	Aufnahme/Wiedergabe-Schalter hat Kontaktfehler (Standardproblem)	Schalter mit Kontaktspray oder mechanisch reinigen und wiederholt manuell betätigen

Fehlerbild	mögliche Defekte	Abhilfe
	Überspielkabel oder Steckverbindung hat Wackelkontakt	Signalweg durchmessen (Kabel dabei auch bewegen) Steckverbindung evtl. nachbiegen und mit Kontaktspray reinigen
immer (bei Aufnahme und Wiedergabe)	Signalleitung zu Tonkopf ist unterbrochen (häufig direkt am Tonkopf)	Signalkabel und Lötstellen am Tonkopf prüfen
	Aufnahme/Wiedergabeverstärker ist defekt, evtl. auch Umschalter	Verstärker prüfen (Fingerprobe) und Umschalter durchmessen
immer, aber nur bei Aufnahme oder nur bei Wiedergabe	Überspielkabel hat Unterbrechung oder Aufnahme/Wiedergabe-Schalter ist defekt	Signalweg prüfen
	Vorstufe defekt	Fingerprobe
Aufnahme/Wiedergabe *leiert*	Gleichlaufstörungen durch Verschmutzung oder Abnutzung der Gummiandruckrolle(n) oder Capstanwelle verbogen	Gummiandruckrolle reinigen, austauschen. Bei verbogener Capstanwelle dürfte die Reparatur nicht mehr rentabel sein
	Motorgleichlauf gestört (Lager defekt oder geregelte Ansteuerung instabil)	Motor bei defektem Rotorlager austauschen, elektronische Steuerung auf Regeleigenschaft überprüfen (Spannung, Strom)
ist dumpf	Tonkopf ist verschmutzt oder magnetisiert (dann evtl. Gleichspannungspotential im Aufnahmesignal	Reinigen, entmagnetisieren (spezielle Entmagnetisiergeräte sind im Handel billig zu kaufen). Wenn Gleichspannungspotential vorhanden, evtl. zusätzlich Kopplungskondensator austauschen
	Tonkopf ist dejustiert (Band gealtert)	Tonkopf nach Gehör justieren (maximale Höhenwiedergabe einstellen)
auf beiden Kanälen verrauscht	Bandqualität schlecht, Dolbyaufnahme, evtl. Filter oder Schalter defekt	Band überprüfen, Aufnahme mit Dolby abspielen, Schalter für Filter reinigen
	Vormagnetisierung fehlt	Oszillator und Mischung überprüfen (Oszilloskop)

Fehlerbild	mögliche Defekte	Abhilfe
auf einem Kanal verrauscht	Transistor „gealtert" oder Aufnahme/Wiedergabe-Schalter läßt Vormagnetisierung nicht passieren	Signalweg mit Oszilloskop prüfen, Aufnahme/Wiedergabe-Schalter durchmessen und reinigen
ist mit Brummen überlagert	Eine Masseverbindung fehlt oder ist schwach, meist im Überspielkabel, seltener im Gerät	Massekontakte überprüfen (Fingerprobe bei Aufnahme ohne Signal und Aussteuerung beobachten)
	Siebung im Netzteil defekt	vgl. Abschnitt 3.5.2.1
hat verschobene Balance	meist Kontaktschwäche im Aufnahme/Wiedergabe-Schalter, evtl. unterschiedlich starke Signalverstärkung oder Tonkopf dejustiert	Aufnahme/Wiedergabe-Schalter durchmessen und ggf. reinigen – *Balance-Einstellung*: Monoaufnahme auf Referenzgerät erstellen und Wiedergabe nach Gehör und Aussteuerungsmesser (ebenfalls justierbar) über Trimmwiderstände (Einstellungen vorher markieren) ausbalancieren. Dann Aufnahmebalance an Wiedergabebalance ausrichten (meist mehrere Schritte erforderlich). Aufnahmebalance schließlich auf Referenzgerät überprüfen und Arbeitsgang ggf. wiederholen
Steuerfunktion bleibt aus	Steuerlogik (IC oder mechanischer Schalter) defekt, Laufwerkmechanik, Hubmagnet etc.	Steuerlogik (z.B. durch manuelles Betätigen der Schaltkontakte) überprüfen, Schaltkontakte reinigen und justieren
Band-Endabschaltung *funktioniert nicht*	Fehler ist meist mechanischer Natur (Schalter), evtl. Schaltverstärker oder Hubmagnetspule defekt	Abschaltmechanik per Hand auslösen, Schalter nachmessen und reinigen, Hubmagnet und Schaltverstärker überprüfen
schaltet mittendrin ab	Bandzug zu kräfig, evtl. Endschalter zu sensibel, elektronische Drehzahlerfassung (z.B. Impulsgeber schad- oder mangelhaft)	Schleifkupplung für Bandteller oder Endschalter justieren, Impulsgeber und Steuerlogik überprüfen

3.6.5 Plattenspieler

Der „gute alte" Analogplattenspieler ist für gewöhnlich ein rein mechanischer Aufbau, dessen elektrische Funktionen sich auf einen Antriebsmotor (meist mit Drehzahlregelung), einen Tonabnehmer und einen Signalkurzschlußschalter (mit End-Abschaltung gekoppelt) beschränken. Zugang zum Innenleben des Gerätes erhalten Sie nach Abnahme des Plattentellers und Aushaken oder Abschrauben der gefederten Aufhängungen.

Einstellungen

Für die routinemäßige Drehzahleinstellung legen Sie eine – speziell für diesen Arbeitsgang im allgemeinen mitgelieferte – Stroboskopscheibe auf den Plattenteller und justieren die Drehzahl bei Kunstlicht so, daß die zugehörigen Markierungen auf der Scheibe „stillstehen". Wichtig ist weiterhin, daß die Auflagekraft des Tonarms auf die Schallplatte weder zu hoch noch zu niedrig ist. Sie muß vor der ersten Inbetriebnahme und nach Austausch des Tonabnehmersystems vorgenommen werden. Verdrehen Sie zunächst das am hinteren Ende des Tonarms befindliche Einstellgewicht so, daß der Arm exakt ins Gleichgewicht kommt. Nehmen Sie dann eine Nulljustierung der Einstellskala vor – der Tonarm muß weiterhin schweben. Wenn die Herstellerangaben für das verwendete Tonabnehmersystem bekannt sind, können Sie nun die richtige Auflagekraft einstellen, ansonsten wählen Sie den üblichen Mittelwert 1,5. Den gleichen Wert stellen Sie dann an der Antiskatingskala ein.

Anschluß

Da die heute nahezu ausschließlich zu findenden magnetischen Tonabnehmersysteme ein sehr schwaches Signal liefern, besitzen viele Plattenspieler bereits eingebaute Vorverstärker, deren Frequenzgang speziell auf magnetische Tonabnehmersysteme abgestimmt sind. Verfügt ihr Verstärker nun über einen Phonoeingang, der die gleiche Verstärkung vornimmt, klingt die Wiedergabe hoffnungslos übersteuert. Sie müssen dann einen anderen Eingang (Aux oder Tape 2) wählen oder den Vorverstärker im Plattenspieler umgehen.

Oft wird die Freude an der Wiedergabe durch störende Brummeinstreuungen getrübt. Abhilfe schafft dann eine Masseverbindung zwischen Plattenspieler und Verstärker, der Effekt kann aber auch aufgrund unterbrochener Signalwege oder schwacher Steckkontakte auftreten.

Tab. 3.7   Fehlertabelle Plattenspieler

Fehlerbild	mögliche Defekte	Abhilfe
Wiedergabe ist schlecht, *knistert*	Elektrostatische Aufladung der Schallplatte	Antistatic-Set verwenden
brummt	Signalweg unterbrochen oder Massekontakt fehlt, evtl. Masseschleife	Signalweg, insbesondere Masseverbindungen überprüfen und ggf. herstellen
dumpf	Nadel ist verschmutzt oder abgespielt (evtl. Tonabnehmersystem defekt)	Nadel von Zeit zu Zeit mit reinem Alkohol reinigen oder – wenn alt – austauschen
auf beiden Kanälen sehr schwach	Vorverstärker fehlt (bei Neuanschluß beachten) oder ist defekt (z.B. Stromversorgung)	Vorverstärker bzw. dessen Stromversorgung überprüfen
auf beiden Kanälen total übersteuert und verzerrt	Plattenspieler und Endverstärker nehmen Phonoverstärkung vor	Nur einen Phonoverstärker einsetzen
fehlt auf einem Kanal (oder ist schwach)	Signalweg unterbrochen (meist sind die Steckkontakte am Tonabnehmer oxidiert)	Unterbrechung des Signalwegs durch ohmsche Messung herausfinden
	Endschalter hat nicht aufgemacht	Mechanik überprüfen oder Schaltkontakte justieren
Plattenteller dreht nicht	End-Schalter defekt, Gummiantrieb gerissen oder ausgeleiert, Motor defekt	Überprüfen
Drehzahl nicht konstant	*bei Billiggeräten* normal, sollte aber nicht störend sein (evtl. Antriebsriemen verschmutzt oder ausgeleiert) – *bei elektronischer Drehzahlregelung* meist Einstellpotentiometer verschmutzt, seltener wird die Regelung defekt sein	Gummiantrieb und Drehzahlregler säubern oder ersetzen, Drehzahlregelung überprüfen

3.6.6 CD-Spieler

Beim CD-Spieler handelt es sich um ein Wiedergabegerät für digital aufgezeichnete Information. Eine komplizierte, schrittmotorbewegte Laseroptik tastet computergesteuert die Oberfläche einer Compact-Disk ab und liefert dabei digitale Signale, die von einem nachgeschalteten Signalprozessor durch hochkomplizierte Berechnungen in ein analoges Audiosignal überführt werden. Das gesamte Innenleben eines CD-Spielers gleicht damit nicht nur einem modernen Computer sondern es ist im wesentlichen ein genau für diese spezielle Aufgabe ausgelegter Computer.

Abb. 3.30 Innenansicht eines CD-Players *links* aufgeklappte Steuerplatine mit Sicht auf Signalplatine *rechts* Laserabtastsystem mit ausgefahrenem Ladeschlitten

Der hochempfindlichen Laser- und Computertechnologie des CD-Players steht die in diesem Buch proklamierte Do-it-yourself-Methodik so gut wie machtlos gegenüber. Dem Hobbyisten bleiben nur noch wenig Ansatzpunkte zur Selbstreparatur, die sich im wesentlichen auf das Warten der Auswurfmechanik (Endschalter etc.), das Nachfetten der Gleitschiene für den Schrittmotor und das vorsichtige Säubern der Laserlinse beschränken. Einer Anwendung der „formalen Methode" steht generell natürlich nichts im Wege – die Erfolgsaussicht ist aber eher gering. Darüber hinausgehende Wartungs- und Einstellarbeiten sind nur noch mit speziellen Meß-

und Analysewerkzeugen durchführbar und sollten dem eigens dafür eingerichteten Fachbetrieb vorbehalten bleiben.

Warnung
Der unsichtbare Laserstrahl (Infrarotlaser mit 780 nm Wellenlänge) des optischen Abtastsystems eines CD-Players ist schädlich für das Auge. Zwar verhindert eine Sicherheitsverriegelung den Betrieb der Laserdiode normalerweise bei nicht eingelegter CD (bei manchen Geräte auch bei offenem Gehäuse), dennoch sollten Sie grundsätzlich das offene Gerät nicht – bzw. nicht ohne eingelegte CD – betreiben.

Das häufigste Fehlerbild bei CD-Playern ist der Spurverlust. Da die Daten auf der CD in konzentrischen Spuren – engl. *tracks* – (Abstand ca. 2μm) abgetastet werden, im Prinzip also ähnlich wie bei der Schallplatte, kann ein Spurverlust das Computersystem durcheinanderbringen. Normalerweise ist dann ein kurzer Aussetzer zu hören, und das System stabilisiert sich an einer anderen Stelle der Aufnahmesequenz wieder. Bei wiederholtem Spurverlust kann die Wiedergabe sogar einem echten „Rap" entsprechen.[20] Die Ursachen sind in Tabelle 3.8 zusammengestellt. Als weiterführende Lektüre empfehle ich [9] im Literaturverzeichnis.

Tab. 3.8   Fehlertabelle CD-Spieler

Fehlerbild	mögliche Defekte	Abhilfe
Spurverlust *immer an bestimmten Stellen einer CD*	CD ist verschmutzt oder verkratzt oder es liegt ein Produktionsfehler vor	Säubern der CD in lauwarmen Wasser. Geben Sie etwas Spülmittel zu und trocknen Sie sie mit einem weichen Tuch; zerkratzte CDs können mit einem handelsüblichen Reinigungsset bestehend aus feinem bis ultrafeinem Schleifpapier naß wieder plan geschliffen werden. Schleifen Sie immer senkrecht zu den Spuren (nie kreisend)
nach bestimmter Abspielzeit bei fast jeder CD	Gleitschiene des optischen Abtastsystems hat an Gleitfähigkeit eingebüßt	Ausgeschaltetes Gerät öffnen und Gleitschiene (evtl. Getriebe) mit ein wenig hochwertigem Lagerfett schmieren
zu bestimmten Tageszeiten besonders	Störungen im 220 V-Netz	Entstörfilter in Netzzuleitung einbauen ➠

[20] Bei „moderneren" Musikstücken ist dieser Effekt also gar nicht so leicht herauszuhören.

Fehlerbild	mögliche Defekte	Abhilfe
von Zeit zu Zeit eingeleitet durch schwaches „Piepsen" der Servoeinheit	Linse der Laseroptik verschmutzt	Linse bei ausgeschaltetem Gerät vorsichtigst mit feuchtem (frisches Wasser mit ein wenig Geschirrspülmittel verwenden) Wattestäbchen reinigen, vermeiden Sie dabei jeglichen Druck auf die sensible Lagerung der Optik
	Fokussierung oder Spurnachführung (Sled-Motor-Servo) fehlerhaft, Servo-Regelkreis gestört	Einstellung des Servoregelkreises oder Austausch der Optikeinheit durch Fachbetrieb
CD eiert	Diskverschlußmechanismus dejustiert	Mechanismus bei eingelegter CD vorsichtig austarieren (Achtung vor Laserlicht)
Gerät fährt Schlitten sofort wieder aus oder Abspielvorgang beginnt nicht bei 0:00	Endschalter für Schlitten-Start-Position dejustiert	Schalter an Einstellschraube justieren (alte Einstellung markieren)

3.6.7 Farbfernsehgeräte

Das Fernsehgerät ist trotz seines komplizierten Innenlebens einigermaßen wartungsfreundlich, und die Möglichkeit der direkten Bildschirmdiagnose eröffnet bereits im Vorfeld der Reparatur gute Voraussetzungen für die Fehlerorteingrenzung in dem wohldefinierten Modulaufbau des modernen Farbfernsehempfängers.

3.6.7.1 Aufbau des Farbfernsehbildes

Das Farbfernsehbild setzt sich aus 625×625 Einzelpunkten zusammen, die zeilenweise 25 mal pro Sekunde von drei parallelen Elektronenstrahlen als rot-grünblaue Leuchtpunkte auf die Leuchtschicht der Bildröhre geschrieben werden. Aus den drei Grundfarben lassen sich durch additive Farbmischung alle Farben des sichtbaren Farbspektrums zusammensetzen. Um den Flimmereffekt klein zu halten, sieht die Fernsehnorm vor, daß sich das Bild aus zwei übereinander projizierten Halbbildern zusammensetzt, die abwechselnd und jeweils nacheinander gesendet bzw. geschrieben werden. Wollte man die Zeilen numerieren, bestünde das erste Halbbild aus allen ungeraden und das zweite Halbbild aus allen geraden Zeilennummern. Drei Elektronenstrahlen huschen damit 50 mal (Vertikalfrequenz) pro Sekunde über die Bildfläche und schreiben beginnend von links oben – in Lesrichtung – je Halbbild 312,5 Zeilen[21], also ingesamt 15 625 Zeilen (Horizontalfrequenz) pro Sekunde. Damit die Halbilder exakt übereinanderliegen und das Bild ruhig stehen kann, enthält das Fernsehsignal am Ende jeder Zeile und jedes Halbbildes spezielle Synchronisationsimpulse, die den Sprung des Elektronenstrahls definiert an den Anfang der nächsten Zeile (Horizontalsynchronisation) bzw. des nächsten Bildes (Vertikalsynchronisation) sowie seine Unterdrückung (Austastung) in diesem Zeitraum veranlassen (vgl. Abbildung 3.32).

Die drei Elektronenstrahlen besitzen an sich noch keine „Farbe". Sie regen eine aus 1,2 Millionen Leuchtpunkten bestehende Leuchtschicht an der Stirnseite der Bildröhre zum Leuchten an. Jeweils drei Leuchtpunkte der Farben Rot, Blau und Grün stellen einen Bildpunkt dar. Eine einfache Elektronenoptik, bestehend aus einer Lochmaske oder Schlitzmaske, ermöglicht, daß die drei parallel-fokussierten Elektronenstrahlen in richtiger Anordnung auf die Leuchtschicht projiziert werden. Bei den alten Lochmaskenröhren waren für die exakte Parallel-Fokussierung noch recht aufwendige Konvergenzkorrekturen (und damit verbunden, routinemäßige Konvergenzeinstellungen durch den Servicetechniker) erforderlich – ein Problem, das bei den neuen selbstkonvergierenden Schlitzmaskenröhren durch eine waagrechte Kathodenanordnung und verbesserte Ablenkeinheiten herstellerseitig gelöst ist.

3.6.7.2 Impulsteil – horizontale und vertikale Ablenkung

Die Auslenkung der drei durch die Bildröhrenhochspannung beschleunigten Elektronenstrahlen (3 Kathoden, 1 Anode) geschieht durch spezielle, rechtwinklig zueinander wirkende und veränderliche Magnetfelder, die den am Bildröhrenhals befindlichen Ablenkspulen (Horizontal- und Vertikalablenkspule) entstammen. Die dafür nötigen, sägezahnförmigen Ablenkspannungen werden vom Fernsehgerät in einer Vertikalstufe und einer Horizontalstufe selbst erzeugt (Vertikal- und Horizontaloszillator) und mit der aus dem Fernsehsignal gewonnenen Synchronisationsinformation synchronisiert (Amplitudensieb und Synchronisationsstufen, vgl. Abbildung 3.32). Damit wird das Fernsehbild auch dann aufgebaut – „Rauschen" ist ja auch ein Bild – wenn kein Sendersignal empfangen wird.

---

[21] In der Tat endet das erste Halbbild in der Mitte der letzten Zeile und beginnt das zweite Halbbild in der Mitte der ersten Zeile. Nur so lassen sich beiden Halbbilder ohne differenziert werden zu müssen exakt übereinanderpassen.

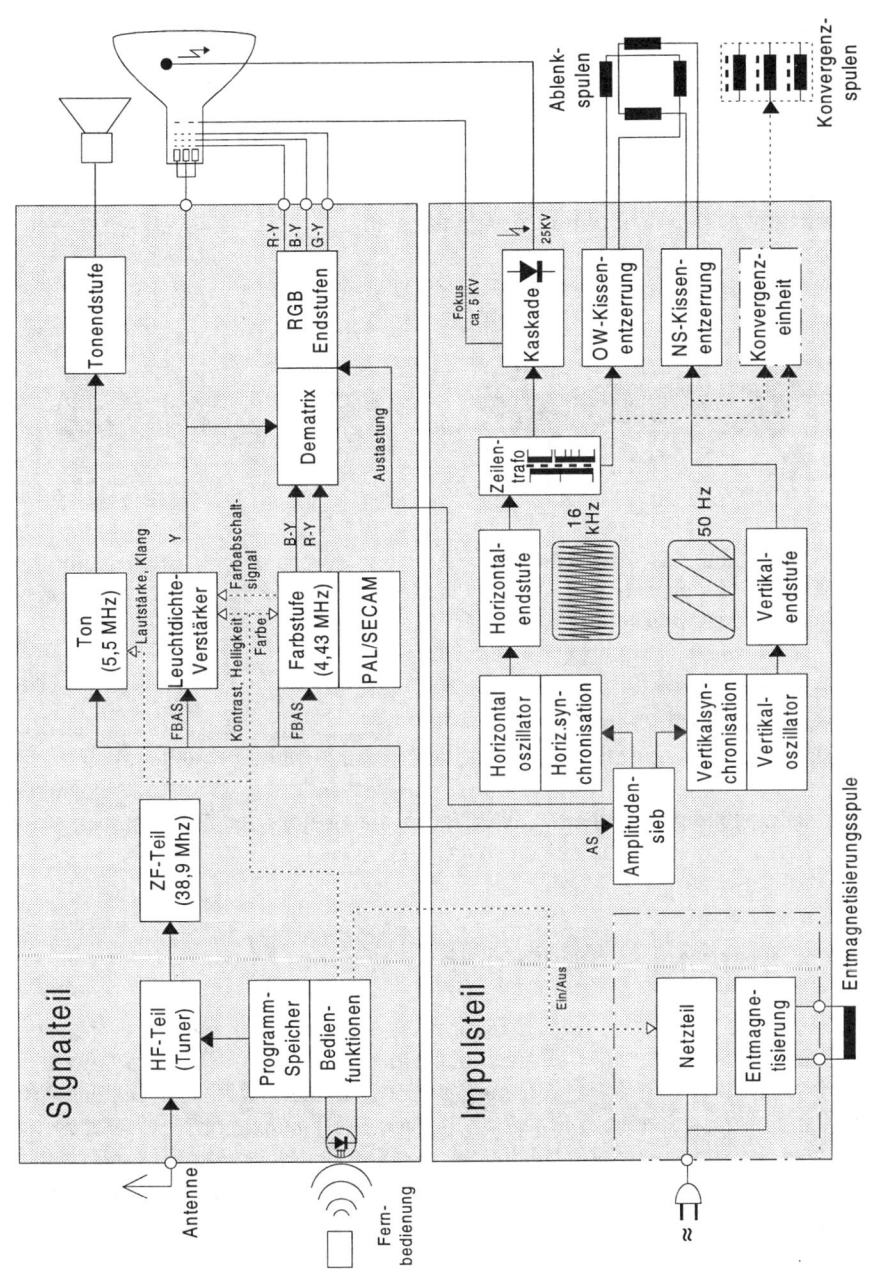

Abb. 3.31 Modularer Aufbau und grober Signalfluß in einem Fernsehempfänger

Während die Vertikalablenkung in der Praxis als weitgehend unabhängige Stufe aufgebaut ist, gewinnt man über die Horizontalstufe – sozusagen als „Nebeneffekt"[22] – gleichzeitig die Hochspannung für den Betrieb der Bildröhre und die Fokussierung der Elektronenstrahlen sowie einige weitere Betriebsspannungen. Dieses energietechnisch sehr vorteilhafte Konzept hat sich vor vielen Jahren als Standard in der Fernsehtechnik durchgesetzt und verleiht der Horizontalstufe eine zentrale Funktion – nicht nur für den Bildaufbau.

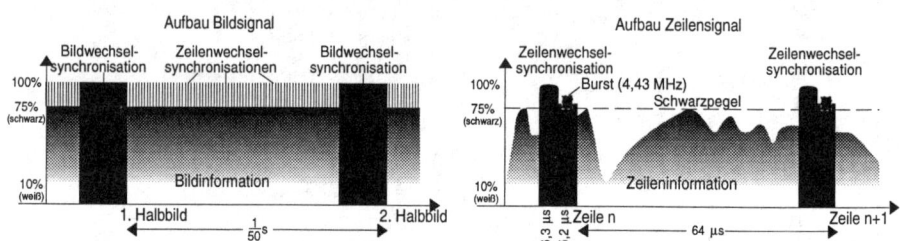

Abb. 3.32 Aufbau des Fernsehsignals nach der europäischen Fernsehnorm *links* Halbbild mit Bildwechsel- und Zeilensynchronimpulsen *rechts* Zeile mit Zeilensynchronimpulsen und Burstsignal

Kissenkorrektur
Die Geometrie der Bildröhre würde das Bild bei normaler Projektion an den Bildschirmrändern kissenförmig verzerren. Daher besitzt jedes Fernsehgerät eine vertikal wirkende Nord-Süd- und eine horizontal wirkende Ost-West-Kissenkorrektur. Die dafür zuständigen Einheiten überlagern die Ströme der Ablenkspulen durch sog. „Parabelströme" und entzerren so das Bild.

3.6.7.3 Signalteil – der Weg des Fernsehsignals

Die eigentliche Bild- und Toninformation ist dem hochfrequenten Fernsehsignal als Zusammensetzung mehrerer quasi-übereinanderliegender Signale aufmoduliert (VHF-Bereich I: 41 – 68 MHz, VHF-Bereich III 174 – 223 MHz, UHF Bereich 470 – 800 MHz, darüber Satelliten-Frequenzbänder). Die Fernsehnorm ist, was den Signalaufbau betrifft, recht unorthodox und erklärt sich eigentlich nur aus dem historischen Kontext heraus. Für das Sendesignal stehen pro Kanal im VHF-Bereich eine Bandbreite von 7 MHz und im UHF-Bereich von 8 MHz zur Verfügung. Dies ist nicht viel, bedenkt man, daß bereits 5 MHz (15 625·312,5) für ein Schwarz/Weiß-

---

22 Energetisch gesehen spielt der Betrieb der Horizontalablenkspulen eine untergeordnete Rolle und verdient es eher als „Nebenprodukt" bezeichnet zu werden. Bei einigen Modellen übernimmt die Horizontalendstufe sogar die Funktion des Schaltnetzteils mit und erzeugt alle im Gerät benötigten Betriebsspannungen.

bild erforderlich sind. Dazu kommt nun noch das Tonsignal (inzwischen natürlich Stereo) und die Farbinformation.

Wie auch immer, spezielle Modulationstechniken und -tricks machen es möglich, daß das Leuchtdichtesignal (eigentliches Schwarz/Weißbild- oder Y-Signal) in Amplitudenmodulation[23], die beiden Farbsignale R-Y und B-Y[24] mit Hilfe einer zusätzlichen 4,43 MHz-Farbhilfsträgerfrequenz (Burst) und das Tonsignal in Frequenzmodulation gerade noch ausreichend nebeneinander Platz finden.

Die Aufgabe des Signalteils im Fernsehempfänger besteht nun hauptsächlich darin, das „Signalknäuel wieder zu entwirren". Abbildung 3.31 verdeutlicht seine modulare Gliederung. Das Antennensignal wird im Tuner in der entsprechenden Bandbreite herausgeschnitten, verstärkt und in einer Mischstufe mit der Zwischenfrequenz 38,9 MHz versetzt, welche eine kräftige Verstärkung durch die ZF-Stufe mit spezieller Bandfiltercharakteristik ermöglicht. Am Ausgang der ZF-Stufe können Bild- und Tonsignale durch 5,5 MHz-Bandfilter (5,5 MHz ist der sog. Tonabstand im Fernsehsignal und gilt für die meisten in Westeuropa verwendeten Fernsehnormen) voneinander geschieden und getrennt demoduliert werden. Die Verarbeitung des Tonsignals hält sich an das Prinzip des klassischen UKW-Radioempfängers, auch was die weitergehende Stereodekodierung betrifft. Das Bildsignal (FBAS) erfordert dagegen eine weitere Auftrennung in einen Farbanteil F (RGB-Signale), einen Leuchtdichteanteil B (Y-Signal) und einen Austast- und Synchronisationsanteil (AS-Signale). Letzterer enthält übrigens zusätzlich noch die Informationen für Videotext. Der Leuchtdichteanteil wird schlicht durch Heraussieben des 4,43 MHz Farbanteils in einer Bandbreite von 1,3 MHz gewonnen. Damit ist klar, daß die reine Farbinformation eine viel geringere Auflösung als die Helligkeitsinformation besitzt und sich eine Farbpunktinformation auf ca. 4 Bildpunkte bezieht. Da bei reinen Schwarz/Weiß-Sendungen keine Farbinformation gesendet werden muß, besteht die Möglichkeit, bei solchen Sendungen über eine automatische Abschaltung (Farbabschalter) der 4,43 MHz-Falle im Leuchtdichteverstärker eine größere Bildschärfe zu erzielen.

Das Leuchtdichtesignal wird schließlich im Y-Verstärker noch einmal kräftig verstärkt und allen drei Kathoden mit einer Spannung von gut 100 V_{ss} entweder direkt (bei Farbdifferenzansteuerung der Bildröhre) oder indirekt (bei RGB-Ansteuerung als gemeinsamer Y-Summand für die Signale R-Y, B-Y und G-Y) zugeführt.

Das Farbartsignal erfährt noch weitere Behandlung, die je nach Fernsehnorm (PAL oder SECAM) unterschiedlich ausfällt. Zunächst wird recht aufwendig die senderseitig unterdrückte 4,43 MHz-Trägerfrequenz erzeugt und synchronisiert – die Synchroninformation läßt sich dem AS-Anteil am Ende einer jeden Zeile entneh-

---

23 Eine hohe Amplitude (75%) bedeutet einen schwarzen Bildpunkt und eine niedrige Amplitude (10%) einen weißen Bildpunkt. Dazwischen liegt Grau. Die Synchronisationsimpulse sind als spezielle „Schwarzschultern" (100 %) definiert.
24 G-Y wird aus Y, R-Y und B-Y rekonstruiert.

men (vgl. Abbildung 3.32 rechts). Das über einen Bandfilter aus dem FBAS-Signal herausgesiebte Farbartsignal kann dann im Zusammenspiel mit der regenerierten Farbhilfsträgerfrequenz in zwei um 90° phasenverschobene Teile zerlegt werden, die die Grundlage für das R-Y- und B-Y-Signal bilden. Das in Deutschland allein verwendete PAL-Verfahren sieht nun vor, daß, z.B. im Gegensatz zum amerikanischen NTSC-Verfahren[25], die Farbechtheit der so gewonnenen Information trotz' Einflüssen durch ungünstige Empfangsbedingungen (Phasenverschiebungen) gewährleistet bleibt. Die PAL-Kodierung des Farbartsignals nutzt geschickt einen „physikalischen Trick" aus, der darin besteht, daß die R-Y-Farbinformation je zweier aufeinanderfolgender Zeilen eines Halbbildes zueinander jeweils um 180° phasenverschoben gesendet werden – d.h. eine Zeile trägt die „richtige" Farbinformation und die nächste genau die im Rotanteil komplementäre (Rot wäre also Grün, Hellgrün Orange und Gelb sowie Blau unverändert)[26]. Aus je zwei Zeilen läßt sich dann durch geschickte elektrische Addition exakt der senderseitig „gemeinte" Farbton herstellen. Damit es möglich ist, zwei nacheinander gesendete Zeilensignale gleichzeitig zu verwenden, besitzt jede PAL-Farbstufe als typisches Merkmal ein 64 μs-Verzögerungsglied, in Form eines Kristalls mit Ultraschallgeber- und -nehmersystem. Nachdem der HF-Anteil herausgefiltert ist, wird das R-Y-Signal jeder zweiten Zeile umgepolt (PAL-Schalter) und der „Dematrix" zugeführt, wo durch elektrische Addition aus den schließlich phasenrichtigen Signalen R-Y und B-Y das Signal G-Y rekonstruiert werden kann.[27] Drei identisch aufgebaute Signalverstärker in der RGB-Endstufe verstärken die Farbinformationen schließlich je nach verwendetem Ansteuerungsverfahren (siehe voriger Absatz) entweder unverändert oder unter Addition des Y-Signals so, daß die Elektronenstrahlen der drei Bildröhrenkathodensysteme geeignet damit geregelt werden können.

3.6.7.4 Fehlerdiagnose

Die Fehlerdiagnose beginnt mit der genauen Analyse des Fehlerbildes. Wir unterscheiden zwischen Impulsfehlern und Signalfehlern. Impulsfehler machen sich durch einen fehlenden, fehlerhaften oder verzerrten Bildaufbau bemerkbar, während sich Signalfehler in schlechter, gar keiner oder farblich veränderter Bildwiedergabe bei korrektem Bildaufbau äußern.

---

[25] Für das ältere NTSC-Verfahren hat sich daher die unrühmliche Akronym-Verwörtlichung „Never The Same Color" (niemals die gleiche Farbe) eingebürgert.

[26] Das Prinzip läßt sich am besten anhand eines Farbkreises nachvollziehen, bei dem ein rechtwinkliges Koordinatensystem eingetragen ist. Eine Achse beschreibt das R-Y-Signal und die andere das B-Y-Signal (vgl. z.B. [1]).

[27] Der Rekonstruktion liegt die Summenformel R+B+G=Y zugrunde.

Abb. 3.33 *oben* Hinteransicht eines Farbfernsehgerätes mit herausgeklapptem Chassis - links der Signalteil, rechts der Impulsteil mit Zeilentransformator und Kaskade; im Bildvorderteil erkenntlich an den beiden großen Kühlkörpern die Vertikalendstufe *unten* PAL-Decoder-Modul mit Verzögerungsglied und Hochspannungskaskade

Wir beginnen mit dem „einfacheren" Impulsteil, da er fehleranfälliger ist. 70% der Fehler rühren von einem Defekt in der Zeilenendstufe her, die wegen ihrer Funktion als energetisches Zentrum und der hohen Spannungen, die sie zu erzeugen hat, besonders anfällig für Alterung und Halbleiterdefekte ist. Seltener, etwa zu 20%, weist das Netzteil einen Defekt auf. Weitere häufig vorkommende Ausfälle gehen auf das Konto der Ost-West-Kissenentzerrung und der Vertikalendstufe. Sie sind anhand der typischen Fehlerbilder leicht zuzuordnen.

Tab. 3.9 Fehlertabelle: Fernseher – Impulsteil

Fehlerbild	mögliche Defekte	Abhilfe
Keine Funktion *kein Bereitschaftslicht*	Stromzuführung, Sicherungen, Einschalter	Überprüfen (vgl. auch Abschnitt 3.5.2.2)
Sicherung fällt sofort wieder	Netzteil (Gleichrichterdioden) oder Kurzschluß in Zeilenendstufe (auch Kaskade)	Netzteil und Zeilenendstufe überprüfen (vgl. auch Abschnitt 3.5.2.2)
Bereitschaftslicht	Fernsteuerung (Sender)	Batterie überprüfen, manuelle Bedienung
	Fernsteuerungsempfänger	Durch Fachbetrieb
	Einschaltrelais	Schaltkontakte prüfen, Treibertransistor
	Wenn vorhanden, Schaltnetzteil	Vgl. Abschnitt 3.5.2.2, Dioden und Leistungstransistoren durchmessen und Trafoanschlüsse überprüfen
	Überlastschutz hat angesprochen, wegen Kurzschluß (meist in Zeilenendstufe)	Auf Zeilenendstufe konzentrieren
	Leistungswiderstand oder Sicherungswiderstand defekt (meist in Zeilenendstufe)	Sichtkontrolle und Durchmessen von Leistungswiderständen und von Widerständen mit kleinem Wert (kleiner 5 Ω)
Wiederholtes Anschwingen des Schaltnetzteils	Kaskade defekt oder sonstiger Kurzschluß – fast immer in der Zeilenendstufe (Halbleiter oder Kondensator)	Vgl. Abschnitt 3.6.7.5, „Kaskade prüfen und austauschen", Dioden, Transistoren (bzw. Thyristoren) und Kondensatoren in Zeilenendstufe überprüfen, auch Glimmerscheiben

Fehlerbild	mögliche Defekte	Abhilfe
Programmanzeige normal, kein Bild evtl. Ton normal – Prüfung mit der Hand über Bildfläche ergibt kein typisches Knistern, *kein „Zeilenpfeifen" hörbar*	Zeilenendstufe arbeitet nicht: Unterbrechungen in der Stromzuführung oder keine Impulsansteuerung der Endstufe (oft Fehler in Treiberstufe, dann z.B. Übertrager)	Stromzuführung und Impulsansteuerung (zuerst Treiberstufe, dann Horizontaloszillator) überprüfen, nach kalten Lötstellen suchen
	Bei Thyristorendstufe Kurzschluß des Hinlaufthyristors	Durchmessen und Glimmerscheibe überprüfen
Zeilenpfeifen schwach hörbar	Kaskade oder Hochspannungswicklung defekt, eine Betriebsspannung fehlt	Vgl. Abschnitt 3.6.7.5, „Kaskade prüfen und austauschen", Dioden und Sicherungswiderstände in Zeilenendstufe überprüfen
Gerät schaltet mittendrin (kurzzeitig) ab oder auf Programm 1 zurück	Funkenüberschlag in Hochspannungsteil und/oder Kontaktschwäche in Zeilenendstufe	Funkenüberschlag bei Dämmerlicht lokalisieren und Lötstellen überprüfen
	Kaskade gealtert (meist) oder Hochspannungsspule hat Isolationsdefekt (selten)	Kaskade versuchshalber austauschen (vgl. Abschnitt 3.6.7.5, „Kaskade prüfen und austauschen")
	Dämpfungsglied in Endstufe defekt, oder Glimmerscheibe hat Isolationsschaden	Überprüfen und ggf. austauschen
Unangenehmes Zeilenpfeifen (nach einiger Zeit meist verschwindend)	Fehler häufig unkritisch: Bauteile in Zeilenendstufe schwingen hörbar (meist Zeilentrafo)	Bauteile mechanisch fixieren, Zeilentrafo z.B durch Kerzenwachs, Schrauben nachziehen, Bleche besser befestigen
seitlich verzerrtes Bild trotz guten Antennensignals	Horizontalsynchronisation arbeitet fehlerhaft (Amplitudensieb)	Fehler schwierig, evtl. IC versuchsweise austauschen
Seitlicher Bilddurchlauf (vgl. Abbildung 3.34a)	meist Amplitudensieb, evtl. ZF-Fehler oder starker Nachbarsender	Fehler schwierig, evtl. Amplitudensieb-IC versuchsweise austauschen, Fachbetrieb
Bild seitlich weggekippt (vgl. Abbildung 3.34b)	Horziontalfrequenz verstellt, (meist wegen Fehler in Zeilenendstufe – Zeilentrafo, Kapazität etc.)	Einstellung versuchen, Hochvolt-Kondensatoren in Zeilenendstufe versuchsweise austauschen, ansonsten Fehler schwierig zu beheben

Fehlerbild	mögliche Defekte	Abhilfe
Kein Bild, sondern heller Strich – *Strich gerade* (vgl. Abbildung 3.34c)	Vertikalendstufe ausgefallen (meist) oder Vertikalansteuerung fehlt (oft hat Bild-Einstell-Trimmer Kontaktprobleme) oder Betriebsspannung fehlt	Vertikalendstufe überprüfen (Transistoren, Spulen, Lötstellen), Bildeinstelltrimmer leicht verdrehen (vor oder bei Einschalten des Gerätes Helligkeit zurückdrehen), Vertikaloszillator versuchsweise austauschen
Strich leicht wellig (vgl. Abbildung 3.34d)	Kurzschluß in Vertikalablenkspule	Kurzschluß nachweisen – Reparatur nur durch Fachbetrieb, lohnt aber meist nicht
Bildhöhe verändert – *ein wenig* (vgl. Abbildung 3.34e)	Einstellung falsch	Kanal mit Testbild einstellen, Bildhöhe mit Trimmwiderstand BH justieren, evtl. auch Bildlinearität mit Trimmwiderstand BL nachstellen
Bild stark verkleinert und verzerrt (z.B. nur halbe Höhe), evtl. überlagert (vgl. Abbildung 3.34f)	Transistor in Vertikalendstufe defekt (meist), Feinschluß in Ablenkspule (selten)	Endstufentransistoren auf Kurzschluß überprüfen, Vertikalablenkspulen trennen und Widerstand vergleichen
Bild stark vergrößert (vgl. Abbildung 3.34g)	Gegenkopplung in Bildendstufe fehlt oder vermindert	Gegenkopplungsglied überprüfen
Bild läuft *nach oben oder unten* (vgl. Abbildung 3.34h)	Vertikalfrequenz falsch eingestellt	Einstellregler für Bilddurchlauf justieren
trotz erfolgter Einstellung	Vertikalsynchronisation fehlerhaft	Amplitudensieb überprüfen, IC versuchsweise austauschen
Bild seitlich eingedrückt (vgl. Abbildung 3.34i)	Ost-West-Kissenentzerrung verstellt (OW-Trimmer) oder defekt (meist Diode bei Zeilentrafo defekt, evtl. auch Sicherungswiderstand)	OW-Einstellung versuchen, Stromversorgung ab Zeilentrafo untersuchen (Gleichrichterdiode und Sicherungswiderstand), OW-Leistungstransistor durchmessen
Bild oben und unten eingedrückt (vgl. Abbildung 3.34j)	Nord-Süd-Kissenentzerrung verstellt (NS-Trimmer) oder schadhaft, meist jedoch Diode defekt)	NS-Einstellung versuchen, Stromwege in Richtung Horizontalablenkspule (ab Zeilentrafo) untersuchen
Weiße ausgefranste Striche (vgl. Abbildung 3.34k)	Zeilentrafo hat Isolationsschaden	Austausch durch Fachbetrieb

Fehlerbild	mögliche Defekte	Abhilfe
Bild milchig verschwommen	Fokusspannung falsch eingestellt oder Kaskade defekt	Bildschärfe an Fokusregler einstellen, wenn das nicht hilft, Kaskade versuchsweise austauschen. Vgl. Abschnitt 3.6.7.5, „Kaskade prüfen und austauschen"

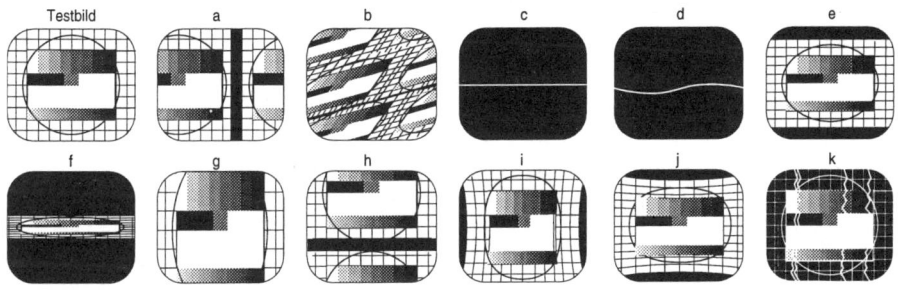

Abb. 3.34 Bildfehler – hervorgerufen durch Impulsteil (vgl. Tabelle 3.9)

Schwieriger ist es dagegen, Fehler im Signalteil zu lokalisieren. Für die Selbstreparatur mit „Hausmitteln" scheiden sich hier sehr schnell die Geister. Einfach erkenn- und behebbar sind eigentlich nur noch (die allerdings vergleichsweise häufigen) Defekte in den RGB-Endstufen. Bei der Fehlersuche kommt einem der identische Aufbau der 3 Verstärkereinheiten sehr entgegen. Das Fehlerbild macht sich durch eine Blau-, Rot-, oder Grün-Verfärbung oder ein Fehlen dieser Farben im Schwarz/Weißbild bemerkbar.

Ausbleiben der Farbe, Farbverschiebungen nur bei Farbbildern, unreine Farben etc. rühren von einem Defekt in einer der Farbart- oder PAL-Stufen her. Rauschen, Schatten oder Wellenmuster im Bild verweisen auf Defekte und Verstimmungen im ZF- oder HF-Bereich. Bei Fehlern dieser Art sollten Sie auf alle Fälle einen Fachbetrieb einschalten. (Siehe auch: weiterführende Literatur im Literaturverzeichnis.)

Tab. 3.10 Fehlertabelle: Fernseher – Signalteil

Fehlerbild	mögliche Defekte	Abhilfe
SW-Bild hat leichten Farbstich	Arbeitspunktverschiebung der RGB-Endstufe oder De-matrix	Weißabgleich über Farbtrimmer an Schwarz/Weißbild vornehmen
Cyanstich (Blau-grün) oder Rotstich mit Rücklaufstreifen	Rotverstärker defekt (evtl. R-Y-Stufe oder Dematrix)	Vergleichsmessung
Gelbstich oder Blau-stich mit Rücklauf-streifen	Blauverstärker defekt (evtl. B-Y-Stufe oder Dematrix)	Vergleichsmessung
Purpurstich (Rot-blau) oder Grünstich mit Rücklaufstreifen	Grünverstärker defekt (evtl. Dematrix)	Vergleichsmessung
Rote, blaue oder grüne „Fahnen" bei kontrastreichem Bild (auch SW)	Farbendstufentransistor ge-altert	Austausch
SW-Bild normal, bei Farbbild *fahler Grünstich, Rot normal, Blau fehlt*	B-Y-Signal fehlt oder zu schwach	Durch Fachbetrieb
fahler Gelb-stich, Blau normal, Rot fehlt	R-Y-Signal fehlt oder zu schwach	Durch Fachbetrieb
Nur flaues Farbbild, kein SW-Bild	Y-Verstärker	Videoendstufe überprüfen, evtl. Leuchtdichte-IC austauschen, Fach-betrieb
Kein Bild, Hoch-spannung vorhanden	Y-Verstärker defekt oder Bildröhrenheizstrom fehlt	Videoendstufe überprüfen, Heiz-strom sicherstellen
Rot und Grün sind (zeitweise) ver-tauscht	Ansteuerung PAL-Schalter fehlerhaft	PAL-IC versuchsweise austauschen, ansonsten Reparatur durch Fachbe-trieb
Farbbild hat feine waagrechte Linien (Jalousie-Effekt)	Laufzeitdemodulator mit 64 µs-Verzögerung ausgefal-len	Durch Fachbetrieb
Bild verrauscht	Antennenkabel defekt oder Antennenanschluß	Antennensignal mit zweiten Gerät überprüfen
	Tuner oder ZF	Fachbetrieb

Bildröhrenfehler sind nicht sehr häufig, machen sie sich aber gerade bei älteren Geräten durch ein kontrastarmes und schnell übersteuertes Bild bemerkbar. Begleitend läßt sich meist eine Rotverschiebung beobachten. Eine Reparatur dürfte sich dann nicht mehr lohnen. Behebbar sind dagegen Farbunreinheiten durch eine Einstellung der Konvergenz (bei Deltabildröhren sogar beinahe turnusmäßig erforderlich). Zeigt das Bild größere Flecken mit Farbunreinheiten, liegt der Fehler eindeutig an einer nicht mehr stattfindenden Entmagnetisierung während des Einschaltvorgangs und ein Austausch der Kaltleiterkombination ist fällig (vgl. auch Abbildung 3.5).

Tab. 3.11 Fehlertabelle: Fernseher – Bildröhre

Fehlerbild	mögliche Defekte	Abhilfe
Bild zunehmend kontrastarm, leicht übersteuert (evtl. Rotstich)	Bildröhre gealtert	Keine
fleckenweise Farbunreinheiten	Entmagnetisierung fehlt	Kaltleiterkombination überprüfen und Entmagnetisierungsschaltung auf Unterbrechung untersuchen
Homogen wirkende Farbverschiebungen (Deckungsfehler)	Konvergenz verstellt, Defekt oder Unterbrechung in Konvergenzeinheit	Konvergenz einstellen, Konvergenzschaltung überprüfen
Inhomogen wirkende Farbverschiebungen (Deckungsfehler)	Bildröhre schadhaft	Diagnose durch Fachbetrieb

3.6.7.5 Fehlerreparatur

Die Reparatur beginnt mit dem Öffnen der hinteren Abdeckung des *ausgesteckten* Fernsehgerätes. Je nach Modell müssen Sie dafür mehrere Schrauben lösen, um 90° verdrehen oder Arretiervorrichtungen mit Hilfe eines geeigneten Schraubenziehers entsichern. Bei fast allen Modellen läßt sich dann weiterhin das Chassis herausklappen oder herausziehen und seitliche Chassisteile ggf. nochmals herausklappen. Bevor Sie einzelne Bauteile oder die Platinen mit der Hand berühren, lesen (und beachten) Sie bitte die folgenden Sicherheitshinweise sowie die aus Abschnitt 3.2.

Sicherheitshinweise

Die Bildröhren von Farbfernsehempfängern benötigen eine Betriebsspannung von bis zu 25 000 Volt, eine Spannung, die absolut lebensgefährlich ist. Vermeiden Sie deshalb jede Annäherung an die hochspannungsführenden Teile (Hochspannungstransformator, Hochspannungskaskade, Hochspannungskabel, Bildröhrenanode, auch alle anderen Bildröhrenanschlüsse). Insbesondere die als Kondensator wirkende Anode der Bildröhre (Hochspannungsanschluß) aber auch andere Kondensatoren können selbst einige Zeit nach Abschalten des Gerätes noch erhebliche Restladungen aufweisen und kräftigst „Schläge" austeilen (vor Austausch der Kaskade, Entladung über geeigneten Widerstand gegen Erdpotential vornehmen oder mehrere Stunden warten).

Messungen am laufenden Fernsehgerät dürfen Sie nur vornehmen, wenn die Potentialfreiheit durch ein schutzisoliertes Schaltnetzteil, einen Netztransformator oder besser noch durch einen vorgeschalteten Trenntransformator gewährleistet ist. Schaltnetzteile führen selbst grundsätzlich Netzpotential (z.B. auch am Kühlblech des Leistungs-Schalttransistors) und eine Netztrennung besteht erst sekundärseitig.

Am vor Ihnen ausgebreiteten Chassis lokalisieren Sie nun unter Beachtung der Platinenaufschriften folgende Einheiten und Module (bei den meisten Geräten sind Signalteil und Impulsteil örtlich gut getrennt, vgl. auch Abbildung 3.33):

▓ *Einschalter, Netzteil* bzw. *Schaltnetzteil, Sicherungen* und *Entmagnetisierung* (Stromanschlußkabel verfolgen) – Schaltnetzteile sind gut am gedrungen wirkenden Übertrager zu erkennen, bei kleinen Geräten dient oft der Zeilentransformator zur Netztrennung. Die meist im Netzteil sitzende Entmagnetisierungsschaltung (PTC-Kombination) ist direkt an die Entmagnetisierungsspule angeschlossen, welche in halbem Radius am Bildröhrenglaskolben als „Kabelbaum" entlangläuft

▓ *Zeilenendstufe* mit *Zeilentransformator, Kaskade* und Endstufentransistor bzw. -thyristoren auf großem Kühlblech (bei älteren Geräten meist in Käfig), erkenntlich durch das an der Kaskade herausgeführte Hochspannungskabel, das seitlich in die Bildröhre führt. Bei älteren Geräten mit großer Bildschirmdiagonale sind Zeilentransformator und Kaskade getrennte Einheiten, ansonsten bilden Sie meist eine einzige Einheit

▓ *Vertikalendstufe*, erkennbar als typische Gegentaktendstufe mit zwei Endstufentransistoren auf Kühlkörper, evtl. auch IC

▓ *Ost-West-Kissenentzerrung*, Aufschrift auf Platine beachten

▓ *RGB-Endstufen*, das Modul befindet sich entweder direkt auf der Bildröhrenanschlußplatine oder läßt sich anhand des typischen Flachbandkabels mit rot-blau-grünen Adernisolationen erkennen

▓ *Tuner* und *ZF-Modul*, erkenntlich als kleine Metallkästen in Zigaretten-
schachtelform, wobei der Antenneneingang unmittelbar in den Tuner führt

▓ *Luminanz-* und *Farbartmodul*, gut erkennbar durch senkrecht herausstehendes
etwa streichholzschachtel-großes, meist grünes oder blaues PAL-Verzögerungs-
element

▓ *Tonmodul*, erkenntlich am Lautsprecheranschluß

▓ *Bedienmodul* und *Fernsteuermodul*, das Bedienmodul sitzt normalerweise in
der Nähe der Bedienelemente, das Fernsteuermodul fällt durch ein Relais auf

Bevor Sie loslegen, nehmen Sie eine grobe Klassifizierung des Fehlers anhand des
Fehlerbildes und der Tabellen 3.9 bis 3.11 vor. Dann wenden Sie die in Abschnitt
3.6.1 beschriebene „formale Methode" an. Wenn der Fehler damit nicht gefunden
werden kann, besorgen Sie sich einen Schaltplan (die nächste Reparaturwerkstätte
wird Ihnen da sicher weiterhelfen). Einstellarbeiten, die am laufenden Gerät durchgeführt werden müssen, überlassen Sie entweder einem Fachbetrieb, oder Sie führen Sie mit einem isolierten Schraubenzieher am gut gegen Umkippen gesicherten
Chassis einhändig aus. Über einen Spiegel können Sie dabei das Bild beobachten.
Verstellen Sie nur Einstellwiderstände, von den Sie eindeutig wissen (z.B. durch
Platinenbeschriftung), welche Funktion sie haben.

Hinweis
Betreiben Sie das Gerät grundsätzlich nur, wenn alle Module an ihrem Platz sit-
zen, und entfernen Sie nie ein Modul während des Betriebs.

Kaskade prüfen und austauschen
Die Kaskade ist eine Spannungs-Vervielfacherschaltung bestehend aus 5 Hoch-
spannungsdioden und 5 Hochvoltkondensatoren, die die bei ca. 4,5 KV liegende
Ausgangsspannung des Zeilentransformators auf 25 KV hochtransformiert und
gleichrichtet. An einem Abgriff (U_F) wird zusätzlich die Fokusspannung für die
Bildschärfe gewonnen und durch einen regelbaren Spannungsteiler (Hochvolt-Po-
tentiometer) auf etwa 4,8 KV eingestellt. Bei so großen Spannungen ist die Bauteil-
belastung nicht unerheblich, daher sind Kaskadendefekte eine recht häufige Fehlerquelle. Eine kaputte Kaskade überlastet in den meisten Fällen die Zeilenendstufe
dauerhaft oder kurzzeitig, bis eine Schutzschaltung anspricht und das Gerät ab-
schaltet. Aus diesem Grund sind defekte Hochvolttransistoren in Zeilenendstufen
oft auf eine defekte oder gealterte Kaskade zurückzuführen. Ein Kaskadendefekt,
der zum Abschalten der Versorgungsspannung für die Zeilenendstufe führt (Sicherung, Schutzschaltung oder Schaltnetzteil), läßt sich durch einen Trick einfach
diagnostizieren. Man trennt die Verbindung zwischen Hochspannungswicklung des
Zeilentransformators und dem Anschluß U_- an der Kaskade und schaltet das Gerät
kurz ein. Wenn die Schutzschaltung nicht mehr anspricht und das Pfeifen des
Zeilentransformators jetzt ertönt, muß die Kaskade ausgetauscht werden.

Vor dem Austausch der Kaskade muß sichergestellt sein, daß die Bildröhre keine
Ladung mehr besitzt. Dieser Fall ist meist gegeben, wenn die Kaskade einen Totalausfall des Gerätes verursacht. Funktioniert die Kaskade aber (teilweise) noch, muß
die Bildröhrenanode entweder explizit geerdet werden (am besten über einen hochohmigen Widerstand) oder *Sie warten einige Stunden, bevor Sie den Anodenanschluß mit einer gut isolierten Zange ziehen.* Erden Sie keinesfalls über das Chassis
– erstens führt es kein Erdpotential und zweitens zerstören Sie damit jede Menge
der empfindlichen ICs. Ein in die Nähe des Hochspannungskabels gehaltener
Phasenprüfer (keinesfalls an den Anodenanschluß) müßte bei noch vorhandener
Ladung kräftig leuchten. Vor dem Wiederanschluß der Anode sollte die Bildröhre
am Anodenanschluß noch einmal geeignet entladen werden, nicht zuletzt, um auch
Defekten an den empfindlichen ICs vorzubeugen. Nach erfolgreichem Hochlaufen
des Gerätes muß die Fokusspannung noch auf größte Bildschärfe eingestellt
werden.

Anhang

Tab. A.1 Gängige Universaldioden

Bezeichnung	Max. Spannung	Max. Dauerstrom	Ladenpreis
1 N 4148	50 V	75 mA	0,10 DM
1 N 4001	50 V	1 A	0,20 DM
1 N 4002	100 V	1 A	0,20 DM
1 N 4003	200 V	1 A	0,20 DM
1 N 4004	400 V	1 A	0,20 DM
1 N 4005	600 V	1 A	0,20 DM
1 N 4006	800 V	1 A	0,20 DM
1 N 4007	1000 V	1 A	0,20 DM
1 N 4007 A	1300 V	1 A	0,20 DM
1 N 5400	50 V	3 A	0,25 DM
1 N 5404	400 V	3 A	0,30 DM
1 N 5406	600 V	3 A	0,30 DM
1 N 5408	800 V	3 A	0,30 DM
BY-255	1200 V	3 A	0,40 DM
BYX-55/600	600 V	1,2 A	0,50 DM

Tab. A.2 Gängige Fernseh-ICs[1]

Bezeichnung	Funktion
M 104	IR-Fernbedienungs-Empfänger, D/A-Wandler und Programmspeicher
M 191	Bildschirmeinblendsteuerung seriell/parallel
MC 1327	Y-Treiber, Dematrix, RGB-Treiber
SAA 1021	Prozessor für Programm-Speicher
SAA 1024/25	30-Kanal-Ultraschallgeber/-sender
SAA 1061	Treiber für 16-Segment-LED-Display
SAA 1121	Prozessor für Programmspeicher
SAA 1130	30-Kanal-Ultraschallempfänger und Speicher
SAB 3012/22/23	IR-Empfänger
SAS 560/70/80/90	4-fach Sensor- und Schaltverstärker

---

[1] Nach [10]

Bezeichnung	Funktion
TAA 630S	Treiber, Synchrondemodulator, PAL-Schalter
TBA 120S	Ton-ZF-Verstärker, Demodulation, Lautstärkeregelung
TBA 395	Burstoszillator, Regelspannungsverstärker, Farbartverstärker
TBA 396	Y-Verstärker, Strahlstrombegrenzung, Austastung, Farbtreiber
TBA 440	Bild-ZF-Verstärker, Demodulator, Regelspannungserzeugung
TBA 500	Y-Verstärker, getastete Regelung, Strahlstrombegrenzung
TBA 510	Farbartverstärker, Burstoszillator, Y- und Regelspannungsverstärker
TBA 520	Treiber, Synchrondemodulator, PAL-Schalter
TBA 540	Burstoszillator, Identifikation, Farbkiller
TBA 560	Y-Verstärker, Austastung, Farbtreiber
TBA 800	NF-Vorverstärker und Gegentaktendstufe 5 Watt
TBA 920 S	Horizontaloszillator, Phasenvergleich, Amplitudensieb
TBA 940/950	Horizontaloszillator, Phasenvergleich, Amplitudensieb
TBA 970	Y-Verstärker und Endstufe, Strahlstrombegrenzung und Klemmspannung
TBA 990	Synchrondemodulator, Matrix, PAL-Identifikation
TBA 1140	Bild-ZF-Verstärker, Demodulation, Regelspannungsverstärker
TCA 640	PAL/SECAM-Chromaverstärker, Farbkiller, Burstaufbereitung
TCA 650	PAL/Schalter, Farbsystemschalter, R-Y B-Y-Demodulator
TCA 660	R-Y B-Y-Sättigungsregelung, Kontrastregelung, Klemmspannung
TCA 880	Vertikaloszillator, -synchronisation und -treiber
TDA 440	Bild-ZF-Verstärker, Regelspannung, Videoverstärker
TDA 1029	Betriebsart-Logikschalter mit Vorverstärker
TDA 1035	Bild-ZF-Verstärker, Regelspannung, Videoverstärker
TDA 1043	Ton-ZF-Demodulator, Lautstärkeregelung, NF-Verstärker
TDA 1044	Vertikaloszillator, -synchronisation und -endstufe
TDA 1060	Steuerung für Schaltnetzteile
TDA 1170	Vertikaloszillator, -synchronisation und -endstufe
TDA 1235/36	ZF-Verstärker, Regelspannung, Stabilisierung, Demodulation
TDA 1270	Vertikaloszillator, -synchronisation und -endstufe
TDA 1524	4-fach-Stereopotentiometer
TDA 1910	NF-Endverstärker, Stummschaltung, Diskriminator
TDA 2500	Y-Verstärker, Strahlstrombegrenzung, Austastung
TDA 2510	Farbartverstärker, Regelspannung, Farbkiller, Burst
TDA 2520/22	Referenzoszillator, Dematrix, PAL-Schalter
TDA 2541	Bild-ZF-Verstärker, Demodulator, Y-Verstärker, AFC
TDA 2590 bis 2595	Horizontaloszillator, Amplitudensieb, Synchronisation, Austastung
TDA 2640	Steuerung für Schaltnetzteile
TDA 2650/51/52/53	Vertikaloszillator, -synchronisation und -endstufe
TDA 2690	Y-Vorverstärker, Regelspannung, Schwarzpegel, Synchron-Trennstufe
TDA 3300/500/5/6	Y- und Chromaverstärker, Dematrix, RGB-Treiber
TDA 3510	Burst, PAL-Decoder
TDA 3560/61	PAL-Decoder
TDA 3576	Horizontaloszillator und Impulsabtrennung
TDA 4400	Bild-ZF-Verstärker, Demodulator, Regelspannung
TDA 4950	Ost-West-Korrektur

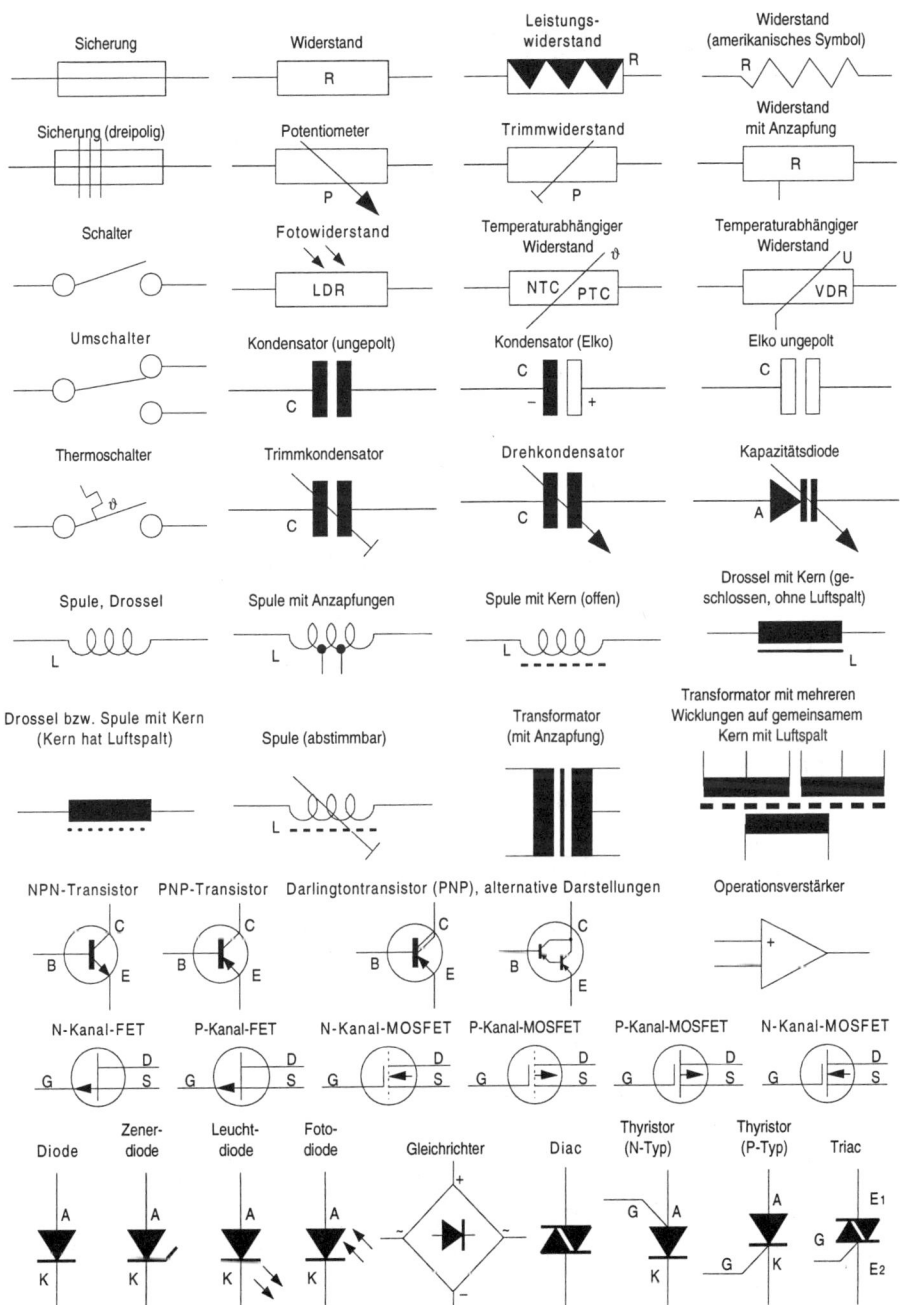

Abb. A.1 Elektronische Schaltsymbole im Überblick

Literaturverzeichnis

[1] Limann, O./Pelka, H.: *Fernsehtechnik ohne Ballast*, 16. n. bearb. Aufl., Franzis-Verlag, München 1991 (z. Zt. DM 78,00).

[2] Lummer, H.: *Erfolgreicher Videorecorder-Service*, 3. Aufl., Franzis-Verlag, München 1990 (z. Zt. DM 68,00).

[3] Lummer, H.: *Erfolgreicher Fernseh-Service*, 5. n. bearb. u. erw. Aufl., Franzis-Verlag, München 1991 (z. Zt. DM 75,00).

[4] Nieder, E.: *Fehler-Katalog für den Fernseh-Service-Techniker*, 7. Aufl. Franzis-Verlag, München 1987 (z. Zt. DM 38,00).

[5] Nührmann, D.: *AM- und FM-Empfänger-Nachbauschaltungen für Könner*, 3. Aufl., Franzis-Verlag, München 1989 (z. Zt. DM 12,80).

[6] Nührmann, D.: *Bauelemente für die Hobby-Elektronik*, 3. Aufl., Franzis-Verlag, München 1987 (z. Zt. DM 12,80).

[7] Nührmann, D.: *Elektronische Bauelemente – einfach geprüft im Hobbylabor*, 3. Aufl., Franzis-Verlag, München 1983 (z. Zt. DM 9,80).

[8] Nührmann, D.: *Elektronische Bauelemente-Praxis*, 2. Aufl., Franzis-Verlag, München 1989 (z. Zt. DM 44,00).

[9] Rodekurth, B.: Erfolgreicher CD-Player-Service, Franzis-Verlag, München 1992 (z. Zt. DM 48,00).

[10] Rodekurth, B.: *Farbfernseh-Bildfehler-Fibel*, 3. n. bearb. Aufl., Franzis-Verlag, München 1991 (z. Zt. DM 48,00).

[11] Rodekurth, B.: *Videorecorder-Bildfehler-Fibel*, 3. n. bearb. Aufl., Franzis-Verlag, München 1991 (z. Zt. DM 48,00).

[12] Schlomka, C./Wezel, D.: *Elektronik für Sie*, Bde 1 u. 2, Hueber-Holzmann-Verlag, München 1975.

[13] Stoiber, H.: *Grundlagen der elektronischen Schaltungstechnik*, Franzis-Verlag, München 1992 (z. Zt. DM 79,00).

[14] Wiegelmann, A.: *Kleines Halbleiter ABC*, 5. Aufl. Franzis-Verlag, München 1987 (z. Zt. DM 16,80).

[15] Wirsum, S.: *Bausteine der Signalübertragungs und Steuerungstechnik*, 1. Aufl. Franzis-Verlag, München 1991 (z. Zt. DM 19,80).

Stichwortverzeichnis